# GO

# 底层原理
# 与工程化实践

李乐 陈雷 ◎ 著

机械工业出版社
CHINA MACHINE PRESS

**图书在版编目（CIP）数据**

Go 底层原理与工程化实践 / 李乐，陈雷著. —北京：机械工业出版社，2024.7
ISBN 978-7-111-75826-6

I.① G… Ⅱ.①李…②陈… Ⅲ.①程序语言 – 程序设计 Ⅳ.① TP312

中国国家版本馆 CIP 数据核字（2024）第 098913 号

机械工业出版社（北京市百万庄大街 22 号 邮政编码 100037）
策划编辑：孙海亮 责任编辑：孙海亮 王华庆
责任校对：龚思文 张 征 责任印制：任维东
三河市骏杰印刷有限公司印刷
2024 年 7 月第 1 版第 1 次印刷
186mm×240mm · 20 印张 · 433 千字
标准书号：ISBN 978-7-111-75826-6
定价：99.00 元

电话服务 网络服务

客服电话：010-88361066 机 工 官 网：www.cmpbook.com
　　　　　010-88379833 机 工 官 博：weibo.com/cmp1952
　　　　　010-68326294 金 书 网：www.golden-book.com
**封底无防伪标均为盗版** 机工教育服务网：www.cmpedu.com

## 为什么要写这本书

Go 语言是目前非常受欢迎的语言之一，具有入门快、性能高、开发效率高等特点，越来越多的互联网企业开始使用 Go 语言。云原生体系中的 Kubernetes、Docker 等开源项目也都是基于 Go 语言开发的，因此想要深入研究云原生技术，就必须精通 Go 语言。

但是，大多数 Go 开发者往往只是做一些简单的增删改查，始终徘徊在 Go 初级阶段。想要进一步掌握 Go 语言，最快的方法就是原理与实战相结合，这也是本书写作的初衷。

本书首先对 Go 语言的核心原理进行详细介绍，其次分享大量的 Go 项目实战经验与技巧，希望读者能够从中有所收获。

## 本书特色

❑ **提供 Go 高并发特性与并发编程常用技巧**：本书对 Go 语言的核心原理，包括并发模型、调度器、垃圾回收、并发编程等进行了详细介绍。

❑ **应对大部分业务场景**：本书在讲解项目实战时，并没有停留在简单的增删改查层面，而是分享了很多 Go 项目开发经验，包括常用开源框架的使用技巧与核心原理、高性能与高可用的 Go 服务开发，以及 Go 服务平滑升级等。

❑ **给出线上问题处理方案**：本书列举了 10 多个线上典型问题并讲解了这些问题的解决思路，这些问题都是 Go 语言初学者经常遇到的，相信读者能够从中吸取经验，总结出一套属于自己的方法论。

❑ **引入"问题 – 思考 – 探索"模式**：本书在讲解 Go 语言核心原理以及项目实战时，尽可能从问题出发，引导读者主动思考、主动探索，以便读者对所学知识有更深入的理解。

# 读者对象

- ❏ Go 开发工程师
- ❏ 对 Go 语言感兴趣的读者

# 如何阅读本书

本书共 12 章。

**第 1 章** 先以 3 个具体的案例为切入点，说明深入学习 Go 语言的必要性，然后从原理与实战两个维度分享 Go 语言进阶路线。

**第 2 章** 详细介绍经典的 GMP 调度模型，其中重点介绍了协程以及调度器的实现原理，以便读者掌握 Go 并发模型。

**第 3 章** 主要介绍网络 I/O、管道、定时器以及系统调用是如何触发调度的。

**第 4 章** 详细介绍 Go 语言的几种常见多协程同步方案，包括基于管道的协程同步、基于锁的协程同步，以及非常有用的并发检测工具 race。

**第 5 章** 重点讲解 Go 语言 GC（垃圾回收）的实现原理，包括三色标记法与写屏障技术、标记过程与清理过程、GC 调度与 GC 调优。

**第 6 章** 首先以经典的商城项目为例，带领读者从 0 到 1 搭建一个完整的 Go 项目。其次重点介绍常用开源框架的使用技巧，包括 Web 框架 Gin、日志框架 Zap 与全链路追踪、数据库访问框架 Gorm、HTTP 客户端框架 go-resty、单元测试等。

**第 7 章** 详细介绍高性能 Go 服务开发的常用方案，包括分库分表、缓存，以及资源复用、异步化处理、无锁编程等。

**第 8 章** 详细介绍高可用 Go 服务开发的常用方案，包括流量治理、Go 服务监控、超时控制以及错误处理。

**第 9 章** 首先介绍微服务架构的基本概念，其次选取目前比较流行的一款微服务框架 Kitex，讲解它是如何实现微服务架构以及服务治理的。

**第 10 章** 首先介绍为什么 Go 服务升级会导致 502 状态码，其次讲解如何基于开源框架 gracehttp 实现 Go 服务平滑升级。

**第 11 章** 首先讲解使用 Go 语言性能分析利器 pprof、Trace 分析 Go 服务性能指标的技巧，其次介绍 Go 语言专用的调试工具 dlv。

**第 12 章** 列举 10 多个线上问题并讲解这些问题的解决思路，包括 Go 服务 502 问题、并发问题、HTTP 服务假死问题等，希望读者在以后的开发工作中能够避免类似的问题发生，或者在遇到类似的线上问题时能够从容应对。

读者可以根据自己的兴趣及需要，选择阅读相关章节。

## 勘误和支持

由于水平有限，再加上编写时间仓促，书中难免会出现不准确的地方，恳请读者批评指正。如果读者有更多的宝贵意见，欢迎访问 https://segmentfault.com/u/lishuo0 进行专题讨论，我们会尽量在线上为读者提供解答。同时，读者也可以通过邮箱 lieshuoa@163.com 联系我们。期待得到读者的反馈，让我们在技术之路上互勉共进。

李　乐

# 目 录 *Contents*

# 为什么要了解 Go 底层

Go 语言是由谷歌开发的，它不仅具有静态强类型和并发性的特点，还集成了垃圾回收功能，能够在降低代码复杂性的同时，不损失应用程序的性能。Go 语言是目前非常受欢迎的语言之一，简单高效，越来越多的企业和开发者开始使用 Go 语言。Go 语言入门较快，但进阶较困难，原因在于：一方面，大多数 Go 开发者通常只涉及简单的增删改查，很少接触到 Go 语言的并发编程、性能调优和线上调试等工作；另一方面，大多数人可能缺乏主动学习的动力和勇气，或者不知道如何进一步学习 Go 语言。本章通过三个具体实例，包括 Go 语言 502 问题、Go 服务假死问题和 Go 语言 GC 调优问题，说明了解 Go 语言底层的重要性。最后，笔者还总结了 Go 语言的进阶路线，希望能帮助到每一位 Go 开发者。

## 1.1　Go 服务怎么出现 502 状态码了

服务端开发最常见的问题可能就是 HTTP 状态码异常了，常见的异常状态码包括 404 Not Found、502 Bad Gateway、504 Gateway Time-out 等。异常状态码可能是链路层问题，也可能是服务本身出现问题。本节主要介绍为什么 Go 服务超时会导致 502 状态码，以及如何基于 context 实现超时控制逻辑。

### 1.1.1　服务超时为什么导致 502 状态码

根据 HTTP 状态码的定义，服务超时的状态码不应该是 504 吗？为什么我们却说 Go 服务超时会导致 502 状态码呢？很简单，我们可以模拟 Go 服务超时的情况，测试一下这时的状态码到底是 502 还是 504。另外，为了保证测试结果的准确性，服务的访问链路尽量与线上环境保持一致，这里假设访问链路是客户端→网关→Go 服务，也就是说除了 Go 服务之外还需要搭建网关服务。

目前大部分企业都是基于 Nginx 搭建网关，而 Nginx 的编译安装过程比较复杂，所以我们选择通过 Docker 方式部署并启动 Nginx 服务。部署方式如下：

```
// 搜索 Nginx 镜像
docker search nginx
// 下载 Nginx 镜像 (下载最新版本)
docker pull nginx

// 容器里 Nginx 默认配置文件在 /etc/nginx 目录下
//-v 目录映射，在本地主机文件与容器文件间建立映射关系
//-p 端口映射
//-d 后台模式运行，输出容器 ID
docker run --name nginx -p 80:80 \
-v /xxx/nginx/nginx.conf:/etc/nginx/nginx.conf \
-v /xxx/nginx/conf.d:/etc/nginx/conf.d \
-v /xxx/nginx/logs:/var/log/nginx \
-d nginx:latest
```

参考上面的说明，docker run 命令用于运行容器。容器中 Nginx 服务的默认配置文件位于 /etc/nginx 目录下，因此我们使用 -v 参数将本地配置文件映射到容器中的指定目录。其中，nginx.conf 是 Nginx 的主配置文件（参考 Nginx 的默认配置模板）；conf.d 目录下包含所有虚拟服务的配置；/var/log/nginx 是 Nginx 服务日志文件的存放目录。

我们的目的是测试 Go 服务超时情况，其对应的 Nginx 虚拟服务配置如下所示：

```
upstream  localhost {
    server x.x.x.x:8080;
}

server {
    listen 80;
    server_name _ ;
    location / {
        proxy_pass http://localhost;
    }
}
```

另外，别忘了在主配置文件 nginx.conf 中引入 conf.d 目录下所有的虚拟服务配置，引入方式如下：

```
include /etc/nginx/conf.d/*.conf;
```

参考上面的配置文件，网关 Nginx 会将所有请求转发到 x.x.x.x:8080，即 Go 服务监听端口必须是 8080。Go 语言的标准库还是比较完善的，基于 net/http 库只需要几行代码就能创建并启动一个 HTTP 服务，代码如下：

```
package main
import (
```

```
        "fmt"
        "net/http"
        "time"
)
func main() {
    server := &http.Server{
        Addr: "0.0.0.0:8080",
        // 设置 HTTP 请求的超时时间为 3s
        WriteTimeout: time.Second * 3,
    }
    // 注册请求处理方法
    http.HandleFunc("/ping", func(w http.ResponseWriter, r *http.Request) {
        // 模拟请求超时
        time.Sleep(time.Second * 5)
        w.Write([]byte(r.URL.Path + " > ping response"))
    })
    // 启动 HTTP 服务
    err := server.ListenAndServe()
    if err != nil {
        fmt.Println(err)
    }
}
```

参考上面的代码，WriteTimeout 用于设置 HTTP 请求的超时时间，函数 http.HandleFunc 用于注册请求处理方法。注意，我们通过函数 time.Sleep 使协程休眠 5s，模拟请求处理超时情况。编译并运行上面的 Go 程序，通过 curl 命令发起 HTTP 请求，结果如下：

```
time curl  --request POST 'http://127.0.0.1/ping' -v

< HTTP/1.1 502 Bad Gateway
......
// 耗时 0.01s user 0.01s system 0% cpu 5.049 total
```

参考上面的运行结果，客户端收到的是 502 状态码，并且请求处理耗时为 5.049s。这里有两个问题。

1）为什么 Go 服务超时返回的是 502 状态码？

2）明明我们设置的请求超时时间为 3s，为什么实际的请求处理耗时却是 5.049s？

502 状态码的含义是 Bad Gateway，看上去好像是网关错误，其实不是。实际上，502 状态码通常是由网关 Nginx 与上游服务之间的 TCP 连接异常导致的，或者是上游服务直接返回了 502 状态码。怎么判断是哪种情况呢？只需查看 Nginx 的错误日志。如果是网关 Nginx 与上游服务之间的 TCP 连接异常导致的 502 状态码，Nginx 一定会记录错误日志。比如针对上面的 502 状态码问题，查看 Nginx 的错误日志，如下所示：

```
[error] upstream prematurely closed connection while reading response header
from upstream ......
```

从上面的日志可以清楚地看到，该 502 状态码产生的原因是，当网关等待从上游服务读取响应头时，上游服务过早地关闭了连接。也就是说，Go 服务在检测到请求超时后，直接关闭了 TCP 连接，所以才导致网关返回了 502 状态码。如果你对此还有疑惑的话，可以通过 tcpdump 工具抓包验证一下，抓包结果如下所示：

```
// # tcpdump -i lo0 port 8080 -n
// -i 指定网卡，lo0 为回环网卡
// port 指定端口号，8080 为 Go 服务监听端口号
// -n 禁止反向域名解析，输出的是 IP 地址
// 建立 TCP 连接，三次握手
20:48:56.992310 IP x.x.x.x.54667 > x.x.x.x.8080: Flags [S], seq 1951116157, length 0
20:48:56.992392 IP x.x.x.x.8080 > x.x.x.x.54667: Flags [S.], seq 1601557048, ack
    1951116158, length 0
20:48:56.992406 IP x.x.x.x.54667 > x.x.x.x.8080: Flags [.], ack 1, length 0
// 网关 Nginx 转发请求到 Go 服务
20:48:56.992729 IP x.x.x.x.54667 > x.x.x.x.8080: Flags [P.], seq 1:97, length 96:
    HTTP: GET /ping HTTP/1.0
......
// Go 服务主动关闭连接
20:49:01.994431 IP x.x.x.x.8080 > x.x.x.x.54667: Flags [F.], seq 1, length 0
......
```

参考上面的抓包结果，20 点 48 分 56 秒，网关 Nginx 与 Go 服务建立了 TCP 连接，然后将 HTTP 请求转发到 Go 服务。20 点 49 分 01 秒，Go 服务关闭了该 TCP 连接。也就是说，Go 服务在 5s 超时后才关闭了连接。抓包结果与模拟验证的结果一致。

还有一个问题，请求超时时间为 3s，为什么 5s 后 Go 服务才关闭连接呢？这就需要了解 WriteTimeout 超时功能的实现逻辑了。

参考图 1-1，当 Go 服务接收到客户端请求时，会根据 WriteTimeout 添加定时器。当处理时间超时后，定时器会设置 Go 服务与客户端的连接状态为已超时（注意只是设置一个标志位），所以即使请求处理时间已超过 WriteTimeout，Go 服务依然还在默默地处理请求。当 Go 服务处理完该 HTTP 请求，准备向客户端返回数据时，检测到与客户端的连接为已超时状态，于是便关闭了与客户端的 TCP 连接，从而导致网关返回了 502 状态码。

## 1.1.2 基于 context 的超时控制

由 1.1.1 小节的介绍可知，Go 服务超时（请求处理时间超过 WriteTimeout 配置）会导致 502 状态码。幸运的是，这种情况比较容易排查。但是 Go 服务超时返回 502 状态码合理吗？

假设网关是基于 Nginx 搭建的，需要说明的是 Nginx 有一个功能叫作被动健康检查。这是什么意思呢？就是当 Nginx 向上游服务转发请求时，如果出现一些异常情况，比如超时、上游节点返回 502/504 等错误，或者 Nginx 与上游节点的 TCP 连接异常等情况，Nginx 会标记该上游节点为异常。当某个上游节点在一段时间内的失败次数达到配置阈值时，Nginx 会将该节点临时摘除，也就是说后续不会再向该节点转发请求。思考一下：是否会出现所有上游服务节点都被临时摘除的情况呢？

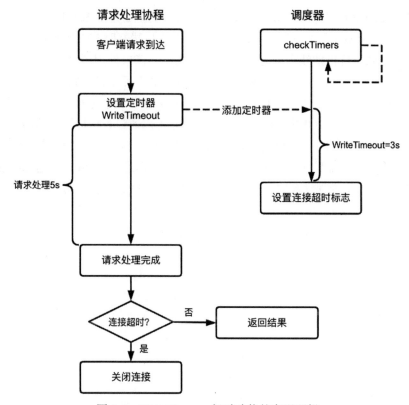

图 1-1　WriteTimeout 超时功能的实现逻辑

我们可以测试一下上面描述的场景。被动健康检查要求上游服务包含多个节点，所以再添加一个上游服务节点，配置如下：

```
upstream  localhost {
    server x.x.x.x:8080 max_fails=1 fail_timeout=10;
    server x.x.x.x:9090 max_fails=1 fail_timeout=10;
}
```

注意，如果你在同一台机器上启动这两个 Go 服务，还需要修改另一个 Go 服务的监听端口号，同时记得重新启动 Nginx 容器。接下来将使用 ab 压测工具来模拟大量并发请求。ab 工具的使用方法如下：

```
// -n 请求数；-c 压测并发数
ab -n 100 -c 10 http://127.0.0.1/ping
```

查看 Nginx 访问日志，你会发现存在大量 502 状态码的请求，对应的 Nginx 错误日志如下：

```
[error]: no live upstreams while connecting to upstream
```

从上面的日志可以清楚地看到，该 502 状态码产生的原因是，当 Nginx 选择上游节点建立连接时，发现没有"存活"节点，也就是说所有的上游节点都被临时"摘除"了。这时候，Nginx 不会再向任何节点转发请求，会直接向客户端返回 502 状态码。

笔者曾经遇到过这样的线上问题：由于一个非核心接口处理超时，短时间内出现了大量 502 状态码，网关 Nginx 因此认为所有的上游节点都不可用，导致其他核心接口也出现了大量 502 状态码，甚至影响到了业务功能。那有什么办法能避免呢？办法是当 Go 服务超时时，依然向客户端返回 200 状态码，超时错误信息可以通过数据标识返回给客户端。

Go 语言为我们提供了一个非常有用的标准库——context（上下文），它可用于在整个请求上下文传递数据以及辅助实现超时控制逻辑。那么如何通过 context 改造 Go 服务，既能实现超时控制逻辑，又能保证超时后依然向客户端返回 200 状态码？可参考下面的代码：

```go
package main
import (
    "context"
    "fmt"
    "net/http"
    "time"
)

func main() {
    server := &http.Server{
        Addr: "0.0.0.0:8080",
    }
    // 注册请求处理方法
    http.HandleFunc("/ping", func(w http.ResponseWriter, r *http.Request) {
        // 上下文超时时间 3s
        ctx, _ := context.WithTimeout(context.Background(), time.Second*3)
        c := make(chan string, 1)
        // 模拟请求超时
        go func() {
            time.Sleep(time.Second * 5)
            c <- " > ping response"
        }()
        select {
        case data := <-c:
            w.Write([]byte(r.URL.Path + data))
        case <-ctx.Done():  // 3s 后, ctx.Done() 管道可读
            w.Write([]byte(r.URL.Path + fmt.Sprintf(" err:%v\n", ctx.Err())))
        }
    })
    // 启动 HTTP 服务
    err := server.ListenAndServe()
    if err != nil {
        fmt.Println(err)
    }
}
```

参考上面的代码，context.WithTimeout 返回一个带有超时功能的上下文，这里我们设

置的超时时间是 3s，也就是说 3s 后 ctx.Done() 方法返回的管道数据可读。请求处理逻辑由子协程实现，处理完成之后将返回结果写入管道 c。select 是 Go 语言关键字，可以监听多个管道的读写事件。如果子协程首先处理完成请求，管道 c 可读，便会向客户端正常返回数据。如果上下文先超时，ctx.Done() 方法返回的管道数据可读，便会向客户端返回超时错误。编译并运行上面的 Go 程序，同时通过 curl 命令发起 HTTP 请求，结果如下：

```
time curl http://127.0.0.1/ping
/ping err:context deadline exceeded
0.01s user 0.01s system 0% cpu 3.035 total
```

可以看到，虽然处理该 HTTP 请求需要耗时 5s，但是当上下文 3s 超时后，Go 服务就立即向客户端返回数据，并且状态码是 200。也就是说，基于 context 实现超时控制逻辑，一方面可以快速地向客户端返回数据（即使是超时错误），另一方面可以避免 502 状态码引起的一些隐患。

## 1.2 Go 服务为什么没响应了

不知道你有没有遇到过这种情况：Go 服务看起来正在运行，但是大量 HTTP 请求却没有任何响应，甚至查不到任何业务日志。我们通常称这一现象为 Go 服务假死。造成 Go 服务假死的原因有很多种，比如死锁。也就是说，请求处理协程抢占了一把已被其他协程占有并且永远不会释放的锁时，所有的请求处理协程都将被无限期阻塞，Go 服务当然也就不会有任何响应了。本小节将为大家演示 Go 服务假死的现象，并且讲解如何排查 Go 服务假死问题。

### 1.2.1 谁阻塞了协程

假设有这样一个业务场景：某个接口的业务逻辑非常复杂，但可以分为核心逻辑和非核心逻辑，而且非核心逻辑的复杂度较高，执行时间较长。在这种情况下，通常会选择异步处理非核心逻辑。也就是说，在处理完核心流程后，请求处理协程会将数据写入队列（例如管道），然后立即返回，其他协程再从队列中获取数据并进行处理。

Go 语言基于协程与管道实现上述功能的代码如下：

```
package main
import (
    "fmt"
    "net/http"
    "time"
)
// 队列
var queue chan interface{}
func main() {
    // 初始化异步消费协程
```

```go
    initAsyncQueue()
    server := &http.Server{
        Addr: "0.0.0.0:8080",
    }
    http.HandleFunc("/ping", func(w http.ResponseWriter, r *http.Request) {
        // 1. 处理请求
        fmt.Println("handle request", r.URL.Path)
        // 2. 将数据写入队列
        queue <- r.URL
        // 3. 向客户端返回结果
        _, _ = w.Write([]byte("ping response"))
    })
    err := server.ListenAndServe()
    if err != nil {
        fmt.Println(err)
    }
}
func initAsyncQueue() {
    queue = make(chan interface{}, 100)
    // 异步协程处理队列数据
    go func() {
        for {
            data := <-queue
            time.Sleep(time.Second * 5)  // 模拟耗时操作
            fmt.Println("async exec", data)
        }
    }()
}
```

参考上面的代码，管道 queue 代表异步队列，函数 initAsyncQueue 用于初始化队列以及异步协程。请求处理协程的主要逻辑可以分为三部分：处理请求、将数据写入队列、向客户端返回结果。异步协程的主要逻辑是循环从队列获取数据，并执行一些非核心逻辑。

上述程序有什么风险吗？想想执行非核心逻辑耗时较长的情况，也就是说从队列读取数据的速度较慢，但是恰好请求访问量又较大，也就是说请求处理协程向队列写入数据的速度较快。这时候队列（管道）中的数据可能会出现堆积现象，甚至在极端情况下队列（管道）的容量会满，这样一来请求处理协程再向队列（管道）写入数据就会被阻塞。再考虑另外一种情况，如果异步协程因为某些原因异常退出了，也就是说没有协程从队列读取数据，那么队列（管道）的容量很快就会满了，这时候请求处理协程同样会被阻塞。

我们可以模拟一下第一种情况，编译并运行上面的程序，随后通过 ab 压测工具模拟大量的并发请求，命令如下：

```
// -n 请求数；-c 压测并发数
ab -n 1000 -c 100 http://127.0.0.1:8080/ping
```

压测的同时，可以通过 curl 命令发起 HTTP 请求，命令如下：

```
time curl http://127.0.0.1:8080/ping
```

随着时间的流逝，你会发现 curl 命令没有任何响应，也就是说 Go 服务没有返回响应数据，看起来像是 Go 服务假死了。当然，上面的 Go 程序比较简单，你可能很容易就能分析出为什么 Go 服务假死了。但是，实际的 Go 程序往往非常复杂，很难通过代码分析出是什么原因导致的 Go 服务假死。这时候怎么办呢？其实 Go 语言本身就提供了工具 pprof，它可以采集 Go 程序的运行时数据，比如协程栈，这样 Go 服务阻塞在哪里就一目了然了。

当然，采集 Go 程序的运行时数据是需要耗费一些资源（时间、内存、CPU 等）的，所以需要我们手动引入一些代码来开启 pprof 功能，代码如下所示：

```
package main
import (
    "net/http"
    _ "net/http/pprof"
)
func main() {
    // 开启 pprof
    go func() {
        http.ListenAndServe("0.0.0.0:6060", nil)
    }()

    // 业务代码
}
```

开启 pprof 功能之后，就可以通过指定接口采集 Go 程序的运行时数据了。接下来就是基于 pprof 排查前面的 Go 服务假死问题了，分析 Go 服务协程栈如下：

```
go tool pprof http://127.0.0.1:6060/debug/pprof/goroutine
(pprof) traces
-----------+-----------------------------------------------------
    100   runtime.gopark
          runtime.chansend
          runtime.chansend1
          main.main.func2
          net/http.HandlerFunc.ServeHTTP
          net/http.(*ServeMux).ServeHTTP
          net/http.serverHandler.ServeHTTP
          net/http.(*conn).serve
```

pprof 采集的部分 Go 程序的运行时数据可读性不太好，所以 Go 语言还提供了工具来帮助我们分析 Go 程序的运行时数据，使用方式如上面的示例所示。参考上面的输出结果，有 100 个请求处理协程（与 ab 压测工具并发请求数 100 有关）因为管道的写操作而阻塞。当然，生产环境的访问量通常比较大，所以阻塞的协程数一般更多。另外，从协程栈也可以看到写管道的函数是 main.main.func2，也就是 main 包的 main 函数中的第二个匿名函数。

最后总结一下，Go 服务假死通常是请求处理协程因某些原因阻塞了，所以这时候只需要通过 pprof 分析协程栈往往就能确定阻塞的原因。

## 1.2.2　写管道可以不阻塞协程吗

参考 1.2.1 小节的例子，由于异步协程执行非核心逻辑的耗时较长，因此当请求访问量较大时，队列（管道）中的数据可能会积压，极端情况下甚至会阻塞请求处理协程的写入操作。那怎么办呢？能不能创建多个异步协程来处理数据呢？当然可以，这样可以在一定程度上避免数据的积压。但是，仍然无法完全避免此问题，也就是说仍然有可能会阻塞请求处理协程的写入操作。这是肯定不能接受的，还有其他办法吗？比如管道的写入操作能不能不阻塞用户协程呢？

在 Go 语言中，可以通过 select + default 的组合实现管道的非阻塞式操作，我们基于这种方案改造一下 1.2.1 小节中请求处理协程向队列写入数据的逻辑，如下所示：

```go
http.HandleFunc("/ping", func(w http.ResponseWriter, r *http.Request) {
    // 1. 处理核心逻辑
    fmt.Println("handle request", r.URL.Path)
    // 2. 写入队列
    select {
    case queue <- r.URL:
    default:
        fmt.Println(fmt.Sprintf("enqueue request error, url:%v", r.URL.Path))
    }
    // 3. 向客户端返回结果
    _, _ = w.Write([]byte("ping response"))
})
```

编译并运行改造后的程序，随后通过 ab 压测工具模拟大量并发请求，命令如下：

```
// -n 请求数；-c 压测并发数
ab -n 1000 -c 100 http://127.0.0.1:8080/ping
```

你会发现，ab 压测很快就结束了，也就是说 Go 服务很快就处理完了这 1000 个请求，并没有出现 1.2.1 小节中的请求处理协程被阻塞的情况。

最后再思考一下：这个过程是如何实现的呢？为什么在使用了 select 与 default 之后，写管道就不会再阻塞请求处理协程呢？其实，Go 语言编译器在编译阶段会将 select + default 的组合转化为下面的代码：

```
// compiler implements
//
// select {
// case c <- v:
// ... foo
// default:
// ... bar
// }
//
// as
//
// if selectnbsend(c, v) {
```

```
// ... foo
// } else {
// ... bar
// }
//
```

参考上面的代码，函数 selectnbsend 用于非阻塞地向管道写入数据，当管道不可写时（比如容量已经满了），函数 selectnbsend 返回 false，此时执行 default 分支。

当然，通过非阻塞方式向队列写入数据也并不是完美的方案。毕竟我们的初衷是将非核心逻辑异步化处理，但是这种方案可能导致请求处理协程写入数据失败，如果不做处理的话可能会导致数据丢失。为了解决数据丢失问题，我们可以采取一些补救措施，比如直接执行非核心逻辑（但是这样会导致请求处理过程变慢），或者也可以先记录日志，然后通过其他方式进行补救。

## 1.3　Uber 如何通过 GC 调优节约 7 万个内核

Uber 是国外大规模使用 Go 的企业之一，其技术团队致力于通过提升资源利用率来降低成本。其中一项最有效的工作是围绕 GC 调优展开的，这项工作在 30 多个关键服务中节省了 7 万个内核。本节首先为大家讲解 Go 语言 GC 的一些基本概念，随后介绍 Uber 在高效、低风险、大规模、半自动化 GC 调优方面的经验。

### 1.3.1　GC 概述

GC 用于回收不再使用的内存。有了 GC 之后，我们不再需要关注内存的分配与释放。

在介绍 GC 的基本概念之前，我们先思考一下：垃圾内存的定义应该是什么？如果没有任何途径能访问到这块内存，那这块内存是不是就是垃圾内存了？如何判断有无途径能访问到某块内存呢？有一个经典的方案叫引用计数法：当对象 A 引用（指针指向）对象 B 时，对象 B 的引用计数加 1；当删除对象 A 与对象 B 之间的引用关系时，对象 B 的引用计数减 1。当某个对象的引用计数为 0 时，说明没有其他任何对象引用该对象，此时需要回收该对象内存。这有问题吗？想想如果对象 A 引用了对象 B，对象 B 也引用了对象 A，并且没有其他任何对象引用对象 A 和对象 B，对象 A 和对象 B 的内存理论上应该是垃圾内存，但是因为对象 A 和对象 B 的引用计数都为 1，所以都不会被回收。这种情况称为循环引用，也就是说引用计数方案无法处理循环引用的情况。

还有什么其他办法吗？什么对象一定不会被 GC 回收，访问某对象的途径有什么特点呢？比如栈内存上的对象（随着函数的调用与返回，栈内存自动分配与释放）、全局对象，这两种类型的对象肯定是不能被回收的。GC 的目标是堆内存上的对象，并且堆内存上的对象通常需要直接或间接地被栈内存上的对象或全局对象引用（栈内存上的对象、全局对象等因此也被称为根对象），才可以被访问到。那只需要从根对象开始扫描，扫描到的对象肯定就不是垃圾，剩下的没有被扫描到的对象就是垃圾并且需要被回收了。

如图 1-2 所示，局部变量 var1 指向堆内存对象 A，对象 A 又指向对象 C；全局变量 p1 指向堆内存对象 B，对象 B 又指向对象 E。可以看到，没有任何根对象直接或间接地指向堆内存对象 D、F，也就是说无论通过任何途径都无法从根对象访问到对象 D、F。最终，堆内存对象 D、F 将会被 GC 回收。

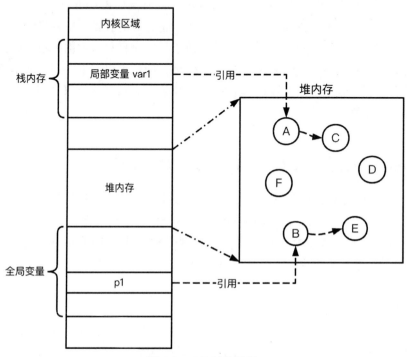

图 1-2　GC 对象示意

上述方案也是三色标记法的基本思路。三色标记法将所有的对象分为已扫描（黑色）、待扫描（灰色）、未扫描（白色）三种类型，而整个 GC 流程可以简单地划分为标记扫描、标记终止、未启动三个阶段。其中，标记扫描阶段的核心逻辑总结如下：

1）从灰色对象集合中选择一个对象，标记为黑色。

2）扫描该对象指向的所有对象，将其加入灰色对象集合。

3）不断重复步骤 1 和步骤 2。

扫描过程结束后，只会剩下黑色对象与白色对象，而白色对象就是需要回收的垃圾了。显然，标记扫描阶段应该是整个 GC 流程中最耗时的阶段，因为 Go 进程通常都会有大量堆内存对象。

最后，GC 是需要占用 CPU 资源的，而 Uber 则通过 GC 调优（尽量减少 GC）来降低 GC 对 CPU 资源的使用，以节约 CPU 资源。不过在介绍 Uber GC 调优方案之前，还需要了解 GC 的触发方式。

Go 语言提供了 3 种 GC 触发方式：申请内存、定时触发以及手动触发。当你在 Go 程序中手动调用函数 runtime.GC 时，就会手动触发 GC，注意该函数会阻塞调用方（用户协程）直到 GC 结束。定时触发也比较简单，每 2 分钟 Go 语言会触发一次 GC。

申请内存如何触发 GC 呢？其实只需要在每次申请内存时（参考函数 runtime.mallocgc）判断内存使用量是否超过阈值就可以了，如果超过则触发 GC。而该阈值是根据环境变量 GOGC 以及上次 GC 结束后的内存使用量计算得到的。GOGC 的默认值是 100，即当内存的使用量达到上次 GC 结束后的内存使用量的两倍时触发 GC。值得一提的是，Uber 的 GC 调优方案其实就是基于 GOGC 实现的，这一点将在下一小节介绍。

最后补充一下，Go 服务触发 GC 的内存阈值与 GOGC 以及上次 GC 结束后的内存使用量有以下关系：

```
// target: 触发 GC 的内存阈值
// heapLive: 上次 GC 结束后的内存使用量
target = heapLive + heapLive * (GOGC / 100)
```

## 1.3.2 Uber 半自动化 GC 调优

2021 年年初，Uber 技术团队开始探索对 GC 调优的可能性。首先，该团队通过分析 Go 服务的 CPU 使用情况，发现在大部分关键 Go 服务中 GC 占用了大量 CPU 资源，如图 1-3 所示。

函数 runtime.scanobject 是 GC 标记扫描阶段的核心函数，而标记扫描阶段也是整个 GC 流程中最耗时的阶段，所以该函数的 CPU 使用率可以代表 GC 的 CPU 使用率。从图 1-3 中可以看到，GC 占用了 24.05% 的 CPU 资源。也就是说，GC 调优对于节省 CPU 资源非常有意义。

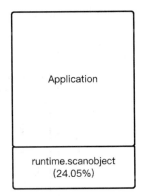

图 1-3 GC 的 CPU 使用率示例

另外，在 1.3.1 小节中也提到，Go 语言提供了 3 种 GC 触发方式：申请内存、定时触发以及手动触发。同时，申请内存触发 GC 的方式依赖于环境变量 GOGC，这使得我们可以简单地通过调整 GOGC 的值（增加 GOGC）来实现 GC 调优（减少 GC）。但是这样一来，Go 服务就需要更多的内存。幸运的是，大多数 Go 服务所需的 CPU 与内存的比例为 1：1～1：2，而 Uber 的主机 CPU 与内存的比例是 1：5，因此完全可以利用更多的内存来减少 GC。

不过，Uber 技术团队在实现 GC 调优时，发现固定的 GOGC 并不适合 Uber 的服务。为什么呢？

首先，Uber 的 Go 服务都是容器化部署，容器的最大内存限制是不同的，所以 GOGC 也应该根据不同 Go 服务配置不同的值。

其次，Go 服务的流量是有波动的，内存使用量也是有波动的。低峰期 Go 服务的内存使用量可能只有 100MB，但是高峰期 Go 服务的内存使用量可能达到 1GB。如果采用固定的 GOGC，可能会导致内存不足的问题，如图 1-4 和图 1-5 所示。

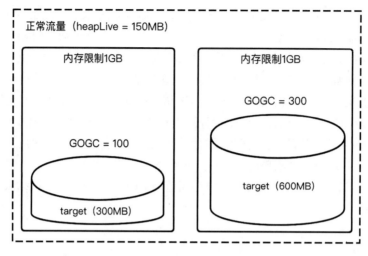

图 1-4　正常流量，左侧 GOGC 采用默认值，右侧 GOGC 采用固定值

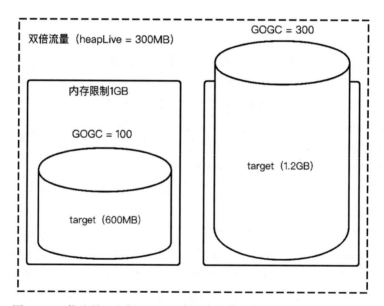

图 1-5　双倍流量，左侧 GOGC 采用默认值，右侧 GOGC 采用固定值

　　参考图 1-4 与图 1-5，Go 服务容器的内存限制都是 1GB。图 1-4 表示正常流量情况下，GOGC 分别使用默认值（100）以及固定值（300）时触发 GC 的内存阈值。图 1-5 表示双倍流量情况下，GOGC 分别使用默认值（100）以及固定值（300）时触发 GC 的内存阈值。可以看到，当遇到双倍流量情况时，如果 GOGC 依然采用固定值，触发 GC 的内存阈值将超过 Go 服务容器的内存限制，这将会导致内存不足的问题。

　　最终 Uber 技术团队通过动态调整 GOGC 解决上述问题。一方面，使用容器最大内存限制（从 cgroup 读取）的 70% 作为内存使用上限；另一方面，实时采集 Go 服务的内存使用量，并根据实时内存使用量以及内存使用上限动态调整 GOGC。Uber 半自动化 GC 调优示例如图 1-6 所示。

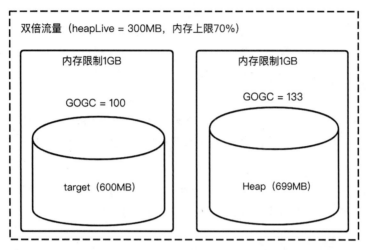

图 1-6　双倍流量，左侧 GOGC 采用默认值，右侧 GOGC 动态调整

参考图 1-6，Go 服务容器的内存限制是 1GB，Go 服务的内存上限是 700MB。图 1-6 表示双倍流量情况下，GOGC 分别使用默认值（100）以及动态调整（133）时触发 GC 的内存阈值。可以看到，当动态调整 GOGC 时，触发 GC 的内存阈值并没有超过 Go 服务的内存上限，当然也就不会导致内存不足的问题。那么 GOGC 的动态值是怎么计算的呢？如下所示：

```
GOGC = (target - heapLive) / heapLive * 100
     = (700MB - 300MB) / 300MB * 100
     = 1.33 * 100
     = 133
```

最后补充一点，Uber 的半自动化 GC 调优方案需要实时采集 Go 服务的内存指标，其最初的方案是每秒采集一次，然后对应地调整 GOGC。这种方案开销较大，并且准确率不高，因为 Go 服务每秒可以执行多次 GC。幸运的是，Go 语言有终结器（参考函数 runtime. SetFinalizer），通过这个函数我们可以设置一个回调函数，该函数在对象将被垃圾回收时执行，也就是说只需要这个回调函数采集 Go 服务的内存指标并且动态调整 GOGC 即可。Uber 技术团队最终采取的就是这一方案。

基于上述思路，Uber 开发了半自动化调优库 GOGCTuner。在几十个关键服务部署了 GOGCTuner 之后，Uber 技术团队深入分析了这些服务的 CPU 利用率，发现仅这些服务就累计节省了 7 万个内核。

## 1.4　Go 语言进阶路线

整体来说，Go 语言入门还是比较简单的，但是进阶比较困难。首先，大多数 Go 开发者的日常工作都是简单的增删改查，并不涉及 Go 语言复杂的并发编程、GC 调优等，通常也不会遇到 Go 服务假死等问题。其次，Go 语言虽然使用简单，但是底层原理还是比较复杂的，而大多数 Go 开发者往往都停留在使用阶段，并没有去深入研究 Go 语言的底层原理。本小节将从原理与实践两个维度，为大家分享 Go 语言进阶路线，包括 Go 语言快速入门、Go 并发编程、Go 项目实战三个阶段。

## 1.4.1　Go 语言快速入门

学习 Go 语言的第一步当然是掌握所有的数据类型。Go 语言本身提供了丰富的数据类型，如字符串、切片、散列表等，并允许开发者自定义结构体、接口等。

### 1. 数据类型

图 1-7 列出了 Go 语言基本的数据类型（整数类型等过于简单，这里就不进行介绍了），以及每种数据类型需要开发者重点关注的知识点，如图 1-7 所示。

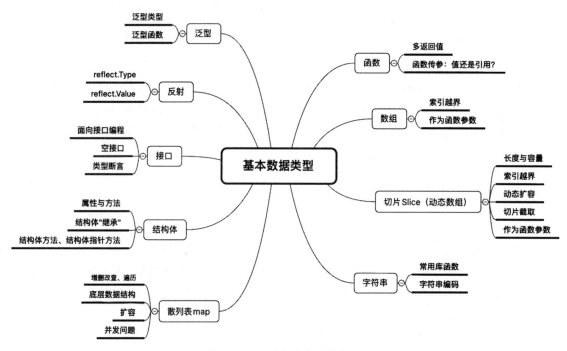

图 1-7　Go 语言基本数据类型

参考图 1-7，接下来将按照顺时针方向逐个介绍每一种数据类型。

（1）函数

Go 语言的函数与其他编程语言的非常类似，不同的是，Go 语言函数可以返回多个值，而其他编程语言如 C 语言、PHP 语言等只能返回一个值。另外，在函数传递参数时，一定要清楚 Go 语言函数传递的是值还是引用（Go 语言函数传递的是值）。这两种传递参数的方式有什么区别呢？如果传递的是引用，那么函数内部对输入参数的修改会同步到调用方；如果传递的是值，那么函数内部对输入参数的修改将不会影响调用方。

（2）数组

数组是一种顺序存储的线性数据结构，我们可以按索引下标访问数组元素。在使用数组时，一定要注意避免索引越界，比如数组长度为 3（最多能存储 3 个元素，索引下标只能是 0、1、2），而你的 Go 程序访问的索引下标大于或等于 3，这时候你的 Go 程序将会编译失败（因为数组长度是静态的，所以编译期间可以判断是否出现索引越界情况）。

如果你写过 C 语言，会知道当你将数组作为函数参数传递时，如果函数内部修改了数组元素，调用方也会同步修改，这是因为在 C 语言中数组作为函数参数时传递的是数组首地址。Go 语言不同，当你将数组作为函数参数传递时，如果函数内部修改了数组元素，调用方并不会同步修改，这是因为 Go 语言会将所有数组的值复制一份，再作为输入参数传递。

（3）切片

切片是 Go 语言常用的数据类型之一，其本质是动态数组。切片有两个基本概念：长度与容量，长度是切片存储的元素数目，容量是切片存储的最大元素数目。切片同样可以按索引下标访问数据，但是需要注意避免索引越界，也就是说访问切片的索引下标必须小于切片的长度，否则会抛出 panic 异常。

切片支持 for-range 遍历语法，只是需要注意，通过该方式遍历获取到的数据，其实是一份数据副本，修改该数据并不会影响切片底层数组存储的数据。

切片本质上是通过预分配内存策略来提升效率的，当我们使用 append 函数向切片追加数据时，该函数内部会检测切片容量是否不够，如果容量不够则先触发扩容。扩容就是申请更大的内存作为底层数组，同时将所有数据复制到新数组。当切片容量比较小时，Go 语言按照原始容量的 2 倍扩容；当切片容量比较大时，Go 语言按照原始容量的 25% 扩容。

切片还支持截取操作，也就是截取切片的一部分数据作为新的切片，这一操作虽然简单，但是需要关注新切片的长度、容量。另外，修改新切片数据时是否会影响原始切片数据呢？

最后，当切片作为函数参数传递时，如果函数内部修改了切片（通过索引下标修改数据，或者追加数据），调用方会同步修改吗？如果追加数据导致切片触发扩容了，再通过索引下标修改数据，调用方会同步修改吗？

当然，当你学习了 Go 语言切片的底层数据结构之后，上面这些疑问将会迎刃而解，这里就不一一解释了。

（4）字符串

字符串比较简单，只需要重点了解一些常用的字符串库函数即可，另外可以适当了解一下 Go 语言字符串的底层数据结构，以及字符串编码。

（5）散列表 map

map 是 Go 语言常用的数据类型之一，用于存储键 – 值对。插入键 – 值对，以及根据键查找、修改、删除键 – 值对的时间复杂度都是 $O(1)$。为什么 map 的增删改查效率能这么高呢？这依赖于 map 的底层数据结构。有兴趣的读者可以自行研究。

map 同样支持 for-range 遍历语法，与切片的遍历类似，通过该方式遍历获取到的数据，其实是一份数据副本，修改该数据并不会影响 map 底层存储的数据。

另外，当我们一直向 map 插入键 – 值对时，同样有可能触发 map 的扩容操作。为什么呢？因为 map 通常是基于数组 + 链表方式实现的（首先根据键计算得到一个散列值，再映射到数组的某一索引位置。如果多个键映射到同一个数组索引，可通过链表串联），当键 – 值对数目过多时，链表的平均长度会增加，map 的增删改查效率也会随之降低。这时候就需要扩容了，扩容就是申请更大的内存作为数组，并重新计算所有键 – 值对的散列值，映射到新的数组。

最后不得不提 map 的并发问题，各位读者一定要记得，多个协程并发访问同一个 map 变量可能会抛出 panic 异常。

（6）结构体

Go 语言支持面向对象编程，但是与传统的面向对象语言如 C++、Java 等略有不同。Go 语言没有类的概念，只有结构体；结构体可以拥有属性，也可以拥有方法。我们可以通过结构体实现面向对象编程。

另外，面向对象有一个很重要的概念——继承，子类可以继承父类的某些属性或方法。Go 语言结构体也支持"继承"，不过是通过组合的方式实现的继承。

（7）接口

Go 语言支持面向接口编程，接口用于定义一组方法。与传统的面向对象语言如 C++、Java 等不同，Go 语言结构体并不需要声明实现某个接口，只要结构体实现了该接口的所有方法，就认为其实现了该接口。

Go 语言将接口分为两种：带方法的接口和不带方法的接口（空接口）。带方法的接口一般比较复杂，底层基于 iface 实现；不带方法的接口则基于 eface 实现。通常，当我们不知道变量的类型时，会将变量类型声明为空接口。任何类型的变量都能赋值给空接口类型的变量，反之则不行。将空接口类型转化为具体的类型需要使用类型断言，但是需要注意，如果类型断言使用不当，可能会抛出 panic 异常。

（8）反射

反射给 Go 语言带来了一些动态特性，它可以帮助我们获取类型（reflect.Type）的所有方法、属性等，也可以帮助我们获取变量（reflect.Value）的值以及类型，更新变量的值等。

（9）泛型

Go 语言从 1.18 版本开始支持泛型，为什么需要泛型呢？假设有这么一个业务场景：我们需要实现一个函数，输入两个参数，函数返回它们相加的值，输入参数可以是两个整型（int）、浮点数（float），还有可能是字符串等。Go 语言是强类型语言，任何变量或函数参数都需要定义明确的参数类型，所以针对这一场景我们只能定义多个函数。

泛型使得我们可以定义一个函数模板（类型不确定），等到真正调用函数的时候，再确定函数的参数以及返回值等具体类型。关于泛型的使用示例，可以参考 Go 语言官方提供的实验库（golang.org/x/exp）。

经过第一步的学习，我们对 Go 语言常用的数据类型有了一定的了解，但是这远远不够，因为实际项目开发往往依赖于一些标准库或开源组件。

### 2. 标准库

接下来简单介绍一下 Go 语言提供的一些常用标准库，如图 1-8 所示。

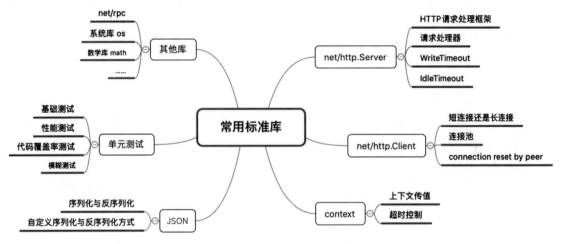

图 1-8　Go 语言常用标准库

参考图 1-8，接下来将按照顺时针方向逐个介绍主要的标准库。

（1）net/http.Server

Go 语言创建 HTTP 服务还是非常方便的，基于标准库 net/http.Server，只需要几行代码就能实现。因此，我们不应该局限于使用，还需要了解一下标准库 net/http.Server 的 HTTP 请求处理框架、请求处理器等。当然，也少不了 WriteTimeout 与 IdleTimeout 这两个配置。1.1 节中提到，当请求处理时间超过 WriteTimeout 时，Go 服务会关闭连接从而导致 502 异常状态码；IdleTimeout 配置不合适时，也有可能会导致偶发性的 502 异常状态码。第 12 章将会整体介绍 Go 服务的几种 502 情况。

（2）net/http.Client

顾名思义，标准库 net/http.Client 用于发起 HTTP 请求。标准库 net/http.Client 的使用同样比较简单，但是你知道它是基于短连接还是长连接发起的 HTTP 请求吗？如果是长连接，会涉及连接池的概念，而且长连接如果使用不当还会引发偶现的 “connection reset by peer” 错误（第 12 章将会详细介绍）。

（3）context

标准库 context 表示上下文，它主要有两个核心功能：①在整个函数调用链传值；②超时控制。1.1.2 小节就是基于 context 实现的 HTTP 请求超时控制。

（4）JSON

JSON 是一种常用的数据传输协议，Go 语言也提供了这种协议的序列化与反序列化标准库。不过在使用过程中需要注意，Go 语言是强类型语言，比如字符串、整数是两种不同的类型。在 JSON 格式中，整数没有双引号，字符串是有双引号的。如果混用这两种类型，可能会导致 JSON 反序列化出错（类型不匹配错误）。

另外，Go 语言也允许开发者自定义序列化与反序列化方式，只需要实现 json.Marshaler 与 json.Unmarshaler 这两个接口即可。

（5）单元测试

在实际项目的开发过程中，当然少不了单元测试，Go 语言为我们提供了完善的单元测试库，基于该库可以实现基础测试、性能测试、代码覆盖率测试等。

（6）其他库

还有其他一些标准库，比如 net/rpc、系统库 os、数学库 math 等，这里就不一一介绍了，Go 语言对此有详细的注释说明，使用时查阅即可。

通过前面的学习，我们基本上能完成一些实际项目中的开发任务了，但是仅限于简单的增删改查等。这是因为，关于 Go 语言的核心——并发，我们还不了解。Go 语言的生态系统，如常用的开源组件等，也不了解。当遇到线上问题时，我们也束手无策。关于后续两个阶段的学习路线，我们将在后面两个小节介绍。

## 1.4.2　Go 高并发编程

虽然 Go 语言已经足够简单了，但对于很多 Go 初学者来说，Go 语言中的并发问题依然让人防不胜防。如何能够编写出高性能、稳定的 Go 程序呢？这就需要开发者对 Go 高并发编程有一定了解。图 1-9 列举了 Go 高并发编程涉及的核心知识点。

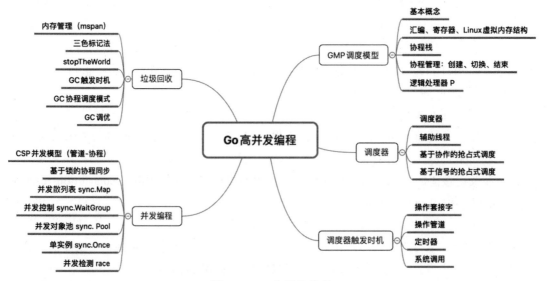

图 1-9　Go 高并发编程

参考图 1-9，接下来将按照顺时针方向逐个介绍 Go 高并发编程需要掌握的每一项知识点。

（1）GMP 调度模型

相信每一个 Go 开发者都或多或少听过 GMP 调度模型。G（goroutine）代表协程；M（machine）代表线程，运行调度程序，负责协程 G 的调度执行；P（processor）代表逻辑处理器，可以理解为一种资源，线程 M 必须绑定逻辑处理器 P 才能调度协程 G。

协程被称为轻量级、用户态线程。协程可以像线程一样并发执行，只是你有想过为什么吗？想要完全理解协程，先要对汇编程序、寄存器、Linux 虚拟内存结构等有一定的了解，因为 Go 语言协程的切换涉及协程栈的切换（寄存器的读写），这些都是基于汇编实现的。低版本 Go 语言实际上没有逻辑处理器 P，也就是说基于 GM 模型也能实现协程调度相关逻辑，那么逻辑处理器 P 到底有什么作用呢？

第 2 章将对 GMP 调度模型进行详细介绍。

（2）调度器

每一个线程 M 都有一个调度协程 g0，该协程实现了协程调度功能。Go 语言调度器有哪些途径可以获取可运行协程 G 呢？首先，每一个逻辑处理器 P 都有一个可运行协程队列，调度器通常只需要从当前逻辑处理器 P 的可运行协程队列获取协程。此外，为了避免多个逻辑处理器 P 负载分配不均衡，Go 语言还有一个全局可运行协程队列，在某些条件下也会从全局可运行协程队列获取协程。

Go 语言调度器也有时间片调度的概念。提到时间片，就不得不提到一个辅助线程，该线程会检测是否有协程执行时间过长，如果有，则会"通知"该协程让出 CPU。在 Go 1.14 以下的版本中，Go 语言基于协作的方式实现通知功能（需要主动检测，否则无法接收到通知，当然也就无法让出 CPU），而在 Go 1.14 及以上的版本中，Go 语言是基于信号实现通知功能的。

第 2 章将对 Go 语言调度器进行详细介绍。

（3）调度器触发时机

在 Go 语言中，很多场景都有可能触发调度，比如协程读写套接字导致的阻塞，协程读写管道导致的阻塞，协程抢锁导致的阻塞，协程休眠，协程执行了系统调用，以及抢占式调度等，这些场景都有可能导致该协程让出 CPU，切换到调度程序。

第 3 章将对上述这些触发调度的情况进行详细介绍。

（4）并发编程

多协程同步是每一个 Go 开发者必须面对的问题。传统的多线程程序往往基于共享内存实现多线程同步，Go 语言在此之上还为我们提供了基于管道 – 协程的 CSP 同步模型，这也是 Go 语言推荐的方案。

除此之外，Go 语言还提供了其他几种多协程同步方案，包括基于锁的协程同步、并发散列表 sync.Map、并发控制 sync.WaitGroup、并发对象池 sync.Pool、单实例 sync.Once，以及非常有用的并发检测工具 race 等。

第 4 章将对 Go 语言并发编程的常用技巧进行详细介绍。

（5）GC

有了 GC 之后，我们不再需要关注内存的分配与释放。不过，在学习 GC 实现原理之前，需要了解 Go 语言是如何进行内存管理的，以及 Go 语言内存管理的基本单元（mspan）。

Go 语言的 GC 是基于三色标记法实现的。整个 GC 流程可以简单划分为标记扫描、标记终止、未启动三个阶段。需要注意的是，GC 也需要耗费 CPU 资源，甚至还会暂停所有用户协程（stopTheWorld）。因此，有时候可能需要进行一些 GC 调优方面的工作。不过，这可能需要你对 GC 的触发时机、GC 协程的调度模式等有一定的了解。

第 5 章将对 Go 语言 GC 的实现原理进行详细介绍。

经过这一阶段的学习，相信你对 Go 语言的使用、底层原理等有了一定的了解，只是欠缺项目实战经验罢了。下一小节将重点介绍项目实战方面的学习路线。

## 1.4.3 Go 语言项目实战

经过了前面两个阶段的学习，相信你对 Go 语言本身已经有了一定的理解，但是如何使用 Go 语言进行项目开发？或者当你遇到一些 Go 服务线上问题时，如何去排查分析呢？这就需要继续学习第三个阶段。图 1-10 列举了 Go 语言项目实战过程中所需的知识。

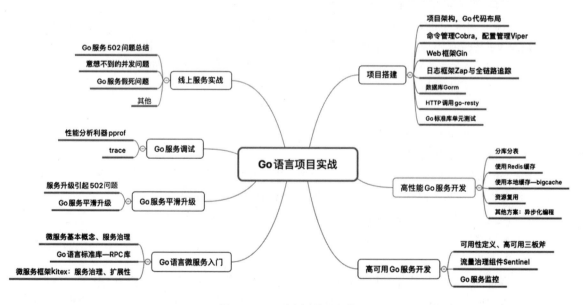

图 1-10　Go 语言项目实战

参考图 1-10，接下来将按照顺时针方向逐个介绍 Go 语言项目实战需要掌握的主要项知识点。

（1）项目搭建

Go 语言项目实战的第一步当然是搭建项目，这时候就需要确定项目架构、代码布局等。另外，一个完整的 Go 项目需要依赖很多组件，比如服务路由、数据库、日志、HTTP 客户端、单元测试等。每一种组件可能都有很多开源框架可供选择，使用哪一款开源框架也需要认真调研。

第 6 章将带领大家从 0 到 1 搭建一个基本的 Go 项目，并且还会介绍一些常用的开源框架，包括 Web 框架 Gin 的原理以及使用技巧，日志框架 Zap 与全链路追踪，数据库访问框架 Gorm，HTTP 客户端框架 go-resty，Go 语言标准库（即单元测试）等。

（2）高性能 Go 服务开发

当你实现一个 Go 服务之后，如何评估服务性能呢？你的服务能否应对高并发流量（比如秒杀活动）呢？如果不能，应该如何优化服务性能呢？性能优化的前提是确定服务瓶颈，实际上大部分项目最大的瓶颈通常在于数据库，而数据库的性能优化是有可行方案的，首先是分库分表，其次是缓存（Redis 缓存、本地缓存等）。

第 7 章将详细介绍 Go 服务性能优化方案，包括基于 Gorm 框架的分表，使用 Redis 缓存、本地缓存（bigcache），以及通过资源复用、异步化编程等手段提升 Go 服务本身的性能。

（3）高可用 Go 服务开发

Go 服务的可用性也不容忽视，那么如何衡量一个服务的可用性呢？可能你也听说过，通常企业可能会要求服务的可用性达到三个 9（也就是 99.9%）或者四个 9（也就是 99.99%）。但是这是如何计算的呢？

第 8 章将会详细介绍高可用 Go 服务开发方案，包括可用性的定义以及高可用三板斧，并以阿里开源的流量治理组件 Sentinel 为例，讲解如何通过流量控制、熔断降级、系统自适应过载保护等提升系统可用性。另外，监控系统也必不可少，第 8 章还会介绍如何基于 Prometheus 构建 Go 服务监控系统。

（4）Go 语言微服务入门

微服务是一种非常热门的架构设计理念，它主张将单个应用程序开发为一组小型服务，每个服务都单独部署运行，并且这些服务之间通过轻量级的方式进行通信。

第 9 章将详细介绍微服务架构的基本概念，包括 RPC、服务注册与服务发现、服务治理等。此外，我们将以字节跳动开源的一款微服务框架 Kitex 为例，讲解如何基于 Kitex 构建 RPC 服务，以及 Kitex 如何实现高可扩展性和服务治理。

（5）Go 服务平滑升级

Go 服务作为常驻进程，如何进行服务升级呢？你可能会觉得这还不简单，先将现有服务停止，再启动新的服务不就可以了。但是需要说明的是，Go 服务升级可能会引起瞬时 502 错误，所以我们需要实现一套平滑升级方案来保证升级过程是无损的。

第 10 章将会对 Go 服务平滑升级方案进行详细介绍。

（6）Go 服务调试

生产环境总是会遇到一些千奇百怪的问题，比如 Go 服务总是时不时地响应非常慢甚至完全没有响应，Go 服务的内存占用量总是居高不下等。遇到这些问题该如何排查与分析呢？Go 语言其实为我们提供了一些非常有用的工具，这些工具可以帮助我们分析并解决 Go 服务的性能问题。

第 11 章将会详细介绍如何基于这些工具分析 Go 服务线上问题。

（7）线上服务实战

大多数 Go 开发者都停留在简单的增删改查层面，对 Go 语言本身的掌握程度不够，对常用依赖库或者开源组件的掌握也不够，在开发项目过程中总会不经意间遇到一些千奇百怪的问题，并且在遇到线上问题时往往束手无策。

第 12 章将会介绍一些线上问题以及解决思路，包括 Go 服务中的 502 总结、Go 服务假死问题、Go 语言中的并发问题等。希望大家在以后的开发工作中能够避免类似的问题发生，或者在遇到类似的线上问题时能够从容应对。

## 1.5 本章小结

大多数 Go 开发者往往只是做一些简单的增删改查，基本上接触不到 Go 语言线上问题定位、性能调优等工作，所以始终徘徊在 Go 初级阶段。想要进一步掌握 Go 语言，最快的方法就是原理与实战相结合。

本章首先通过三个具体实例，包括 Go 语言 502 问题、Go 服务假死问题、Go 语言垃圾回收调优问题，来说明只有对 Go 语言底层有一定的了解，在解决线上问题、进行性能调优时才能得心应手。

最后，本章从原理与实践两个维度分享了 Go 语言进阶路线，包括 Go 语言快速入门、Go 高并发编程、Go 语言项目实战三个阶段。

Go 语言快速入门主要包括常用数据类型、常用标准库的使用与注意事项，这一阶段比较基础，所以本书后续并没有重点介绍。本书的重点是 Go 语言进阶，本书将在第 2～5 章重点介绍 Go 语言高并发编程的相关知识，在第 6～12 章重点介绍 Go 语言项目实战与线上问题定位方面的技巧。

第 2 章 *Chapter 2*

# Go 语言并发模型

Go 语言天然具备并发特性，基于 go 关键字就能很方便地创建一个可以并发执行的协程。了解操作系统的读者应该都知道，线程也是可以并发执行的，并且线程由操作系统调度执行。那么协程为什么能并发执行呢？协程又是由谁调度执行呢？本章首先为读者引入 Go 语言中经典的 GMP 调度模型，随后详细介绍 Go 语言协程的实现原理，以及 Go 语言调度器原理。

## 2.1 GMP 调度模型

我刚学习 Go 语言的时候就接触到了 GMP 调度模型，解释起来很简单，G（goroutine）代表协程，M（machine）代表线程，P（processor）代表逻辑处理器。但是对 GMP 的理解一直很模糊，为什么存在逻辑处理器的概念，它在调度模型里承担了什么职责呢？线程就是用来调度协程的吗？怎么调度的呢？还有，我始终不明白协程为什么能并发执行。相信应该不止笔者一个人有这些疑问。学习完本节，相信读者就能对 GMP 调度模型有一个比较深刻的认识。

### 2.1.1 Go 语言并发编程入门

Go 语言天然具备并发特性，基于 go 关键字就能很方便地创建一个可以并发执行的协程。什么场景下需要协程来并发执行呢？假设有这样一个服务或者接口：需要从其他三个服务获取数据（这三个服务之间没有互相依赖），处理后返回给客户端。

这时候如何处理呢？如果使用 PHP 语言开发，只能顺序调用这些服务获取数据；如果使用的是 Java 之类的多线程语言，为了提高接口性能，通常可能会开启多个线程并发获取数据。对于 Go 语言来说，我们可以开启多个协程去并发获取数据。Go 语言实现这一需求的程序示例如下所示：

```go
package main
import (
    "fmt"
    "sync"
)
func main() {
    // WaitGroup 用于协程并发控制
    wg := sync.WaitGroup{}
    // 启动 3 个协程并发执行任务
    for i := 0; i < 3; i++ {
        asyncWork(i, &wg)
    }
    // 主协程等待任务结束
    wg.Wait()
    fmt.Println("work end")
}
func asyncWork(workId int, wg *sync.WaitGroup) {
    // 开始异步任务
    wg.Add(1)
    go func() {
        fmt.Println(fmt.Sprintf("work %d exec", workId))
        // 异步任务结束
        wg.Done()
    }()
}
```

参考上面的代码，我们创建了 3 个子协程去并发执行任务。子协程模拟从第三方服务获取数据的功能，主协程需要等待 3 个子协程都执行结束，相当于等待其他 3 个服务返回数据。注意，这里使用 sync.WaitGroup 实现了等待功能，这需要我们在创建子协程之前调用一下函数 wg.Add（标识开启了一个异步子协程），子协程结束之后调用一下函数 wg.Done（标识一个异步子协程执行结束）。主协程调用函数 wg.Wait 之后将会一直阻塞，直到所有的异步子协程执行结束，主协程才能恢复执行。

这里需要再强调一点，main 函数默认在主协程执行，而且一旦 main 函数执行结束，也意味着主协程执行结束，整个 Go 程序就会结束。所以如果删除了 wg.Wait() 这一行代码，你会发现子协程不一定能执行，因为子协程可能还没有被调度，Go 程序就结束了。

还有一个问题，主协程如何获取子协程的返回数据呢？毕竟在我们的需求里，主协程是需要汇总处理 3 个子协程的返回数据的。想想最简单的方式，能不能通过在函数 asyncWork 中添加一个指针类型的输入参数作为返回值呢？当然可以。

其实也可以通过管道实现主协程和子协程之间的数据传递，Go 语言管道的设计初衷就是实现协程间的数据传递。想象一下，管道就像一根水管，数据从管道的一端流入，从另外一端流出。基于管道改造一下上面的程序，如下所示：

```
package main
import (
    "fmt"
    "sync"
)
func main() {
    //WaitGroup 用于协程并发控制
    wg := sync.WaitGroup{}
    // 声明一个有缓冲管道，该管道最多可以缓存 3 个字符串
    datac := make(chan string, 3)
    // 启动 3 个协程并发执行任务
    for i := 0; i < 3; i++ {
        asyncWork(i, &wg, datac)
    }
    // 主协程等待任务结束
    wg.Wait()
    // 循环 3 次，输出 3 个子协程向管道写入的数据
    for i := 0; i < 3; i++ {
        fmt.Println(<-datac)
    }
    fmt.Println("work end")
}
func asyncWork(workId int, wg *sync.WaitGroup, datac chan string) {
    // 开始异步任务
    wg.Add(1)
    go func() {
        // 向管道写入数据
        datac <- fmt.Sprintf("work %d exec", workId)
        // 异步任务结束
        wg.Done()
    }()
}
```

参考上面的程序，变量 datac 是一个有缓冲管道，最多可以存储 3 个字符串。子协程用于向管道写入字符串，相当于子协程返回了数据。主协程循环 3 次，从管道读取数据并输出，相当于主协程接收到了子协程返回的数据。

Go 语言基于协程和管道的并发编程非常常见。这里通过两个简单的程序来为大家做个演示，后续会详细介绍协程与管道的相关知识。

## 2.1.2　GMP 调度模型概述

通过前面的介绍，我们了解了并发的基本概念，对 Go 语言并发编程也有了一个基本的认识。GMP 调度模型是 Go 语言实现并发的基础，因此本小节主要为大家介绍 GMP 调度模型的基本概念。

在介绍 GMP 调度模型之前，我们先思考下面几个问题。

1）协程为什么能并发执行呢？想想我们了解的线程，每一个线程都有一个栈帧，操作系统负责调度线程，而线程切换必然伴随着栈帧的切换。协程有栈帧吗？协程的调度由谁

负责呢?

2)总是听到别人说协程是用户态线程,用户态是什么意思?协程与线程有什么关系?协程的创建以及切换不需要陷入内核态吗?

3)Go 语言如何管理以及调度成千上万个协程?是否和操作系统一样,维护着可运行队列和阻塞队列?有没有所谓的按照时间片调度?或者是优先级调度?又或者是抢占式调度?

这些问题你可能了解一些,也可能不了解,不了解也不用担心,学习完本小节之后,相信你会对 GMP 有一个比较清晰的认识。

首先明确一个概念,协程是 Go 语言的概念,操作系统是感知不到协程的,也就是说操作系统压根就不知道协程的存在,所以协程肯定不是由操作系统调度执行的。

其实协程是由线程 M 调度执行的。所以理论上只需要维护一个协程队列,再有个线程 M 能调度这些协程就可以了。那逻辑处理器 P 是做什么的呢?貌似没有也行。其实 Go 语言最初版本确实就是这么设计的,这时候应该称之为 GM 调度模型,如图 2-1 所示。

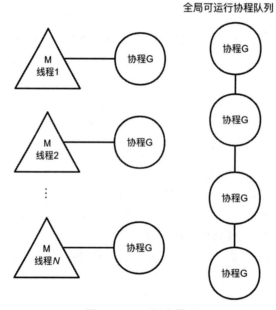

图 2-1　GM 调度模型

但是需要注意的是,现代计算机通常是多核 CPU,也就是说,通常会有多个线程 M 调度协程 G。想想多个线程 M 从全局可运行协程队列获取协程的时候,是不是需要加锁呢?而加锁意味着低效。

所以,Go 语言在后续版本引入了逻辑处理器 P,每一个逻辑处理器 P 都有一个本地可运行协程队列,而线程 M 想要调度协程 G,必须绑定一个逻辑处理器 P,并且每一个逻辑处理器 P 只能被一个线程 M 绑定。这时候线程 M 只需要从其绑定的逻辑处理器 P 的本地可运行协程队列获取协程即可，显然这一操作是不需要加锁的。

那么，逻辑处理器 P 到底是什么呢？其实逻辑处理器 P 只是一个有很多字段的数据结构而已，可以简单地将逻辑处理器 P 理解成为一种资源，一般建议逻辑处理器 P 的数目和计算机 CPU 核数保持一致。这时候的调度模型称为 GMP 调度模型，如图 2-2 所示。

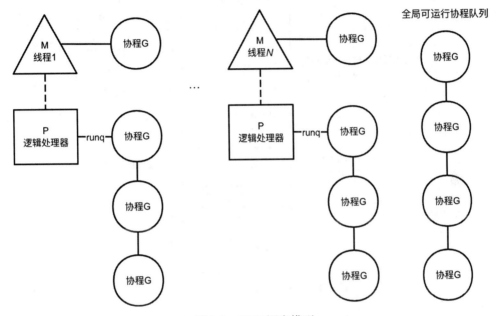

图 2-2　GMP 调度模型

如图 2-2 所示，每一个逻辑处理器 P 都有一个本地可运行协程队列，线程 M 绑定逻辑处理器 P 之后才能调度协程。Go 语言调度协程比操作系统调度线程简单得多，目前只有简单的时间片调度以及抢占式调度。另外可以看到，实际上还有一个全局可运行协程队列，这是为了避免多个逻辑处理器 P 的负载分配不均衡，新创建的协程在某些条件下会加入全局可运行协程队列，线程 M 在调度协程时，也有可能从全局可运行协程队列获取协程，当然这时候就需要加锁了。

我们已经知道，逻辑处理器 P 在一定程度上避免了低效的加锁操作，而 Go 语言后续的很多设计都采取了这种思想，包括定时器、内存分配等，都是通过将共享数据关联到逻辑处理器 P 上来避免加锁。

简单了解 GMP 调度模型后，接下来要研究的是我们的重点协程 G。协程到底是什么呢？创建一个协程只是简单地创建一个数据结构吗？参考我们了解的线程，创建一个线程，操作系统会分配对应的线程栈，线程切换时，操作系统会保存线程上下文，同时恢复另一个线程上下文。协程需要协程栈吗？当然需要，因为协程和线程一样，都有可能被并发调度执行。

这里还有一个问题需要解决，线程创建后，操作系统自动分配线程栈，而操作系统根本不知道协程，那么如何为其分配协程栈呢？实际上，协程栈是由 Go 语言自己管理的。看到这里你可能会觉得奇怪，Go 语言能自己管理协程栈吗？写过 C 程序的人都知道，开发者只能申请与管理堆内存，并不能管理线程栈，那么 Go 语言是如何管理协程栈的呢？这就不得不说一下 Linux 虚拟内存结构了，如图 2-3 所示。

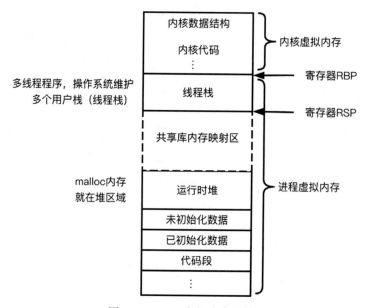

图 2-3 Linux 虚拟内存结构

如图 2-3 所示，Linux 虚拟内存被划分为代码段、数据段、运行时堆、共享库内存映射区、线程栈和内核区域。线程栈是由操作系统维护的，开发者通过 malloc 申请的内存大多在运行时堆区域。既然操作系统不能维护协程栈，那么 Go 语言是否可以自己申请一块堆内存，将其用作协程栈呢？可是，这明明是运行时堆啊，协程运行过程中，操作系统怎么知道这块堆内存就是栈呢？

其实栈内存是由两个寄存器标识的，寄存器 RSP 指向栈顶，寄存器 RBP 指向栈底，而用户程序可以修改寄存器的内容。也就是说，Go 语言只需要申请一块堆内存，并且修改寄存器 RBP 以及 RSP 的内容，使其指向这块堆内存就行了。这样对操作系统而言，这块堆内存就是栈了。

总结一下，操作系统并不知道协程的概念，并且协程可以像线程一样被调度执行，所以我们才说协程就是用户态的线程。协程栈就是将堆内存当成栈来用而已，每一个协程都对应一个协程栈，协程间的切换对 Go 语言来说，也只不过是寄存器 RBP 和 RSP 的保存以及恢复，并不需要陷入内核态。

## 2.1.3 深入理解 GMP 调度模型

经过上一小节的学习，我们已经对 GMP 调度模型有了比较清晰的认识：G（goroutine）

代表协程，每一个协程都有一个协程栈；M（machine）代表线程，运行调度程序，负责协程 G 的调度执行；P（processor）代表逻辑处理器，可以理解为一种资源，线程 M 必须绑定逻辑处理器 P 才能调度协程 G。

Go 语言针对 GMP 分别定义了对应的数据结构，如下面代码所示：

```
type m struct {
    g0        *g              // g0 就是调度"协程"，执行调度程序
    curg      *g              // 当前正在调度执行的协程
    p         puintptr        // 当前绑定的逻辑处理器 P

}

type g struct {
    goid      int64           // 协程 ID
    stack     stack           // 协程栈
    m         *m              // 当前协程被哪一个线程 M 调度执行
    sched     gobuf           // 协程上下文，用于保存协程栈寄存器 RBP、RSP，以及指令寄存器 PC
}

type p struct {
    status    uint32          // 逻辑处理器 P 的状态，如空闲、正在运行（已经被线程 M 绑定）等
    m         muintptr        // 当前绑定的线程 M
    runq      [256]guintptr   // 本地可运行协程队列
}
```

结构体 m、g、p 的定义非常复杂，上面的代码只是列出了一些与 GMP 调度模型相关的字段。

结构体 m 的各字段解释如下。

1）g0：g 指针，说明该字段指向了一个协程。线程 M 是一个标准的线程，也有线程栈，这个线程栈上运行的程序就是调度程序，负责调度协程 G。Go 语言将调度程序也封装为一个协程，称为 g0 协程。

2）curg：g 指针，指向线程 M 正在调度执行的协程。

3）p：是一个指针，指向线程 M 绑定的逻辑处理器 P。

结构体 g 的各字段解释如下。

1）goid：协程 ID，每一个协程在创建的时候都会分配一个协程 ID。

2）stack：顾名思义协程栈，该字段类型为 stack，包含两个指针类型的字段，分别指向协程栈的栈顶以及栈底。

3）m：m 指针，表示协程是被哪一个线程 M 调度执行的。

4）sched：存储与协程调度相关的上下文信息，协程切换时，会将待换出协程的栈寄存器 RBP、RSP，以及指令寄存器 PC 缓存在 sched 字段，同时从待换入协程的 sched 字段恢复栈寄存器 RBP、RSP，以及指令寄存器 PC。

结构体 p 的各字段解释如下。

1）status：描述逻辑处理器 P 的状态，如空闲状态，正在运行状态（说明当前逻辑处理器 P 已经被线程 M 绑定了）等。

2）m：逻辑处理器 P 与线程 M 是双向绑定关系，该字段指向当前逻辑处理器 P 绑定的线程 M。

3）runq：逻辑处理器 P 的本地可运行协程队列，线程 M 调度协程 G 时，一般情况下优先从其绑定的逻辑处理器 P 的本地可运行协程队列调度协程 G。

看到了吧，GMP 调度模型其实并没有多复杂，扒开 Go 底层源码来看，GMP 只不过是三个比较复杂的数据结构罢了。针对逻辑处理器 P 再强调一点，我们一直说线程 M 必须绑定逻辑处理器 P 才能调度协程 G，而且逻辑处理器 P 只能被一个线程 M 绑定。针对这一个设计理念，Go 语言还定义了逻辑处理器 P 的状态，定义如下：

```
const (
    _Pidle = iota  // 空闲，没有绑定线程 M
    _Prunning      // 正在运行，已经绑定了线程 M
    _Psyscall      // 正在执行系统调用
    _Pgcstop       // 暂停中，垃圾回收可能需要暂停所有用户代码，需要暂停所有的 P
    _Pdead         // 已死亡
)
```

逻辑处理器 P 的各状态含义如下。

1）_Pidle：空闲状态，说明当前逻辑处理器 P 没有绑定线程 M，线程 M 绑定逻辑处理器 P 时，查找的就是这种状态的逻辑处理器 P。

2）_Prunning：正在运行，说明当前逻辑处理器 P 已经绑定了线程 M。

3）_Psyscall：顾名思义系统调用，说明当前逻辑处理器 P 绑定的线程 M 正在执行系统调用，这是一个比较特殊的状态，将在第 3 章详细介绍。

4）_Pgcstop：暂停中，什么情况下需要暂停逻辑处理器 P 呢？有一个典型的场景是垃圾回收。在垃圾回收的过程中，是有可能需要暂停所有用户代码的，这时候会暂停所有的逻辑处理器 P。

5）_Pdead：已死亡，这种状态的逻辑处理器 P 不能再被使用了。比如当我们通过 GOMAXPROCS 函数调整（减小）逻辑处理器 P 的数目时，多余的逻辑处理器 P 就转换为这种状态了。

结合 Go 语言对 GMP 模型的定义，以及我们对协程栈的理解，我们可以得到图 2-4。

参考图 2-4，每一个线程 M 都有一个调度协程 g0，g0 协程的主函数是 runtime. schedule，该函数实现了协程调度功能。每一个协程都有一个协程栈，这个栈不是操作系统维护的，而是 Go 语言在运行时堆申请的一块内存。线程 M 必须绑定逻辑处理器 P 才能调度协程 G，每一个逻辑处理器 P 都有一个本地可运行协程队列。协程在切换时，需要保存 / 恢复上下文信息，如栈寄存器 RBP、RSP，指令寄存器 PC，这些信息在协程 G 对应的结构体都有定义。最后需要注意的是，协程 G 的主函数 gofunc、调度协程 g0 的主函数 runtime.

schedule，都存储在 Linux 虚拟内存的代码段，协程 G 的 pc 字段指向的是 gofunc 函数的某一条指令，协程 g0 的 pc 字段指向的是 runtime.schedule 函数的某一条指令。

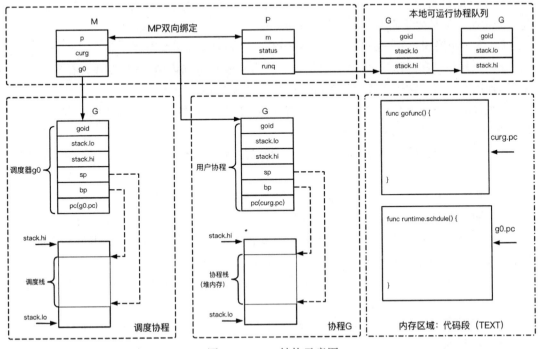

图 2-4　GMP 结构示意图

## 2.2　协程管理

2.1 节介绍了 GMP 调度模型的基本概念，了解了 M 是线程，P 是逻辑处理器，G 是协程，也了解到每一个协程都有自己的协程栈。协程切换的核心就是协程栈的切换，实际上是若干个寄存器的保存与恢复。本节重点介绍协程的管理，包括协程的创建、切换以及退出。

### 2.2.1　基础补充

我们已经知道协程切换需要操作寄存器，这些操作需要通过汇编程序辅助实现。另外，我们一直提到每一个协程都有一个协程栈，实际上协程栈也是有结构的。汇编程序和栈结构这些概念可能大部分开发者都不太了解，所以在介绍协程管理之前，我们先做简要介绍。

#### 1. 汇编入门

学习 Go 语言协程还需要掌握汇编程序吗？其实不需要你对汇编多么熟悉，只需要简单了解常用的一些汇编指令即可。

什么是汇编呢？任何架构的计算机都会提供一组指令集合，汇编是二进制指令的文本形式。指令由操作码和操作数组成，操作码即操作类型（比如加减乘除等操作），操作数可以是一个立即数或者一个存储地址（如内存或者寄存器）。寄存器是集成在 CPU 内部，访问速度非常快，但是数量非常有限的存储单元。

Go 语言使用 plan9 汇编语法，下面列举几个常见的汇编指令与寄存器。

1）MOVQ $10, AX：数据移动指令，该指令表示将立即数 10 存储在寄存器 AX 中。AX 即通用寄存器，常用的通用寄存器还有 BX、CX、DX 等。

2）ADDQ AX, BX：加法指令，将寄存器 AX 与寄存器 BX 的内容相加，结果存储在寄存器 BX 中，等价于 BX += AX。

3）SUBQ AX, BX：减法指令，寄存器 BX 的内容减去寄存器 AX 的内容，结果存储在寄存器 BX 中，等价于 BX -= AX。

4）寄存器 SP：等价于栈寄存器 RSP，指向协程栈的栈顶位置。

5）寄存器 BP：等价于栈寄存器 RBP。

6）LEAQ 32(SP), BP：取地址指令，这条指令的含义是，取寄存器 SP 向高地址偏移 32 字节位置的地址，并将该地址存储到寄存器 BP 中。

7）JMP addr：跳转指令，用于实现程序的跳转功能，表示程序跳转到 addr 地址继续执行。

8）寄存器 PC：CPU 如何加载指令并执行呢？其实有个专用的指令寄存器 PC，其指向下一条待执行的指令。

9）CALL func：函数调用，包含两个步骤：① 将调用方函数的下一条待执行指令的地址入栈（因为函数返回时还需要恢复这条指令继续执行）；② 将 func 地址，存储在指令寄存器 PC 中，以此实现程序跳转的功能。

10）RET：函数返回，用于从栈上弹出 8 字节数据存储到指令寄存器 PC 中，以此恢复调用方函数的执行（调用方函数的下一条待执行指令在执行 CALL 指令时入栈）。

了解这几个常见的汇编指令与寄存器之后，下面可以写一个简单的 Go 程序，研究一下其编译后的汇编代码。Go 程序如下：

```
package main

func addSub(a, b int) (int, int){
    return a + b , a - b
}

func main() {
    addSub(333, 222)
}
```

Go 语言本身就提供了很多工具，例如，编译工具 compile 用于编译 Go 程序，我们可以使用它将上述 Go 程序编译为汇编代码。编译命令以及编译后的汇编代码如下：

```
// -N 禁止优化 -l 禁止内联 -S 输出汇编
go tool compile -S -N -l test.go
// addSub 函数编译后的汇编代码
"".addSub STEXT nosplit size=49 args=0x20 locals=0x0
    0x0000 00000 (test.go:3)    MOVQ    $0, "".~r2+24(SP)
    0x0009 00009 (test.go:3)    MOVQ    $0, "".~r3+32(SP)
    0x0012 00018 (test.go:4)    MOVQ    "".a+8(SP), AX
    0x0017 00023 (test.go:4)    ADDQ    "".b+16(SP), AX
    0x001c 00028 (test.go:4)    MOVQ    AX, "".~r2+24(SP)
    0x0021 00033 (test.go:4)    MOVQ    "".a+8(SP), AX
    0x0026 00038 (test.go:4)    SUBQ    "".b+16(SP), AX
    0x002b 00043 (test.go:4)    MOVQ    AX, "".~r3+32(SP)
    0x0030 00048 (test.go:4)    RET

// main 函数编译后的汇编代码
"".main STEXT size=68 args=0x0 locals=0x28
    0x000f 00015 (test.go:7)    SUBQ    $40, SP
    0x0013 00019 (test.go:7)    MOVQ    BP, 32(SP)
    0x0018 00024 (test.go:7)    LEAQ    32(SP), BP
    0x001d 00029 (test.go:8)    MOVQ    $333, (SP)
    0x0025 00037 (test.go:8)    MOVQ    $222, 8(SP)
    0x002e 00046 (test.go:8)    CALL    "".addSub(SB)
    0x0033 00051 (test.go:9)    MOVQ    32(SP), BP
    0x0038 00056 (test.go:9)    ADDQ    $40, SP
    0x003c 00060 (test.go:9)    RET
```

编译后的汇编程序复杂吗？可以看到每一条汇编指令我们都介绍过，结合原始的 Go 程序，读者可以尝试通过一步一步画图，分析该汇编程序的执行流程。当然，结合栈帧结构，我们下面也会对该汇编程序进行详细解释。

**2. 栈帧结构**

我们一直说每一个线程都有一个线程栈，每一个协程也需要一个协程栈，这里所说的栈实际上就是函数调用栈。通常我们在函数内声明的局部变量、函数的传参等，都分配在线程栈 / 协程栈中。为什么称之为栈呢？因为函数的调用与返回同样是先进后出的。函数的调用伴随着函数栈帧的入栈，函数的返回伴随着函数栈帧的出栈。多个函数栈帧之间是通过寄存器 BP 以及 SP 维护的。另外需要注意，线程栈 / 协程栈和一般的内存不一样，是反着的，栈底的内存地址高，栈顶的内存地址低。也就是说，栈增长时，栈顶是向低地址处扩张的。

协程栈也就是函数调用栈到底是什么样的结构呢？请参考上文"汇编入门"中编译后的汇编程序，我们先简单分析一下 main 函数的汇编代码。

1）main 函数的第一条汇编指令是"SUBQ　$40, SP"，寄存器 SP 的数据减去 40，也就是将寄存器 SP 向下移动 40 字节（栈顶向低地址扩张 40 字节，为 main 函数"分配"栈帧）。

2）第二条指令"MOVQ　BP, 32(SP)"，将寄存器 BP 的数据移动（复制）到寄存器 SP

中并向高地址偏移 32 字节位置，这条指令的作用是保存调用方函数栈帧的栈底位置（在执行 main 函数之前，BP 寄存器指向调用方函数栈帧的栈底）。

3）第三条指令"LEAQ 32(SP), BP"，取寄存器 SP 向高地址偏移 32 字节位置的地址，并将该地址存储到寄存器 BP，这条语句执行后，寄存器 BP 便指向了 main 函数栈帧的栈底位置。

4）第四条和第五条指令，如"MOVQ $333, (SP)"，实现了函数参数的传递，注意这里参数是通过协程栈传递的。

5）第六条指令"CALL "".addSub(SB)"，用于调用 addSub 函数，CALL 指令会保存 main 函数的下一条待执行指令（参考"汇编入门"小节），同时跳转到 addSub 函数的第一条指令。

6）第七条指令"MOVQ 32(SP), BP"，将寄存器 SP 向高地址偏移 32 字节位置的数据移动（复制）到寄存器 BP 中，与第二条指令相对应，这条指令执行后，寄存器 BP 又指向了调用方函数栈帧的栈底。

7）第八条指令"ADDQ $40, SP"，将寄存器 SP 向上移动 40 字节，与第一条指令相对应，这条指令执行后，寄存器 SP 指向了调用方函数栈帧的栈顶。

8）第九条指令"RET"，表示 main 函数执行完毕返回了。

我们已理解 main 函数的每一条汇编指令的含义，将不再逐一分析 addSub 函数的汇编代码。参考 Go 程序，我们知道 addSub 函数有两个输入参数，并且有两个返回值，分别是两个输入参数的加法结果与减法结果。我们重点研究下 addSub 函数是如何获取输入参数，以及返回结果的。这里我将 addSub 函数部分汇编指令摘抄出来，如下所示：

```
0x0000 00000 (test.go:3)    MOVQ    $0, "".~r2+24(SP)
0x0009 00009 (test.go:3)    MOVQ    $0, "".~r3+32(SP)
0x0012 00018 (test.go:4)    MOVQ    "".a+8(SP), AX
0x0017 00023 (test.go:4)    ADDQ    "".b+16(SP), AX
0x001c 00028 (test.go:4)    MOVQ    AX, "".~r2+24(SP)
```

我们在讲解 main 函数汇编代码时提到，输入参数是通过协程栈传递的，其实返回结果也是。注意，addSub 函数第一条汇编指令并不是操作寄存器 SP，因为 addSub 函数没有再调用其他函数，所以这里也就没有必要再为 addSub 函数"分配"函数栈帧了。仔细研读这五条汇编指令，24(SP) 与 32(SP) 位置，其实就是用来存储返回结果的，输入参数是从 8(SP) 与 16(SP) 两个位置获取的，ADDQ 汇编指令将两个输入参数相加，再存储到 24(SP) 位置返回。

回顾 main 函数的汇编代码，两个输入参数分别存储在 (SP) 与 8(SP) 位置，addSub 函数又没有操作寄存器 SP，为什么 addSub 函数内部的输入参数却从 8(SP) 与 16(SP) 两个位置获取呢？是因为 CALL 指令！执行 CALL 指令时，会将调用方函数的下一条待执行指令的地址入栈，即寄存器 SP 会向低地址移动 8 字节。所以 addSub 函数内部获取输入参数时，才需要多向高地址偏移 8 字节。

经过逐条分析 main 函数与 addSub 函数的汇编代码，我们对 mian 函数调用 addSub 函数的整个过程也有了一个清晰的认识。函数调用栈示意图如图 2-5 所示。

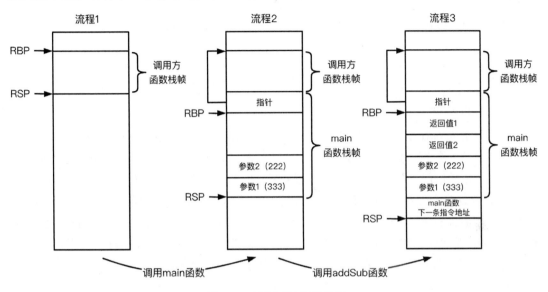

图 2-5　函数调用栈示意图

这里需要重点理解调用 main 函数以及 addSub 函数前后的函数调用栈，因为 Go 语言在协程创建的时候，需要构造协程栈，也就是类似于图 2-5 中的函数调用栈。

## 2.2.2　协程创建

通过 2.1 节，我们已经知道，Go 语言为协程 G 定义了数据结构 g，创建协程只是简单地初始化数据结构 g 吗？当然不是，至少需要申请协程栈内存，并初始化协程栈，还需要将协程添加到逻辑处理器 P 的本地可运行协程队列。在 Go 语言中，创建协程使用的是 go 关键字，如果你全局搜索 Go 源码，你会发现并没有 go 函数的定义，其实是因为 go 关键字在编译阶段会替换为函数 runtime.newproc 函数。我们写一个简单的程序验证一下，代码如下所示：

```
package main

import (
    "fmt"
    "time"
)

func main() {
    go goroutine()
    time.Sleep(time.Second)
}
```

```
func goroutine() {
    fmt.Println("hello world")
}
```

基于工具 compile，我们可以将上面的 Go 程序编译为汇编代码，结果如下：

```
"".main STEXT
    0x0014 00020 (test.go:9)     LEAQ    "".goroutine·f(SB), AX
    0x0020 00032 (test.go:9)     CALL    runtime.newproc(SB)
    0x0025 00037 (test.go:10)    MOVL    $1000000000, AX
    0x002a 00042 (test.go:10)    CALL    time.Sleep(SB)
```

第二条指令 CALL 就是函数调用指令，程序调用了函数 runtime.newproc 创建协程，该函数有一个输入参数，类型为函数指针。第一条指令 LEAQ 是取函数 goroutine 的地址，将其作为参数传递给函数 runtime.newproc，注意这里是通过寄存器 AX 传递的输入参数。

main 函数默认在主协程执行，也就是说，我们是在主协程调用的函数 runtime.newproc，而创建协程是需要分配协程栈内存的，执行过程稍微复杂，不适合在协程栈执行（协程栈比较小，Go 语言默认 2KB）。所以，创建协程的逻辑都会切换到线程栈执行，协程创建完成后，再切换到原来的协程栈继续执行。我们可以看一下函数 runtime.newproc 的核心逻辑，代码如下所示：

```
func newproc(fn *funcval) {
    gp := getg()
    pc := getcallerpc()
    systemstack(func() {
        newg := newproc1(fn, gp, pc)
        _p_ := getg().m.p.ptr()
        runqput(_p_, newg, true)
    })
}
```

参考上面的代码，函数 systemstack 实现了我们所说的栈切换逻辑，其有一个输入参数，类型为函数类型，功能是切换到系统栈（调度协程 g0 的栈）执行这个函数，函数执行完成后，再切换到原来的栈。函数 runtime.newproc1 真正实现了协程的创建逻辑，函数 runtime.runqput 会将新创建的协程添加到逻辑处理器 P 的可运行协程队列（当然也有可能添加到全局可运行协程队列）。

函数 runtime.newproc1 的逻辑就比较复杂了，不仅需要申请协程栈内存，还需要构造初始的栈帧结构，以及初始化协程上下文，其核心代码如下所示：

```
func newproc1(fn *funcval, callergp *g, callerpc uintptr) *g {
    // 申请协程栈内存
    newg = malg(_StackMin)         //_StackMin = 2048
    //sp 指向栈顶，其中 stack.hi 为栈最高地址，减去 totalSize 是为了预留部分内存
    sp := newg.stack.hi - totalSize
    newg.sched.sp = sp
    //goexit 为协程退出函数
```

```
    newg.sched.pc = abi.FuncPCABI0(goexit) + sys.PCQuantum

// 构造栈帧结构，fn 为协程入口函数
    gostartcallfn(&newg.sched, fn)
// 设置协程状态：可运行
    casgstatus(newg, xxx, _Grunnable)
    return newg
}
```

参考上面的代码，函数 malg 用于申请协程栈内存，并初始化结构体 g。默认的协程栈内存只需要 2KB，要知道 Linux 系统默认线程栈内存需要 8MB。newg.sched 变量就是与调度相关的协程上下文，主要包含栈顶指针 sp，栈底指针 bp，程序计数器 pc。可以看到，初始化协程上下文时，newg.sched.pc 指向的是函数 runtime.goexit，顾名思义该函数是协程退出时执行的函数。

函数 runtime.gostartcallfn 用于构造协程栈结构，其需要两个输入参数。第一个参数传递的是协程上下文 newg.sched，第二个参数传递的是协程入口函数 fn。函数 runtime.gostartcallfn 最终也是通过调用函数 runtime.gostartcall 构造的协程栈结构，该函数代码如下所示：

```
func gostartcall(buf *gobuf, fn) {
    sp := buf.sp
    sp -= goarch.PtrSize
    //buf.pc 指向了函数 goexit 首地址
    *(*uintptr)(unsafe.Pointer(sp)) = buf.pc
    // 设置上下文 sp pc
    buf.sp = sp
    buf.pc = uintptr(fn)
}
```

函数 runtime.gostartcall 第一个输入参数 buf 是协程上下文，第二个输入参数 fn 是协程的入口函数。另外需要说明的是，buf.pc 此时已经指向了函数 goexit 首地址。参考上面的代码，函数 runtime.gostartcall 首先需要将栈顶指针 buf.sp 向低地址移动 8 字节，再赋值 sp = buf.pc，这相当于将函数 goexit 首地址入栈。最后还需要初始化程序计数器 pc，使其指向函数 fn 首地址，这样调度到该协程时，就可以跳转到协程的入口函数 fn 了。

初始化后的协程栈结构如图 2-6 所示。

需要注意的是，创建协程的整个流程只是创建并初始化了协程，并没有立即执行该协程，而是将协程状态赋值为 Runnable "可运行"，并且将协程添加到逻辑处理器 P 的可运行协程队列或者全局可运行协程队列，等待线程 M 的调度执行。

最后，协程与线程类似，可以有多个状态，并且可以在不同状态之间转移。Go 语言定义的协程状态如下所示：

```
_Gidle = iota      // 0，空闲状态，刚申请的 g 还未完成初始化
_Grunnable         // 1，可运行状态，已经添加到可运行队列等待调度
```

```
_Grunning          // 2，运行中状态
_Gsyscall          // 3，系统调用中，说明当前协程正在执行系统调用
_Gwaiting          // 4，阻塞状态，说明协程正在因为获取锁等原因阻塞
_Gdead             // 6，结束状态
_Gcopystack        // 8，栈扩容，协程栈内存不足时会自动扩容
......              // 省略了两种状态定义
```

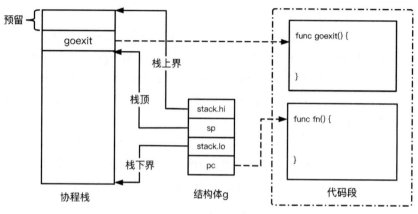

图 2-6　协程栈结构示意图

参考协程各状态的定义，可以画出协程的状态转移图，如图 2-7 所示。

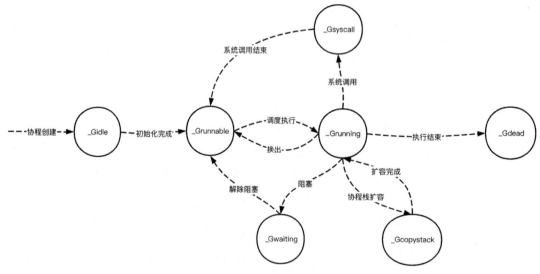

图 2-7　协程状态转移图

## 2.2.3　协程切换

　　2.2.2 小节中提到，创建协程的整个流程只是创建并初始化了协程，并没有立即执行该协程，而是将其添加到可运行协程队列。那么协程什么时候才真正执行呢？这里不得不提

一下调度程序，调度程序的主函数是 runtime.schedule，负责从逻辑处理器 P 的本地可运行协程队列或全局可运行协程队列等查找协程 G，最终通过函数 runtime.gogo 切换到协程 G 的上下文，以此实现协程的调度执行。

函数 runtime.gogo 在切换协程 G 的上下文时需要操作寄存器，所以这个函数是通过汇编代码实现的，代码如下所示：

```
//func gogo(buf *gobuf)
TEXT runtime·gogo(SB)
    MOVQ    buf+0(FP), BX        // 参数 buf 包含协程上下文：栈寄存器 BP、SP，指令寄存器 PC
    MOVQ    gobuf_g(BX), DX
    MOVQ    0(DX), CX
    JMP     gogo<>(SB)


TEXT gogo<>(SB)
    get_tls(CX)                  // 线程本地存储
    MOVQ    DX, g(CX)            // 存储待执行协程 g 到线程本地存储
    MOVQ    DX, R14              // 存储待执行协程 g 到 R14 寄存器（其他地方会用到 R14 寄存器）
    MOVQ    gobuf_sp(BX), SP     // 根据 gobuf 上下文，设置各寄存器
    MOVQ    gobuf_ret(BX), AX
    MOVQ    gobuf_ctxt(BX), DX
    MOVQ    gobuf_bp(BX), BP
    MOVQ    $0, gobuf_sp(BX)     // 清空 gobuf 各字段内容，以减轻垃圾回收负担（指针字段不为
                                 // 空时，垃圾回收需要扫描）
    MOVQ    $0, gobuf_ret(BX)
    MOVQ    $0, gobuf_ctxt(BX)
    MOVQ    $0, gobuf_bp(BX)
    MOVQ    gobuf_pc(BX), BX
    JMP     BX
```

参考上面的程序，函数 runtime.gogo 需要一个输入参数，类型为 gobuf 指针，该参数存储着将要执行协程的上下文。汇编指令"MOVQ　gobuf_sp(BX), SP"等，就是根据传入的协程上下文设置对应的寄存器，包括栈寄存器 BP、SP，指令寄存器 PC。最后，通过 JMP 指令，跳转到将要执行的协程。

Go 语言为了在汇编代码中能快速获取当前执行协程，还将当前执行协程 g 存储在了线程本地存储（也就是线程 M 的私有存储）中。TLS（Thread Local Storage，线程本地存储）其实就是线程私有全局变量，和全局变量一样，线程的任意代码位置都能随意获取以及修改该变量。但是，一个线程对普通的全局变量进行了修改，所有线程都可以看到这个改动；线程私有全局变量不同，每个线程都有自己的一份数据副本，某个线程对其所做的修改不会影响到其他线程的数据副本。代码 get_tls(CX) 就是从线程本地存储获取当前执行的协程 g，并存储在寄存器 CX 中。

注意，gobuf_sp、gobuf_bp 之类的，并不是汇编语法，其实是宏定义，编译阶段会自动生成这些宏定义。gobuf_sp 的含义是 sp 字段在 gobuf 数据结构的偏移量，即 offset(gobuf, sp)。

另外，正在执行的协程可能会因为各种原因需要暂停执行，比如因为读写管道而阻塞，

这时就需要暂停当前正在执行的协程，重新调度执行其他协程。函数 runtime.gopark 就实现了这个功能，代码如下所示：

```
func gopark(unlockf func(*g, unsafe.Pointer) bool, lock unsafe.Pointer, reason
        waitReason, traceEv byte, traceskip int) {
    mcall(park_m)
}
func park_m(gp *g) {
    casgstatus(gp, _Grunning, _Gwaiting)

    schedule()
}
```

上述代码省略了一些逻辑。函数 runtime.gopark 的核心逻辑是通过 mcall 函数切换到系统栈（调度协程 g0 的栈），执行函数 runtime.park_m。该函数会将协程状态修改为 _Gwaiting（阻塞状态），并调用函数 runtime.schedule 来重新调度执行其他协程。

最后，正在执行的协程可能会因为读写管道而阻塞，但也有可能因为其他协程的读写管道而解除阻塞。这时，需要将协程状态修改为可运行状态，并将其重新添加到可运行协程队列。函数 runtime.goready 实现了这一过程。该函数的实现逻辑相对简单，这里就不作过多介绍了。

## 2.2.4　协程栈会溢出吗

2.2.2 小节讲解协程的创建流程时提到，协程栈默认只有 2KB，这样创建一个协程耗费的内存资源是非常少的。为什么协程栈只需要这么少的内存呢？因为协程被认为是轻量级的线程，函数调用的层级一般不会太深。只是，你有没有想过：如果协程的执行逻辑比较复杂，函数调用的层级过深会出现什么情况？协程栈会溢出吗？比如你运行下面的程序：

```
package main

import "fmt"

func main() {
    r := fn(100000)
    fmt.Println(r)
}

func fn(n int) int {
    var arr [100000]int
    for i := 0; i < 10; i ++ {
        arr[i] = i
    }
    return fn(n-1) + 1
}
```

上面这个程序没有任何意义，只是为了模拟深层次的函数调用。执行后，你会发现程序异常终止了，报错内容为：runtime: goroutine stack exceeds 1000000000-byte limit。协程栈超过 1000000000B 大小限制了，也就是发生了栈溢出。创建协程时申请的协程栈不是只有 2KB 吗？为什么报错内容却显示协程栈超过了 1000000000B 限制呢？

换个角度想想，如果协程栈真的最多只有 2KB，未免太容易出现栈溢出这种情况了吧？而一旦栈溢出，程序可是会崩溃退出的。可是创建协程时申请的协程栈大小只有 2KB，难道在协程执行过程中，协程栈扩容了？你猜对了，协程栈在一定条件下是会扩容的。什么时候会扩容呢？当然是函数调用时，因为只有发生函数调用，才有可能需要更多的栈内存。可以回顾下 2.2.1 小节中第一部分讲解的汇编代码，main 函数的第一条汇编指令是"SUBQ　$40, SP"，即栈顶指针向低地址扩张 40 字节，想想如果这时候栈顶指针已经指向了协程栈的下界（参考图 2-6，也就是 stack.lo 位置）呢？那还能向低地址扩张吗？

我们已经知道，只有发生函数调用，协程栈才有可能需要扩容。所以，Go 语言编译阶段，在所有的用户函数入口都注入了一点代码：判断栈顶指针 SP 小于某个位置时，说明协程栈空间不足，需要扩容了。我们将上面的 Go 程序编译成汇编代码，结果如下所示：

```
"".main STEXT
0x0000 00000 (test.go:5)   CMPQ    SP, 16(R14)
0x0004 00004 (test.go:5)   JLS     176
// 省略了业务代码编译后的汇编指令
0x00b0 00176 (test.go:5)   CALL    runtime.morestack_noctxt(SB)
0x00b5 00181 (test.go:5)   JMP     0
```

参考上面的汇编代码，main 函数的第一条指令不再是移动栈顶指针 SP 了。第一条指令 CMPQ 的含义是比较两个数据的大小，将结果存储在一个标志寄存器中；第二条指令 JLS 的含义是如果指令 CMPQ 比较的结果是小于，跳转到"176"指令位置执行，而"176"指令位置对应的是调用函数 runtime.morestack_noctxt。

在 2.2.3 小节中提到，当前执行的协程还会保存到寄存器 R14 中，某些汇编代码也会直接从寄存器 R14 中获取当前执行协程。也就是说寄存器 R14 存储的是协程 G 对象地址，16(R14) 指向的是协程 G 首地址再偏移 16 字节位置。这一位置对应的是哪个变量呢？参考协程 G 的结构定义，如下所示：

```
type g struct {
    stack       stack    // 协程栈结构，占 16 字节
    stackguard0 uintptr  // 栈保护字段
    ......
}
```

协程 G 首地址偏移 16 字节位置，对应的就是变量 stackguard0。所以，指令 CMPQ 比较的是栈顶指针 SP 与变量 stackguard0 的大小。如果小于，说明协程栈空间不足，最终会调用函数 runtime.morestack_noctxt，该函数也是汇编代码，它在执行一系列判断逻辑之后，最终调用函数 runtime.newstack 执行协程栈扩容等操作。等到协程栈扩容完成之后，程序又会跳转到 main 函数第一条指令执行原本的业务逻辑。

变量 stackguard0 是一个指针，指向的肯定是协程栈某一位置，是栈下界吗？其实不是，Go 语言在协程初始化的时候，已经为变量 stackguard0 赋值，代码如下所示：

```
func malg(stacksize int32) *g {
    newg := new(g)
    // 省略了部分代码
    newg.stackguard0 = newg.stack.lo + _StackGuard  // 初始化栈保护字段
    return newg
}
```

可以看到，变量 stackguard0 并没有指向栈下界，Go 语言还预留了一些保护区域（不同系统大小不一样）。

另外，协程栈一般按照 2 倍大小扩容，如果扩容后大小超过 maxstacksize 限制（64 位机器就是 1000000000B），Go 程序会异常退出。

最后再思考一个问题，如何实现协程栈扩容呢？第一步申请 2 倍大小的栈内存；第二步复制数据到新的协程栈，这样就可以了吗？当然没有这么简单。想想，如果某些栈上的指针变量指向了栈上的其他变量呢？如果不对该指针变量进行特殊处理，它指向的还是之前栈上的变量，这将会导致非常严重的问题。另外，其实还有一些其他你想不到的"数据"也是需要处理的，具体可以参考函数 runtime.copystack 的实现逻辑，如下所示：

```
func copystack(gp *g, newsize uintptr) {
    // 复制数据
    memmove(unsafe.Pointer(new.hi-ncopy), unsafe.Pointer(old.hi-ncopy), ncopy)
    // 调整特殊数据
    adjustsudogs(gp, &adjinfo)
    adjustctxt(gp, &adjinfo)
    adjustdefers(gp, &adjinfo)
    adjustpanics(gp, &adjinfo)

    adjustframe()
}
```

可以看到，函数 runtime.copystack 还调整了不少的特殊数据。下面我们简单介绍一下如何处理指针变量，其实比较简单，可以根据新协程栈首地址与老协程栈首地址的偏移量计算。语言描述可能不太好理解，我们可以画一下协程栈扩容的示意图，如图 2-8 所示。

如图 2-8 所示，协程栈上有两个变量：一个变量是整数类型，存储值 100，地址是 0xc0000b00ff，另一个变量是整数指针类型，存储整数变量的地址 0xc0000b00ff。栈扩容时，栈内存按照 2 倍大小扩容，但是如果没有调整指针变量指向的地址，该指针变量将继续指向老的协程栈。

如何调整指针变量呢？参考图 2-8，协程栈 1 上界地址为 0xc0000b0800，整数变量地址为 0xc0000b00ff；协程栈 2 上界地址为 0xc0000c1000，则整数变量的地址应该等于 0xc0000c1000-0xc0000b0800 + 0xc0000b00ff，即协程栈 2 相对协程栈 1 的偏移量加上原始整数变量的地址。

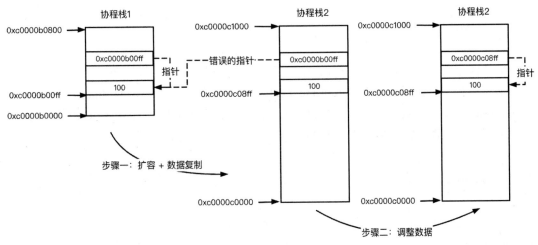

图 2-8  协程栈扩容示意图

## 2.2.5  协程退出

前面 3 个小节主要讲解了协程创建、协程切换以及协程栈的扩容，本小节将为大家介绍最后一个主题：协程退出。

想象一下，假设协程的入口函数为 gofunc，函数 gofunc 执行完成就相当于协程执行完成。协程执行完成之后该怎么办？肯定需要执行一些特定的回收逻辑，以及切换到调度程序重新调度执行其他协程。

2.2.2 小节讲解协程创建流程时提到，函数 runtime.goexit 是协程退出时执行的函数，怎么保证协程执行完成退出之前一定会执行函数 runtime.goexit 呢？先思考一下，调用函数时协程栈是怎样变化的，函数返回时协程栈是怎样变化的。

协程的入口函数为 gofunc，执行完成时，最后一条语句一定是 "RET" 汇编指令，它将从协程栈弹出 8 字节数据，并存储到程序计数器 PC，随后通过 "JMP" 指令跳转。"RET" 弹出的是什么呢？参考图 2-6，弹出的就是函数 runtime.goexit 首地址，就相当于跳转到了函数 runtime.goexit，该函数代码如下：

```
// 函数 runtime.goexit 是汇编代码实现的, 调用了函数 runtime.goexit1
void goexit1(void) {
    mcall(goexit0)
}

// 系统栈执行该函数
func goexit0(gp *g) {
    // 设置协程状态, 执行回收操作
    casgstatus(gp, _Grunning, _Gdead)
    // 省略了清理协程相关数据的逻辑
    // 添加到空闲队列
    gfput(_p_, gp)
```

```
// 调度
schedule()
}
```

需要注意的是，函数 runtime.goexit 是汇编代码实现的，底层直接调用了函数 runtime.goexit1。同样，这里是通过函数 runtime.mcall 切换到系统栈，所以函数 runtime.goexit0 是在系统栈执行的，也是它完成的协程的收尾工作，包括修改协程状态为 _Gdead，清理协程相关数据，将协程回收到逻辑处理器 P 的空闲队列，执行调度程序等。

## 2.3  调度器

每一个线程 M 都有一个调度协程 g0，g0 协程的主函数是 runtime.schedule，该函数实现了协程调度功能。那么，Go 语言是如何管理以及调度成千上万个协程呢？是否和操作系统一样，维护着可运行队列和阻塞队列？有没有所谓的按照时间片调度？或者是优先级调度？又或者是抢占式调度？本节主要介绍 Go 语言调度器的实现原理。

### 2.3.1  调度器实现原理

函数 runtime.schedule 实现了协程调度功能，怎么调度协程呢？第一步当然是获取到一个可运行协程 G；第二步就是切换到协程 G 的上下文（包括切换协程栈，指令跳转）。

思考一下，Go 语言调度器都有哪些途径去获取可运行协程 G 呢？首先每一个逻辑处理器 P 都有一个可运行协程队列，调度器一般情况下只需要从当前逻辑处理器 P 的可运行协程队列获取协程即可。另外，Go 语言为了避免多个逻辑处理器 P 负载分配不均衡，还有一个全局可运行协程队列，一定条件下也会从全局可运行协程队列获取协程。当然，如果逻辑处理器 P 的本地可运行协程队列为空，全局可运行协程队列也为空的话，调度器还会尝试其他方法获取协程，比如从其他逻辑处理器 P 的本地可运行协程队列去"偷"。

在讲解调度器的实现原理之前，我们再思考一下：无论是逻辑处理器 P 的本地可运行协程队列，还是全局可运行协程队列，存储的都是可运行状态的协程，那处于阻塞状态的协程呢？它们能被调度器调度吗？其实，可以换一个角度思考，阻塞状态的协程在什么条件下会解除阻塞呢？这就要看协程是因为什么原因阻塞的了。比如，因为抢锁阻塞的协程，只有其他协程释放了锁才有可能解除阻塞；因为管道的读 / 写阻塞的协程，只有其他协程读 / 写了该管道或者关闭了该管道才有可能解除阻塞；因为网络 I/O 阻塞的协程，只有 Go 程序检测到网络可读可写了才能解除阻塞；休眠协程，只有当时间到达某一时刻才能解除阻塞，而这同样需要 Go 程序主动检测。可以看到，休眠的协程和因为网络 I/O 阻塞的协程，都需要 Go 程序主动检测，才有可能解除阻塞，而这些检测逻辑我们将会在 Go 语言调度程序中看到。

Go 语言调度器基本就是通过上述这些手段获取可运行协程 G 的，我们可以简单看一下函数 runtime.schedule 的实现逻辑，代码如下所示：

```go
func schedule() {
    // 检测是否有定时任务到达触发时间
    checkTimers(pp, 0)

    // schedtick 调度计数器，每执行一次调度程序加 1
    // 每执行 61 次调度程序，会优先从全局可运行协程队列获取协程
    if gp == nil {
        if _g_.m.p.ptr().schedtick%61 == 0 && sched.runqsize > 0 {
            lock(&sched.lock)
            gp = globrunqget(_g_.m.p.ptr(), 1)
            unlock(&sched.lock)
        }
    }

    // 从逻辑处理器 P 的本地可运行协程队列获取协程
    if gp == nil {
        gp, inheritTime = runqget(_g_.m.p.ptr())
    }

    // 继续尝试其他方式获取协程
    if gp == nil {
        gp, inheritTime = findrunnable() // blocks until work is available
    }

    // 调度执行
    execute(gp, inheritTime)
}
```

参考上面的代码，一般情况下，Go 语言调度器优先从当前逻辑处理器 P 的可运行协程队列获取协程。另外，每执行 61 次调度程序，Go 语言调度器就会优先从全局可运行协程队列获取协程。如果经过这两个步骤之后还没有获取到协程，则 Go 语言调度器会通过函数 runtime.findrunnable 继续尝试其他方式获取协程，该函数实现了前面提到的获取协程的多种方法。此外，在获取协程之前，函数 runtime.schedule 会先检测是否有定时任务到达触发时间，如果有，则执行该定时任务。

函数 runtime.findrunnable 的逻辑实际上非常简单，但是代码量较多。在这里，我们摘抄了少量代码，如下所示：

```go
func findrunnable() (gp *g, inheritTime bool) {
top:
    ......
    // 从全局可运行协程队列获取
    if sched.runqsize != 0 {
        lock(&sched.lock)
        gp := globrunqget(_p_, 0)
        unlock(&sched.lock)
        if gp != nil {
            return gp, false
        }
    }
```

```
    }
    // 检测网络 I/O
    if list := netpoll(0); !list.empty() { // non-blocking
        gp := list.pop()
        injectglist(&list)
        casgstatus(gp, _Gwaiting, _Grunnable)
        return gp, false
    }
    // 从其他逻辑处理器 P 的本地可运行协程队列去"偷"
    gp, inheritTime, tnow, w, newWork := stealWork(now)
    if gp != nil {
        return gp, inheritTime
    }
    // 暂停线程的运行
    stopm()
    // 重新开始新一轮的协程获取
    goto top
}
```

参考上面的代码，从全局可运行协程队列获取协程 G 时，需要加锁。另外，为什么需要检测网络 I/O 呢？因为可能有协程由于网络 I/O 阻塞，而此时网络其实已经可读或者可写了，需要解除这些协程的阻塞状态。函数 runtime.netpoll 返回的是协程列表，这里会修改协程为可运行状态，同时返回第一个协程，而其余协程将会被添加到全局可运行协程队列或逻辑处理器 P 的本地可运行队列。如果在这些操作之后，还没有获取到可运行协程，则尝试从其他逻辑处理器 P 的本地可运行协程队列去"偷"。最后，如果还是没有获取到可运行协程，说明整个 Go 程序当前都没有协程需要调度执行，这里选择暂停当前线程 M 的运行，当有协程需要调度执行时，再恢复线程 M 的执行。

参考函数 runtime.schedule 的实现逻辑，Go 语言调度器在获取到协程之后，通过函数 runtime.execute 切换到协程 G 的上下文，以此实现协程的调度执行。该函数比较简单，代码如下所示：

```
func execute(gp *g, inheritTime bool) {
    // 设置协程状态为运行中
    casgstatus(gp, _Grunnable, _Grunning)
    // 更新调度计数器
    if !inheritTime {
        _g_.m.p.ptr().schedtick++
    }

    // 切换协程上下文
    gogo(&gp.sched)
}
```

参考上面的代码，函数 runtime.schedule 首先更新协程状态为运行中，同时更新调度计数器。最后，通过函数 runtime.gogo 切换协程上下文，该函数是通过汇编代码实现的，在 2.2.3 小节中已经讲解过，这里就不做过多介绍。

另外，函数 runtime.execute 的第二个输入参数 inheritTime 是什么含义呢？它表示这次协程的执行是否继承上一个协程的时间片。假如时间片为 10ms，上一个协程已经执行了 5ms，如果继承，则表明这一个协程最多只能执行 5ms，时间片就会结束，从而再次调度其他协程。这么说 Go 语言调度器有时间片的概念了？这里先保留一个疑问，我们将在后面小节介绍时间片调度。

## 2.3.2　时间片调度

2.3.1 小节留了一个疑问：Go 语言调度器有时间片调度的概念吗？回答这个问题之前，我们可以写一个简单的 Go 程序验证一下，代码如下所示：

```
package main
import (
    "fmt"
    "runtime"
)

func main() {
    // 设置逻辑处理器 P 的数量为 1
    runtime.GOMAXPROCS(1)
    go func() {
        fmt.Println("hello world")
        for {
            // 死循环
        }
    }()
    //main 协程主动让出
    runtime.Gosched()
    fmt.Println("main end")
}
```

2.2.2 小节中提到，基于 go 关键字创建协程时，只是将协程添加到逻辑处理器 P 的可运行协程队列中，并没有立即调度执行该协程。因此，为了避免主协程执行结束导致 Go 程序退出，我们使用函数 runtime.Gosched 来主动让出 CPU，这样调度器就能优先调度执行其他协程（也就是通过 go 关键字创建的协程）。

另外，我们通过函数 runtime.GOMAXPROCS 将逻辑处理器 P 的数量设置为 1，即最多只能有一个线程 M 绑定到逻辑处理器 P 上，也就是最多只能有一个调度器运行。这样的话，如果 Go 语言没有时间片调度的概念，那么一旦子协程执行到循环语句，就会陷入死循环，导致调度器再也没有机会调度其他协程，最终的结果就是主协程的打印语句无法执行。

执行结果是怎样的呢？如果你在 Go1.14 及以上版本的环境中运行该程序，你会发现正常输出了 main end；但是如果你在 Go1.13 版本中运行该程序，你将发现程序一直执行，没有输出 main end。你可以下载多个版本的 Go 试一试，看看结果是否如此。通过上面的程序是否说明 Go1.14 及以上版本有时间片调度的概念，而 Go1.13 版本则没有时间片调度的概念呢？实际上并非如此，你可以再试试执行下面这个程序：

```go
package main
import (
    "fmt"
    "runtime"
)

func main() {
    // 设置逻辑处理器 P 的数目为 1
    runtime.GOMAXPROCS(1)
    go func() {
        fmt.Println("hello world")
        var arr []int
        for i := 0; i < 100; i ++ {
            arr = append(arr, i)
        }
        for {
            test(arr)
        }
    }()
    runtime.Gosched()
    fmt.Println("main end")
}

func test(arr []int) []int {
    diff := make([]int, len(arr), len(arr))
    diff[0] = arr[0]
    for i := 1; i < len(arr); i ++ {
        diff[i] = arr[i] - arr[i - 1]
    }
    return diff
}
```

首先声明一下，函数 test 没有任何意义，只是为了避免 Go 语言的优化（比如内联优化）。注意这一次不再是简单的死循环语句，而是在死循环里调用了函数 test。你可以在 Go 1.13 版本执行上述程序试试，你会发现，主协程又输出了 main end。两个程序同样都陷入了死循环，为什么执行结果不一样呢？另外，为什么 Go 语言不同版本执行结果也不一样呢？不着急，这些问题我们一个个解决。

在回答上面两个问题之前，我们先确定一点，Go 语言确实有时间片调度的概念。说起时间片调度，就不得不提到一个辅助线程（该线程与之前提到的线程 M 不同，它有特定的用途，并不会执行调度程序），这个线程的入口函数是 runtime.sysmon，就是这个函数检测是否有协程执行时间过长（执行时间超过 10ms），如果有，则"通知"该协程让出 CPU。这里摘抄了函数 runtime.sysmon 的部分代码，如下所示：

```go
// 创建新线程，入口函数是 sysmon
newm(sysmon, nil)
```

```
func sysmon() {
    for {
        delay = 10 * 1000 // 最大休眠时间 10ms
        usleep(delay)

        // 该函数用于抢占长时间运行的协程 G
        retake(nanotime())
    }
}
```

参考上面的代码，函数 runtime.sysmon 的主体也是一个死循环，每执行一次休眠 10ms，相当于每 10ms 执行一次函数 runtime.retake，就是该函数实现的检测功能，以及"通知"功能。如何检测协程执行时间过长呢？其实每一个逻辑处理器 P 都维护了一个调度计数器，以及最近一次调度协程 G 的时间点，通过这两个数据就可以确定逻辑处理器 P 是否长时间没有调度新的协程。如果逻辑处理器 P 长时间没有调度新的协程，是不是就相当于某个协程执行时间过长了？这样一来，检测逻辑一下简单了很多，代码如下所示：

```
func retake(now int64) uint32 {
    // 遍历所有的逻辑处理器 P
    for i := 0; i < len(allp); i++ {
        if s == _Prunning {
            t := int64(_p_.schedtick)
            // 不等于，说明在这 10ms 期间重新调度协程了
            if int64(pd.schedtick) != t {
                pd.schedtick = uint32(t)
                pd.schedwhen = now
                continue
            }
            // 长时间没有调度新的协程
            if pd.schedwhen+forcePreemptNS > now {
                continue
            }
            preemptone(_p_)
        }
    }
}
```

参考上面的代码，逻辑处理器 P 有两个变量，变量 schedtick 就是我们说的调度计数器，每次调度协程都会加 1；变量 schedwhen 记录调度时间，当然这个时间其实不是真正的调度时间，可以理解为检测时间。变量 forcePreemptNS 的值相当于 10ms。检测的整体逻辑是，如果距离最近一次调度超过了 10ms，并且调度计数器没有发生变化（没有重新调度），则"通知"该协程让出 CPU。函数 runtime.preemptone 实现了该通知功能。

原来是辅助线程帮助我们实现的时间片调度，不过好像还是没有解决问题，两个程序同样都陷入了死循环，为什么执行结果不一样？为什么 Go 语言不同版本执行结果也不一样？其实，这是由函数 runtime.preemptone 的通知方式决定的，而且不同版本的 Go 语言实现的通知方式也不一样，这两个问题将在下面两个小节中进行详细介绍。

最后，preempt 的含义有"抢占"，可以这么理解：一个协程正在运行中，本身没有阻塞和休眠，却因为执行时间过长被迫放弃 CPU，即被抢占了 CPU，所以这一调度方式也可以称为抢占式调度。

## 2.3.3 基于协作的抢占式调度

本节回答第一个问题：在 Go1.13 版本下，两个程序同样都陷入了死循环，为什么执行结果不一样？

2.3.2 小节中的两个程序唯一不同的是：第一个程序的死循环执行的是空语句，第二个程序的死循环执行的是函数调用语句。函数调用比较特殊吗？是的，函数调用就是不同于普通的语句。Go 语言在编译用户自定义的函数时，会注入一些你不知道的代码，比如在 2.2.4 小节讲解协程栈扩容时，我们就看到函数前后被注入了一些指令（比如调用函数 runtime.morestack_noctxt 执行栈扩容逻辑）。

其实函数 runtime.morestack_noctxt 不仅会判断协程栈是否需要扩容，还会判断当前协程是否应该让出 CPU。我们可以将第二个程序编译为汇编代码，看看函数前后是不是被注入了一些指令，如下所示：

```
"".test STEXT
    0x0000 00000 (test.go:26)      CMPQ    SP, 16(R14)
    0x0004 00004 (test.go:26)      JLS     404
    // 省略了业务代码编译后的汇编指令
    0x0194 00404 (test.go:28)      NOP
    0x01a3 00419 (test.go:26)      CALL    runtime.morestack_noctxt(SB)
    0x01b7 00439 (test.go:26)      JMP     0
```

可以看到，编译后的汇编指令与 2.2.4 小节类似。不过调用函数 runtime.morestack_noctxt 的前提是，栈顶指针小于栈保护字段 stackguard0，一般情况下肯定是不满足条件的，也就不会跳转到函数 runtime.morestack_noctxt。所以，函数 runtime.preemptone 实现抢占逻辑时，是否修改了栈保护字段 stackguard0 呢？我们看一下函数 runtime.preemptone 的代码（Go1.13 版本），如下所示：

```
func preemptone(_p_ *p) bool {
    // 设置栈保护字段
    gp.stackguard0 = stackPreempt
    return true
}
```

果然是这样，函数 runtime.preemptone 就是通过修改栈保护字段 stackguard0 实现的抢占逻辑。变量 stackPreempt 是一个常量，并且是一个非常大的整数，赋值之后，栈顶指针肯定小于栈保护字段 stackguard0。

函数 morestack_noctxt 最终调用了函数 runtime.newstack，该函数检测如果发生了抢占，则让出 CPU，切换到调度程序，代码如下所示：

```
func newstack() {
    preempt := stackguard0 == stackPreempt
    if preempt {
        // 执行抢占逻辑，该函数永远不会返回
        gopreempt_m(gp)
    }
}
```

参考上面的代码，函数 runtime.newstack 如果检测到栈保护字段等于变量 stackPreempt，则触发抢占逻辑，也就是修改协程状态为可运行并将其添加到全局可运行协程队列，重新执行调度程序。

现在我们知道了，Go1.13 版本实现的抢占式调度是基于栈保护字段 stackguard0 实现的，Go 语言在编译用户自定义的函数时，会注入一些代码，检测栈保护字段 stackguard0。但是如果陷入死循环之后，没有任何函数调用（或者函数过于简单，被 Go 编译器内联优化，也就相当于没有函数调用），也就没有机会检测栈保护字段 stackguard0 了。这种抢占式调度是需要辅助线程与用户协程协作才能实现的，如果用户协程不满足条件，就无法完成抢占，所以这种调度方案也称为基于协作的抢占式调度。

## 2.3.4 基于信号的抢占式调度

本节回答第二个问题：为什么 Go 语言不同版本执行结果不一样？

Go 1.14 及以上版本其实是基于信号实现的抢占式调度。什么是信号？信号是 Linux 系统中进程间通信的一种方式。基于信号实现的抢占式调度非常简单，辅助线程发送信号，线程 M 捕获信号并执行抢占逻辑。在 Go 1.14 及以上版本，函数 runtime.preemptone 的实现逻辑如下所示：

```
func preemptone(_p_ *p) bool {
    ......
    // 如果支持信号抢占，发送信号
    if preemptMSupported {
        preemptM(mp)
    }
    return true
}
func preemptM(mp *m) {
    // 发送信号
    pthread_kill(pthread(mp.procid), sigPreempt)
}
```

参考上面的代码，函数 pthread_kill 用于向指定线程发送信号。信号总共有 64 种，分为标准信号（不可靠信号）和实时信号（可靠信号），标准信号从 1 到 31，实时信号从 32 到 64，比如 SIGINT、SIGQUIT、SIGKILL 等都是标准信号。在 Linux 系统下，可以执行 kill -l 查看 64 种信号的定义。需要说明的是，选择第几种信号也是有要求的，因为很多信号都有特殊含义，是不能随便使用的，Go 语言在实现抢占式调度时，选择的信号是 SIGURG。

基于上文的描述此时有一个问题需要考虑：辅助线程发送了抢占信号，线程 M 如何捕获信号呢？Go 程序想要接收并处理某种信号，是需要设置信号处理器的，信号处理器包括我们想要接收的信号，以及信号处理函数。Go 语言设置的信号处理函数为 runtime.sighandler，该函数判断如果是抢占信号，则执行抢占逻辑，代码如下所示：

```
func sighandler(sig uint32, info *siginfo, ctxt unsafe.Pointer, gp *g) {
    if sig == sigPreempt && debug.asyncpreemptoff == 0 {
        doSigPreempt(gp, c)
    }
}
```

参考上面的代码，函数 runtime.doSigPreempt 实现了抢占逻辑，其核心逻辑是暂停当前协程的运行并重新执行调度程序。

至此，所有问题都已经解决了。Go1.14 及以上版本实现的基于信号的抢占式调度，对用户协程没有任何要求，所以无论死循环里有没有函数调用，都可以完成抢占。

## 2.4　本章小结

本章首先介绍了 Go 语言经典的 GMP 调度模型，随后重点介绍了协程的基本原理，包括协程的创建、切换、退出等。你也了解到协程只是将堆内存当作栈内存使用而已。最后，介绍了 Go 语言调度器，讲解了调度器是如何调度并执行用户协程的，并讲解了两种抢占式调度方案。

通过本章的学习，相信你已经对很多问题有了较为清晰的认识，包括理解了 GMP 调度模型，理解了为什么协程被称为用户态、轻量级线程，以及理解了 Go 语言调度器的工作原理。

最后，高并发是 Go 语言的精髓，而 GMP 调度模型是实现 Go 语言高并发的基础。希望读者能认真学习。

第 3 章 *Chapter 3*

# 调度器触发时机

第 2 章介绍了 Go 语言经典的 GMP 调度模型，其中重点讲解了协程的基本原理以及调度器。在 Go 语言中，很多场景都有可能触发调度，比如协程读写套接字导致的阻塞、协程读写管道导致的阻塞、协程抢锁导致的阻塞、协程休眠、协程执行系统调用，以及抢占式调度等，这些场景都有可能导致该协程让出 CPU，切换到调度程序，如图 3-1 所示。

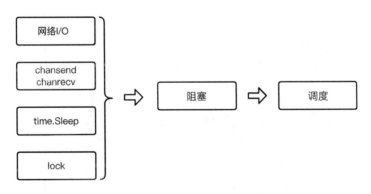

图 3-1　触发调度的几种场景

注意，图 3-1 所示的几种场景并没有包含系统调用，这是因为系统调用和这些场景略有不同，我们将在 3.4 节详细介绍。

本章主要介绍网络 I/O、管道、定时器以及系统调用与调度器之间的联系，重点讲解它们是如何触发调度的，以及这些场景导致协程阻塞/休眠之后，调度器又是如何恢复这些协程的执行的。

## 3.1 网络 I/O

你有没有思考过，Go 语言是如何实现高性能网络 I/O 的呢？有没有使用传说中的 I/O 多路复用呢？Go 程序在读写套接字的时候，会阻塞当前协程吗？Go 语言采用阻塞方式或者非阻塞方式调用的套接字相关系统调用呢？网络 I/O 与调度器之间又有什么样的联系呢？本节将会为大家详细介绍 Go 语言网络 I/O 的实现原理。

### 3.1.1 探索 Go 语言网络 I/O

相信大家对 Linux 网络编程都有一定了解吧，如何基于网络编程实现一个 HTTP 服务呢？HTTP 服务是一种典型的 C/S（Client-Server，客户端 – 服务端）架构，由客户端主动发起请求，服务端处理之后，再返回结果给客户端，整体流程如图 3-2 所示。

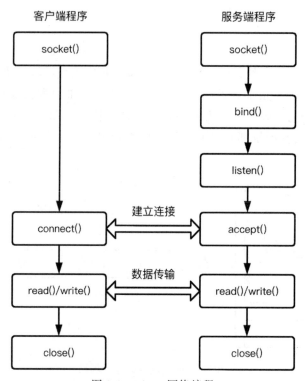

图 3-2　Linux 网络编程

HTTP 服务端流程如下。

1）socket()：创建套接字。

2）bind()：绑定指定端口，通常 HTTP 请求默认处理端口为 80，HTTPS 请求默认处理端口为 443。

3）listen()：监听第一步创建的套接字。

4）accept()：等待客户端建立连接，当服务端接收到客户端的 TCP 连接请求时，accept() 函数会返回一个文件描述符（fd），其代表服务端与客户端之间的连接，服务端基于该文件描述符可以与客户端传输数据。

5）read()：读取客户端发送的 HTTP 请求。

6）write()：向客户端返回处理结果。

7）close()：关闭与客户端的连接。

HTTP 客户端流程如下。

1）socket()：创建套接字。

2）connect()：向服务端发起 TCP 连接，注意客户端是不需要绑定端口的，Linux 系统会随机分配一个端口。

3）write()：向服务端发送 HTTP 请求。

4）read()：读取服务端返回的结果。

5）close()：关闭与服务端的连接。

网络编程通常涉及 connect、accept、read、write 等系统调用，Go 程序也不例外，这些系统调用既可以通过阻塞方式调用，也可以通过非阻塞方式调用。什么叫阻塞方式呢？比如调用 accept 的时候，如果没有已经建立成功的客户端连接，该调用将一直阻塞用户线程直到有新的客户端建立连接。比如调用 read 的时候，如果此时套接字不可读（套接字缓冲区没有数据），该调用将一直阻塞用户线程直到套接字缓冲区有数据可读。非阻塞方式与之相对应，调用 accept 等不会阻塞用户线程，即使没有已经建立成功的客户端连接，即使套接字不可读，也会立即返回（返回一个特定的错误码 EAGAIN）。

参考图 3-2，思考一下，如果采用阻塞方式，HTTP 服务端怎么才能同时处理多个客户端的 HTTP 请求呢？一般都是采用多线程方式：主线程是一个循环，执行 accept 等待客户端建立连接，函数返回时说明有新的客户端成功建立了连接，这时候只需要创建新的线程处理该客户端的请求即可，主线程则继续新一轮循环。

那基于非阻塞方式如何实现服务端程序呢？可以通过非阻塞加轮询方案实现，比如调用 read 的时候，如果成功读取到数据，则返回；如果返回的是错误码 EAGAIN，则继续尝试读取（也可以等待一段时间或执行其他任务）。伪代码如下所示：

```
for {
    read();
    if 读取到数据 {
        处理；
        返回；
    }
    等待一段时间 / 执行其他任务；
}
```

参考上面的伪代码，非阻塞与轮询方案需要用户程序不断尝试，而大多数尝试可能都是无效的，这种方案效率比较低。

目前网络编程常用的方案是 I/O 多路复用技术，如 Linux 系统下的 epoll。一个 epoll 对象可以同时监听 / 管理多个套接字，我们的用户线程只需要阻塞式操作 epoll 对象就行了，epoll 对象会返回可读或可写的套接字。epoll 示意图如图 3-3 所示。

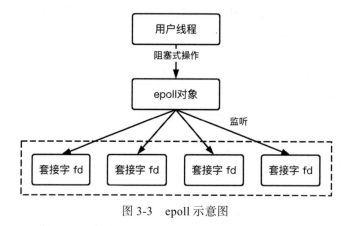

图 3-3　epoll 示意图

epoll 使用非常简单，总共只有 3 个 API。函数 epoll_create 创建一个 epoll 对象（实际上也是一个文件描述符），用于执行后续的 API。函数 epoll_ctl 用于注册、修改或删除需要监控的套接字事件。函数 epoll_wait 会阻塞线程，直到监控的若干套接字有事件发生（可读、可写等）。epoll 的 3 个 API 定义如下所示：

```
int epoll_create(int size)
int epoll_ctl(int epfd, int op, int fd, struct epoll_event *event)
int epoll_wait(int epfd,struct epoll_event * events,int maxevents,int timeout)
```

epoll 的 3 个 API 这里就不做过多介绍，Linux 系统下可以通过 man epoll 命令查看系统编程手册。

Go 语言有没有使用 I/O 多路复用技术呢？我们可以想办法验证一下。HTTP 服务肯定涉及网络编程吧，而且 Go 语言创建一个 HTTP 服务非常简单，几行代码就可以搞定。我们写一个简单的 HTTP 服务，代码如下所示：

```
package main
import (
    "fmt"
    "net/http"
)
func main() {
    // 设置HTTP处理方法
    http.HandleFunc("/", func(writer http.ResponseWriter, request *http.Request) {
        writer.Write([]byte("hello world"))
    })
    server := &http.Server{
        Addr: "0.0.0.0:80",
    }
```

```
    // 启动 HTTP 服务
    err := server.ListenAndServe()
    fmt.Println(err)
}
//curl http://127.0.0.1 /ping
//hello world
```

上面的 Go 程序非常简单，但是如何验证上面的疑问呢？ Go 语言的所有套接字操作，最终肯定会转化为具体的系统调用，Linux 系统有一个工具 strace，可以监听进程所有的系统调用，我们先通过 strace 分析一下，结果如下：

```
# ps aux | grep test
root      27435  0.0  0.0 219452  4636 pts/0      Sl+  11:00    0:00 ./test

# strace -p 27435
strace: Process 27435 attached
epoll_pwait(5, [{EPOLLIN, {u32=1030856456, u64=140403511762696}}], 128, -1, NULL, 0) = 1
accept4(3, {sa_family=AF_INET6, sin6_port=htons(56447), inet_pton(AF_INET6,
    "::ffff:127.0.0.1", &sin6_addr), sin6_flowinfo=0, sin6_scope_id=0}, [28], SOCK_
    CLOEXEC|SOCK_NONBLOCK) = 4
epol l_ctl(5, EPOLL_CTL_ADD, 4, {EPOLLIN|EPOLLOUT|EPOLLRDHUP|EPOLLET, {u32=1030856248,
    u64=140403511762488}}) = 0
......
```

strace 工具使用非常简单，首先通过 ps 命令查出进程 pid，然后 strace -p pid 就可以了，同时我们通过命令 curl 发送一个 HTTP 请求。参考上面的结果，可以很清楚地看到 epoll_pwait（功能同 epoll_wait，只是可以设置允许捕获的信号）、epoll_ctl、accept4 等系统调用（还省略了部分系统调用）。很明显，Go 语言使用了 I/O 多路复用技术。

系统调用 accept4 的功能与 accept 类似，只是多了一个整数类型的输入参数，这里第 4 个输入参数包含了标识 SOCK_NONBLOCK，则函数 accept4 返回的文件描述符也都会包含标识 SOCK_NONBLOCK，即后续操作该文件描述符都将采用非阻塞方式。

通过上面的验证，我们已经知道 Go 语言确实使用了 I/O 多路复用技术，Linux 系统下用的就是 epoll。那具体是如何实现的呢？我们将在下一小节介绍。

## 3.1.2　Go 语言网络 I/O 与调度器

结合 3.1.1 小节讲解的网络编程相关知识，我们可以先猜测 Go 语言网络 I/O 的一些实现细节：在执行套接字的读写等操作时，如果套接字当前不可读或不可写，会立即返回特定的错误码 EAGAIN。这时候，Go 语言应该将该套接字添加到 epoll 对象，让 epoll 协助其监听该套接字的读写事件，同时还需要阻塞当前用户协程并切换到调度器。等到合适的时机，再执行 epoll_pwait 系统调用获取目前已经可读可写的套接字，从而恢复因为这些套接字阻塞的协程。

Go 语言对网络 I/O 相关操作封装得比较复杂，这里摘抄出部分代码，以套接字读操作为例看一下是否和我们的猜测一致。代码如下所示：

```
func (fd *FD) Read(p []byte) (int, error) {
    // 循环读取
    for {
        // 非阻塞式读取
        n, err := ignoringEINTRIO(syscall.Read, fd.Sysfd, p)
        if err != nil {
            n = 0
            // 返回 EAGAIN
            if err == syscall.EAGAIN && fd.pd.pollable() {
                if err = fd.pd.waitRead(fd.isFile); err == nil {
                    continue
                }
            }
        }
        return n, err
    }
}
```

如上面代码所示，程序主体是一个循环，每一轮循环都是先执行非阻塞读操作，如果读取到数据，则函数返回；如果返回错误码 EAGAIN，则阻塞当前协程并切换到调度器。函数 syscall.Read 封装的是系统调用 read，由于 Go 语言在执行 accept4 系统调用时添加了标识 SOCK_NONBLOCK，所以这里的数据读取采取的是非阻塞方式。syscall.EAGAIN 错误码对应的就是 Linux 系统下的 EAGAIN，含义是 Try again，表示当前套接字缓冲区没有数据可读取，可以等待一段时间再尝试。

如果你继续探究方法 fd.pd.waitRead 的实现，你会发现该方法只是阻塞了当前用户协程并切换到调度器（同样基于 runtime.gopark 函数实现），并没有将套接字添加到 epoll 对象。那是什么时候添加的呢？其实是在套接字初始化的时候。因为 Go 语言所有套接字操作都依赖于 I/O 多路复用，都需要添加到 epoll 对象，所以最终选择在套接字初始化时就将其添加到 epoll 对象。

Go 语言中套接字的读取操作与我们的猜测比较一致，只是还有一个问题需要解决。上面提到，等到合适的时机再执行 epoll_pwait 系统调用获取目前已经可读可写的套接字，从而恢复因为这些套接字阻塞的协程。首先，什么时候才是合适的时机？其次，epoll_pwait 系统调用只是返回了目前已经可读可写的套接字，如何能关联到对应的协程呢？

我们先回答第二个问题。要解释这个问题就不得不回顾一下 epoll 相关的几个系统调用了（参见 3.1.1 节），系统调用 epoll_ctl 的第 4 个参数类型是结构体 epoll_event，该结构体有一个字段可以保存与套接字关联的数据，即可以将协程对象保存在结构体 epoll_event 中。Go 语言对 epoll 相关系统调用的封装可以参考文件 runtime/netpoll_epoll.go，这里摘抄一段代码，如下所示：

```
func netpollopen(fd uintptr, pd *pollDesc) int32 {
    var ev epollevent
```

```
    ev.events = _EPOLLIN | _EPOLLOUT | _EPOLLRDHUP | _EPOLLET
    *(**pollDesc)(unsafe.Pointer(&ev.data)) = pd
    return -epollctl(epfd, _EPOLL_CTL_ADD, int32(fd), &ev)
}
```

函数 runtime.netpollopen 封装的就是系统调用 epoll_ctl。变量 ev 的类型是结构体 epollevent，该结构体对应的就是 epoll_event。epollevent 只有两个字段：ev.events 保存需要监听的事件类型；ev.data 保存与套接字关联的数据，也就是 pollDesc 对象，而该对象包含了因为读套接字或写套接字阻塞的协程对象。

接下来回答第一个问题：什么时候才是合适的时机呢？由 2.3 节可知，在获取不到可运行协程时，调度器会尝试检测网络 I/O，因为可能有协程因网络 I/O 而阻塞，而此时套接字其实已经可读或者可写了，需要解除这些协程的阻塞状态。这些逻辑都在函数 runtime.findrunnable 中，代码如下所示：

```
func findrunnable() (gp *g, inheritTime bool) {
top:
    // 检测网络 I/O
    if list := netpoll(0); !list.empty() {
        gp := list.pop()
        injectglist(&list)
        casgstatus(gp, _Gwaiting, _Grunnable)
        return gp, false
    }
    ......
}
```

函数 runtime.netpoll 最终调用的其实是 epoll_pwait，该函数返回的是协程列表，这里会修改协程为可运行状态，同时返回第一个协程，而其余协程将会被添加到可运行协程队列等待调度器的调度执行。注意，调用函数 runtime.netpoll 时，传递的超时时间为 0，即不管有没有套接字可读可写，该函数都会立即返回。为什么呢？因为不能阻塞调度器。

细心的读者可能会发现还是存在问题，毕竟检测网络 I/O 的前提是，逻辑处理器 P 的本地可运行协程队列与全局可运行协程队列都为空。那如果这两个队列一直都有协程怎么办？是不是就永远无法检测网络 I/O 了？那些因网络 I/O 而阻塞的协程是不是永远无法解除阻塞了？肯定不可能是这样的，肯定还有其他场景会检测网络 I/O 的。别忘了还有一个辅助线程 sysmon，该线程以 10ms 为周期运行，检测是否有协程执行时间过长。其实该线程还顺便检测了网络 I/O，参考 runtime.sysmon 函数，代码如下所示：

```
func sysmon() {
    for {
        delay = 10 * 1000  // 最大休眠时间 10ms
        usleep(delay)
        if netpollinited() && lastpoll != 0 && lastpoll+10*1000*1000 < now {
        list := netpoll(0)
        if !list.empty() {
```

```
            injectglist(&list)
        }
        }
    }
}
```

上述代码与调度器检测网络 I/O 的逻辑类似，传递的超时时间也是 0，所以也不会阻塞辅助线程。

最后再补充一点，如果你想探究 Go 语言网络 I/O 完整的函数调用栈，该怎么做呢？一方面，可以自上往下，比如从 server.ListenAndServe 函数往底层逐层去探索；另一方面可以自下往上，Go 语言对 epoll 相关系统调用封装在文件 runtime/netpoll_epoll.go 中，而网络 I/O 很有可能最终会调用到函数 runtime.netpollopen（也就是 epoll_ctl），那么只需要打开调试模式（Goland 编辑器本身就支持调试 Go 程序，当然也可以使用工具 dlv 调试 Go 程序），给该函数加上断点，就能查看到完整的函数调用栈了。下面给出一个网络 I/O 的函数调用栈示例：

```
 0   0x00000000010304ea in runtime.netpollopen
     at /src/runtime/netpoll_epoll.go:64
 1   0x000000000105cdf4 in internal/poll.runtime_pollOpen
     at /src/runtime/netpoll.go:239
 2   0x000000000109e32d in internal/poll.(*pollDesc).init
     at /src/internal/poll/fd_poll_runtime.go:39
 3   0x000000000109eca6 in internal/poll.(*FD).Init
     at /src/internal/poll/fd_unix.go:63
 4   0x0000000001150078 in net.(*netFD).init
     at /src/net/fd_unix.go:41
 5   0x0000000001150078 in net.(*netFD).accept
     at /src/net/fd_unix.go:184
 6   0x000000000115f5a8 in net.(*TCPListener).accept
     at /src/net/tcpsock_posix.go:139
 7   0x000000000115e91d in net.(*TCPListener).Accept
     at /src/net/tcpsock.go:288
 8   0x00000000011ff56a in net/http.(*onceCloseListener).Accept
     at <autogenerated>:1
 9   0x00000000011f3145 in net/http.(*Server).Serve
     at /src/net/http/server.go:3039
10   0x00000000011f2d7d in net/http.(*Server).ListenAndServe
     at /src/net/http/server.go:2968
```

上面的例子基于 Go 1.18 版本。在函数 runtime.netpollopen 加上断点之后，启动 HTTP 服务时，输出的函数调用栈如上面所示。这里就不一一解释了，有兴趣的读者可以结合 Go 源码自行研究。

### 3.1.3 如何实现网络读写超时

网络 I/O 一般都需要设置合理的超时时间，否则如果套接字一直不可读或不可写，难道要一直阻塞用户协程吗？那么，Go 语言是如何实现网络超时的呢？

　　结构体 runtime.pollDesc 包含了因读套接字或写套接字而阻塞的协程对象，其实该结构体还有一些其他字段在 3.1.2 小节没有提到，可以参考下面的定义：

```
type pollDesc struct {
    // 套接字文件描述符
    fd    uintptr

    // 用于因读套接字而阻塞的协程对象
    rg atomic.Uintptr
    // 用于因写套接字而阻塞的协程对象
    wg atomic.Uintptr

    // 读超时定时器
    rt        timer
    rd        int64
    // 写超时定时器
    wt        timer
    wd        int64
}
```

　　参考上面的代码，当用户协程因读写套接字而阻塞时，字段 rg/wg 就指向了用户协程；字段 rt/wt 分别是读超时定时器与写超时定时器；字段 rd/wd 是两个整型变量，存储的是超时时间，如果已经超时，那么这两个字段会设置为 -1。

　　看到这里相信你也能猜测到，读写超时肯定是通过定时器 rt/wt 与 rd/wd 实现的。当我们设置套接字的读写超时时间时，其实只需要创建对应的定时器就可以了。另外，每一个定时器都有一个处理方法，当定时器触发时会执行这个方法。套接字的读超时定时器与写超时定时器对应的处理逻辑最终都由函数 runtime.netpolldeadlineimpl 实现，代码如下所示：

```
func netpolldeadlineimpl(pd *pollDesc, seq uintptr, read, write bool) {
    // 更新 pd.rd, 标识已超时
    if read {
        pd.rd = -1
        pd.publishInfo()
        rg = netpollunblock(pd, 'r', false)
    }
    // 更新 pd.rd, 标识已超时
    if write {
        pd.wd = -1
        pd.publishInfo()
        wg = netpollunblock(pd, 'w', false)
    }
    // 如果 rg 不等于 nil, 说明有协程因读套接字而阻塞, 需要解除其阻塞状态
    if rg != nil {
        netpollgoready(rg, 0)
    }
    // 如果 wg 不等于 nil, 说明有协程因写套接字而阻塞, 需要解除其阻塞状态
    if wg != nil {
```

```
        netpollgoready(wg, 0)
    }
}
```

参考上面的代码，当套接字读写超时时，Go 语言底层只是更新了 pd.rd 或 pd.wd，同时通过 pd.publishInfo 更新一些标识，记录当前套接字读写超时，并通过函数 runtime.netpollgoready（实际上是调用 runtime.goready 函数）将用户协程添加到可运行协程队列中等待调度器的调度执行。

我们的疑问似乎还没有解决，因为读写超时定时器的处理方法仅仅是更新了一个标识，那么当用户协程被重新调度执行时，如何知道是否超时呢？回顾 3.1.2 小节，方法 fd.pd.waitRead 会阻塞用户协程并切换到调度器，该逻辑的实现代码如下所示：

```
for !netpollblock(pd, int32(mode), false) {
    // 校验是否超时，如果超时，则返回错误码
    errcode = netpollcheckerr(pd, int32(mode))
    if errcode != pollNoError {
        return errcode
    }
}
```

参考上面的代码，函数 runtime.netpollblock 会阻塞用户协程并切换到调度器。当协程恢复执行时，再通过函数 runtime.netpollcheckerr 检测是否超时。如果是，则返回特定的错误码。此时，套接字的读操作也会直接返回，不会再尝试读取数据。最终，用户协程对应的报错信息就是 i/o timeout。

最后，来看一下 Go 语言实现网络读写超时的函数调用栈，方法同 3.1.2 小节，在最底层函数添加断点，执行到该函数时，输出函数调用栈即可。网络 I/O 相关的很多操作都定义在文件 runtime/netpoll.go 中，其中就包括设置超时时间的函数 poll.runtime_pollSetDeadline。最终输出的函数调用栈如下所示：

```
0    0x000000000105d0ef in internal/poll.runtime_pollSetDeadline
     at /src/runtime/netpoll.go:323
1    0x000000000109e95e in internal/poll.setDeadlineImpl
     at /src/internal/poll/fd_poll_runtime.go:160
2    0x000000000115a0c8 in internal/poll.(*FD).SetReadDeadline
     at /src/internal/poll/fd_poll_runtime.go:137
3    0x000000000115a0c8 in net.(*netFD).SetReadDeadline
     at /src/net/fd_posix.go:142
4    0x000000000115a0c8 in net.(*conn).SetReadDeadline
     at /src/net/net.go:250
5    0x00000000011ea591 in net/http.(*conn).readRequest
     at /src/net/http/server.go:975
6    0x00000000011ee9ab in net/http.(*conn).serve
     at /src/net/http/server.go:1891
7    0x00000000011f352e in net/http.(*Server).Serve.func3
     at /src/net/http/server.go:3071
```

上面的例子基于 Go 1.18 版本。Go 语言处理 HTTP 请求时，默认会设置读写超时时间。

在这里，我们先启动 HTTP 服务，并在函数 poll.runtime_pollSetDeadline 中设置断点，然后通过 curl 命令发起 HTTP 请求，最终输出的函数调用栈如上面所示。

## 3.2 管道

管道是 Go 语言协程间通信的一种常用手段，管道的读写操作也有可能会阻塞用户协程，也就是说有可能会切换到调度器。协程因为管道而阻塞时，只有当其他协程再次读或者写管道时，才有可能解除这个协程的阻塞状态。本节主要介绍管道的基本用法，管道的实现原理以及管道与调度器之间的联系。

### 3.2.1 管道的基本用法

管道是 Go 语言协程间通信的一种常用手段，可以分为无缓冲管道和有缓冲管道。因为无缓冲管道本身没有容量，不能缓存数据，所以只有当有协程在等待读时，写操作才不会阻塞协程；或者当有协程在等待写时，读操作才不会阻塞协程。因为有缓冲管道本身有一定容量，可以缓存一定数据，所以当协程执行写操作时，即使没有其他协程在等待读，只要管道还有剩余容量，写操作就不会阻塞协程；或者当协程执行读操作时，即使没有其他协程在等待写，只要管道还有剩余数据，读操作就不会阻塞协程。

下面写一个简单的 Go 程序，学习管道的基本用法，代码如下所示：

```
package main
import (
    "fmt"
    "time"
)
func main() {
    queue := make(chan int, 1)
    go func() {
        for {
            data := <- queue     // 读取
            fmt.Print(data, " ") //0 1 2 3 4 5 6 7 8 9
        }
    }()
    for i := 0; i < 10; i ++ {
        queue <- i                // 写入
    }
    time.Sleep(time.Second)
}
```

参考上面的代码，主协程循环向管道写入整数，子协程循环从管道读取数据。主协程休眠 1s 是为了防止主协程结束，整个 Go 程序退出，导致子协程也提前结束。函数 make 用于初始化 Go 语言的一些内置类型，如切片 slice、散列表 map 以及管道 chan。注意用函数 make 初始化时，第一个参数 chan int 表示管道只能用来传递整型数据，第二个参数表示管道的容量是 1，即最多只能缓存一个整型数据。

管道的操作还是比较简单的，无非就是读、写以及关闭操作。这里提出一个问题，如果程序没有初始化管道，却执行读或者写操作会发生什么呢？或者说，如果一个管道已经被关闭了，这时候执行读或者写操作会发生什么呢？我们写一些简单的 Go 程序测试一下。

第 1 个程序：不初始化管道，直接执行写操作，代码与运行结果如下所示：

```
package main
import (
    "fmt"
)
func main() {
    var queue chan int
    queue <- 100
    fmt.Println("main end")
}
// 程序异常退出，错误信息如下
// fatal error: all goroutines are asleep - deadlock!
```

运行上面的程序，竟然报错了，提示 all goroutines are asleep，意思是所有的协程都在休眠，程序死锁了。为什么所有的协程都在休眠呢？其实是由主协程向未初始化的管道写数据导致的，也就是说，向未初始化的管道写数据会导致协程永久性阻塞。

第 2 个程序：不初始化管道，直接执行读操作，代码与运行结果如下所示：

```
package main
import (
    "fmt"
)
func main() {
    var queue chan int
    data := <- queue
    fmt.Println("main end", data)
}
// 程序异常退出，错误信息如下
// fatal error: all goroutines are asleep - deadlock!
```

可以看到，第 2 个程序的运行结果与第 1 个程序一致，主协程同样被阻塞了，即从未初始化的管道读数据也会导致协程的永久性阻塞。

第 3 个程序：关闭管道之后，再执行写操作，代码与运行结果如下所示：

```
package main
import (
    "fmt"
)
func main() {
    queue := make(chan int, 1)
    close(queue)

    queue <- 100
```

```
    fmt.Println("main end")
}
// 程序异常退出，错误信息如下
// panic: send on closed channel
```

运行上面的程序，你会发现程序抛出 panic 异常并退出了，异常提示信息为 send on closed channel，意思是向已关闭管道写数据。也就是说，向已关闭的管道写数据会导致程序抛 panic 异常。

第 4 个程序：关闭管道之后，再执行读操作，代码与运行结果如下所示：

```
package main
import (
    "fmt"
)
func main() {
    queue := make(chan int, 1)
    queue <- 100
    close(queue)

    data1 := <- queue
    fmt.Println("main end1", data1)
    data2 := <- queue
    fmt.Println("main end2", data2)
}
// 程序输出结果如下
// main end1 100
// main end2 0
```

我们先向管道写入一个整型数据 100，再关闭管道，随后从管道读取两次数据。参考上面的输出结果，程序输出了两条语句，第一次正常读取到了数据 100，第二次读取到的是 0。通过这个例子可以说明，即使管道关闭之后，也可以正常地从管道读取数据，没有数据时直接返回对应的空值（整型空值是 0，字符串空值是空字符串等）。

最后一个问题，如果关闭未初始化的管道，会怎么样呢？或者说再次关闭已关闭的管道，会怎么样呢？参考上面 4 个程序，你也可以写两个简单的程序测试一下，这里我就直接给出答案了：如果管道未初始化，关闭管道会导致程序抛 panic 异常（异常提示信息为 close of nil channel）；如果管道已经被关闭，再次关闭管道也会导致程序抛 panic 异常（异常提示信息为 close of closed channel）。

## 3.2.2 管道与调度器

管道的读写操作有可能会阻塞用户协程，并切换到调度器；而协程因管道而阻塞时，只有当其他协程再次读或写管道时，才有可能解除这个协程的阻塞状态。在介绍管道与调度器之间的联系之前，先思考一下：Go 语言如何维护因读写管道而阻塞的协程呢？有没有专门的阻塞协程队列呢？

回顾一下网络 I/O 与调度器，因为读写套接字阻塞的协程，只有当 Go 语言检测到套接字可读、可写时，才能解除这个协程的阻塞状态。代表套接字的结构体 runtime.pollDesc 就保存了因读套接字以及写套接字而阻塞的协程，不然即使 Go 语言检测到套接字可读 / 可写，又怎么关联到对应的协程呢？

按照这个思路，我们是不是可以猜测，因读写管道而阻塞的协程是不是就维护在管道本身呢？不然，当其他协程再次读或写管道时，该如何去获取这些阻塞的协程呢？

是不是这样呢？我们可以看一下管道的结构定义，代码如下所示：

```
type hchan struct {
    // 当前管道存储的元素数目
    qcount   uint
    // 管道容量
    dataqsiz uint
    // 数组
    buf      unsafe.Pointer
    // 标识管道是否被关闭
    closed   uint32
    // 管道存储的元素类型与元素大小
    elemtype *_type
    elemsize uint16
    // 读 / 写索引，循环队列
    sendx    uint
    recvx    uint
    // 读阻塞协程队列，写阻塞协程队列
    recvq    waitq
    sendq    waitq
    // 锁
    lock mutex
}
```

管道的结构定义可以参考文件 runtime/chan.go，各字段含义如下。

1）qcount：整数类型，表示管道已经存储的数据量。当 qcount 等于 0 时，说明管道没有数据可读，此时读管道会阻塞用户协程。

2）dataqsiz：整数类型，表示管道的容量。当 qcount 等于 dataqsiz 时，说明管道已经没有剩余容量了，此时写管道会阻塞用户协程。

3）buf：指针类型，指向一个数组，用于存储缓存在管道的数据，数组的容量等于 elemsize 乘以 dataqsiz。

4）sendx/ recvx：管道本身维护了一个循环数据 buf，sendx 指向写索引位置，recvx 指向读索引位置。

5）recvq/ sendq：阻塞协程队列，recvq 存储因读管道而阻塞的协程，sendq 存储因写管道而阻塞的协程。

6）lock：用于锁定管道。管道用于多协程通信，通常是一个协程读管道，另外一个协程写管道，多个协程并发操作同一个数据时需要加锁。

文件 runtime/chan.go 不仅定义了管道的数据类型，还包括了所有管道操作的实现函数，如初始化管道、读管道、写管道、关闭管道等实现函数。各函数定义如下：

```
// 初始化管道：size 就是 chan 容量
func makechan(t *chantype, size int) *hchan
// 读管道：读取到的数据就存储在 ep 指针；block 表示如果管道不可读，是否阻塞协程
func chanrecv(c *hchan, ep unsafe.Pointer, block bool)
// 写管道：待写入的数据就存储在 ep 指针；block 表示如果管道不可写，是否阻塞协程
func chansend(c *hchan, ep unsafe.Pointer, block bool, callerpc uintptr)
// 关闭管道
func closechan(c *hchan)
```

我们以写管道的实现函数为例，学习写管道是如何阻塞用户协程的，又是如何切换到调度器的，以及是如何解除其他因读管道而阻塞的协程的，代码如下所示：

```
func chansend(c *hchan, ep unsafe.Pointer, block bool, callerpc uintptr) bool{
    // 如果未初始化；如果 block 为 false，函数立即返回，否则永久阻塞协程
    if c == nil {
        if !block {
            return false
        }
        // 切换到调度器
        gopark(nil, nil, waitReasonChanSendNilChan, traceEvGoStop, 2)
    }
    // 加锁
    lock(&c.lock)
    // 如果已关闭，抛出 panic 异常
    if c.closed != 0 {
        unlock(&c.lock)
        panic(plainError("send on closed channel"))
    }
    // 如果读协程队列不为空，则获取阻塞协程并解除该协程阻塞状态
    if sg := c.recvq.dequeue(); sg != nil {
        send(c, sg, ep, func() { unlock(&c.lock) }, 3)
        return true
    }
    // 如果管道还有剩余容量，写数据
    if c.qcount < c.dataqsiz {
        ......
    }
    // 如果 block 为 false，函数立即返回
    if !block {
        unlock(&c.lock)
        return false
    }
    // 添加到阻塞协程队列
    mysg := acquireSudog()
    mysg.elem = ep
    mysg.g = gp
    c.sendq.enqueue(mysg)
```

```
    // 切换到调度器
    gopark(chanparkcommit, unsafe.Pointer(&c.lock), waitReasonChanSend, traceEvGo-
        BlockSend, 2)
    ......
    return true
}
```

参考上面的代码，函数 chansend 的主要流程如下。

第 1 步：如果管道未初始化，普通的写管道操作（这种情况下 block 等于 true）会导致协程的永久性阻塞。

第 2 步：如果管道已经被关闭，写管道会导致程序抛出 panic 异常。这与 3.2.1 小节的验证一致。

第 3 步：如果检测到读阻塞协程队列不为空，则获取队首阻塞协程，并解除该协程的阻塞状态，这一操作同样基于 runtime.goready 函数实现，当然这里也只是将协程添加到了可运行协程队列等待调度器的调度执行，至此写管道操作就算完成了。

第 4 步：如果管道还有剩余容量，则将数据复制到循环队列后返回，注意需要更新管道数据量 qcount 以及写索引位置 sendx。

第 5 步：如果 block 等于 false（4.1 节会讲解这种情况），返回 false，表示写管道失败。

第 6 步：执行到这里，说明需要阻塞当前协程，首先将其添加到写阻塞协程队列，随后通过函数 runtime.gopark 切换到调度器，重新调度执行其他协程。

最后，读管道与写管道的实现逻辑非常类似，这里就不再赘述了。

## 3.3 定时器

定时器使我们能够延迟执行任务或定期执行任务。Go 语言中的定时器是如何实现的呢？如何确保所有定时器都能在指定的时间点执行呢？Go 语言是在何时检测到达触发时间的定时器的呢？本节主要介绍定时器的基本用法、实现原理以及定时器与调度器之间的关系。

### 3.3.1 定时器的基本用法

Go 语言的 time 包提供了与时间和定时器相关的 API，例如获取当前系统时间（精确到纳秒级）、让协程休眠指定时间、延迟指定时间执行任务等。下面我们通过几个 Go 程序进行演示。

第一个程序演示了如何让协程休眠指定时间，代码如下所示：

```
package main
import (
    "fmt"
    "time"
```

```
)
func main() {
    fmt.Println("main start:", time.Now().Format("2006-01-02 15:04:05"))
    // 协程休眠 3s
    time.Sleep(3 * time.Second)
    fmt.Println("main end:", time.Now().Format("2006-01-02 15:04:05"))
}
// 程序输出结果如下
// main start: 2023-03-25 20:27:21
// main end: 2023-03-25 20:27:24
```

函数 time.Sleep 会暂停当前协程的运行，输入参数表示暂停时间，单位为 ns。根据上面的程序，我们让主协程休眠 3s，所以第二次输出语句与第一次输出语句相差 3s。注意，实际上主协程至少会暂停 3s，也有可能暂停更长时间，因为如果 Go 程序任务比较繁忙，那么 3s 之后即使主协程可以运行，也可能无法被调度器调度执行。

方法 Format 用于格式化输出时间，注意上面使用的格式是 2006-01-02 15:04:05，这有什么特殊含义吗？使用其他格式如 2023-03-25 20:27:21 可以吗？按理说这两个时间字符串的格式一样，只是值不一样罢了，结果应该没区别。我们可以编写一个简单的 Go 程序进行测试，代码如下所示：

```
package main
import (
    "fmt"
    "time"
)
func main() {
    fmt.Println(time.Now().Format("2023-03-25 20:27:21"))
    // 输出: 262610-10-2617 260:267:265
}
```

参考上面的程序，输出结果是一个很奇怪的字符串，并不是我们想要的年月日时分秒格式。这是为什么呢？这就需要研究下 Go 语言的 Format 方法支持的格式标识，比如其他一些语言使用 Y 表示年，M 表示月等。Go 语言定义的年月日等标识如下所示：

```
const (
    stdZeroMonth                                   // "01"
    stdZeroDay                                     // "02"
    stdHour              = iota + stdNeedClock     // "15"
    stdZeroMinute                                  // "04"
    stdZeroSecond                                  // "05"
    stdLongYear          = iota + stdNeedDate      // "2006"
    // 省略了其他标识定义
)
```

看到了吧，2006、01 等才是 Go 语言定义的时间格式标识，所以 2006-01-02 15:04:05 才能正常显示年月日时分秒。当然，这里还省略了很多其他时间格式标识，可以参考 time/format.go 文件。

第二个程序演示如何延迟指定时间执行某项任务，代码如下所示：

```
package main
import (
    "fmt"
    "time"
)
func main() {
    fmt.Println("main start:", time.Now().Format("2006-01-02 15:04:05"))
    // 1s 后执行函数
    time.AfterFunc(time.Second, func() {
        fmt.Println("exec task:", time.Now().Format("2006-01-02 15:04:05"))
    })
    time.Sleep(3 * time.Second)
}
// 程序输出结果如下
// main start: 2023-03-26 20:16:13
// exec task: 2023-03-26 20:16:14
```

参考上面的程序，函数 time.AfterFunc 用于延时执行一个函数，其中有两个参数：第一个参数表示延迟时间；第二个参数是函数类型，表示需要延迟执行的函数。可以看到，结果符合我们的预期。

第三个程序演示如何周期性执行某项任务，代码如下所示：

```
package main
import (
    "fmt"
    "time"
)
func main() {
    fmt.Println("main start:", time.Now().Format("2006-01-02 15:04:05"))
    // 以 1s 为周期，定时触发
    ticker := time.NewTicker(time.Second)
    go func() {
        for {
        <- ticker.C  // 时间触发时，管道可读
        fmt.Println("exec task:",time.Now().Format("2006-01-02 15:04:05"))
        }
    }()
    time.Sleep(3 * time.Second)
}
// 程序输出结果如下
// main start: 2023-05-26 10:22:16
// exec task: 2023-05-26 10:22:17
// exec task: 2023-05-26 10:22:18
// exec task: 2023-05-26 10:22:19
```

参考上面的程序，函数 time.NewTicker 用于创建一个周期性的定时器，注意子协程的主体是一个循环，首先从管道 ticker.C 读取数据，读取到数据之后会输出一条语句。这是什

么原理呢？其实是因为通过函数 time.NewTicker 创建的定时器，会周期性地向管道 ticker.C 写数据，所以子协程才能周期性地从管道 ticker.C 读取到数据，以此保证任务的周期性执行。

### 3.3.2　定时器与调度器

本小节主要讲解定时器的实现原理以及定时器与调度器之间的联系。

我们先思考一个问题，Go 语言如何保证所有定时器都能够在指定的时间点执行呢？或者换一个问题，Go 语言如何快速查找到哪些定时器到达了触发时间呢？如果维护所有的定时器有序呢？这样只需要查找第一个定时器，如果到达触发时间则执行该定时任务，并且继续查找下一个定时器；如果未到期，则直接结束本次查找过程，因为其余定时器的触发时间肯定大于第一个定时器的触发时间。但是为了维护所有的定时器有序，添加定时器、修改定时器以及删除定时器的效率又太低。

首先，所有的定时器需要具备一定的有序性，而且增删改查效率不能太低，那么什么数据结构合适呢？有一种数据结构叫堆（最大堆 / 最小堆），以最小堆为例，它本质上是一棵完全二叉树，只是要求任何一个节点的值都小于左右两个子节点的值，所以根节点的值一定是最小的。因此，如果定时器基于最小堆实现，则只需要判断根节点是否到达触发时间；如果到达触发时间，则执行该定时任务并删除根节点，只需要保证删除根节点之后剩下的节点依然满足最小堆的条件。这样一来，获取最近到期的定时器，时间复杂度始终都是 $O(1)$。那么，添加定时器、修改定时器以及删除定时器的时间复杂度是多少呢？其实也是比较低的，这几个操作的时间复杂度都是 $O(\log n)$。

普通的二叉树节点通常需要两个指针存储左右两个子节点，而堆是完全二叉树，可以基于数组实现，为什么呢？因为在这种情况下父子节点的索引是有关系的，如图 3-4 所示。

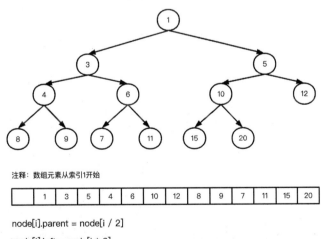

注释：数组元素从索引1开始

| | 1 | 3 | 5 | 4 | 6 | 10 | 12 | 8 | 9 | 7 | 11 | 15 | 20 |
|---|---|---|---|---|---|---|---|---|---|---|---|---|---|

node[i].parent = node[i / 2]

node[i].left = node[i * 2]

node[i].right = node[i * 2 + 1]

图 3-4　最小堆示意图

普通的堆是一棵二叉树，而 Go 语言使用的是四叉树。因为这样的话树的高度更低，堆的增删改查时间复杂度更低。最后，堆是一种比较常见的数据结构，其增删改查这里就不再赘述了。我们这里简单看一下定时器结构的定义，代码如下所示：

```
type timer struct {
    when    int64                   // 定时器触发时间
    period  int64                   // 定时器触发周期
    f       func(any, uintptr)      // 定时器执行函数
    arg     any                     // 定时器执行函数的参数
}
```

参考上面的代码，每一个定时器都由结构 runtime.timer 表示，主要包括这几个字段：定时器触发时间 when，定时器触发周期 period，定时器执行函数 f，以及定时器执行时所需要的参数 arg。当触发周期 period 大于 0 时，该定时任务将在 when、when+period 等时刻执行。Go 语言就是基于 runtime.timer 数组实现的最小堆，数组的第一个元素，也就是根节点的触发时间 when 最小。

我们已经知道 Go 语言采用最小堆维护所有的定时器，那么 Go 语言是在什么时候检测是否有定时器到达触发时间的呢？其实 Go 语言调度器在获取可运行协程之前，会先检测是否有定时器到达触发时间，如果有则执行该定时任务，代码如下所示：

```
func schedule() {
    // 检测是否有定时任务到达触发时间
    checkTimers(pp, 0)
}

func checkTimers(pp *p, now int64) (rnow, pollUntil int64, ran bool) {
    // 最近过期的定时器
    next := int64(atomic.Load64(&pp.timer0When))

    // 第一个定时器没有过期，返回
    if now < next {
        return now, next, false
    }

    // 循环
    for len(pp.timers) > 0 {
        // 获取第一个定时器，如果到期则执行，否则返回时间差
        if tw := runtimer(pp, now); tw != 0 {
            // 定时器未到期，结束循环
            break
        }
    }
}
```

参考上面的代码，函数 runtime.runtimer 用于获取第一个定时器（runtime.timer 数组的第一个元素），判断该定时器是否到达触发时间。如果是，则执行函数 timer.f ；否则，返回该定时器触发时间与当前时刻的时间差。另外，当定时器到达触发时间时，如果该定时器

需要周期性执行，还需要修改定时器下次运行的时间，并重新调整定时器最小堆，否则，删除该定时器。最后，当函数 runtime.runtimer 返回的时间差大于 0 时，说明没有定时器到达触发时间，这时候结束本次检测循环即可。

值得一提的是，其实每一个逻辑处理器 P 都包含一个定时器堆（runtime.timer 数组）。这样一来，调度程序检测以及运行定时器，甚至调整定时器最小堆时，就不需要加锁了。参考逻辑处理器 P 的定义，代码如下所示：

```
type p struct {
    timers []*timer                    // 定时器堆
    timer0When uint64                  // 定时器最小堆根节点的触发时间
}
```

参考上面的代码，变量 timers 就是我们所说的定时器最小堆。变量 timer0When 存储的是定时器最小堆根节点的触发时间，也就是该逻辑处理器维护的所有定时器的最小触发时间。

最后再补充一点，time 包定义了很多定时器相关的函数。但是，部分函数的实现逻辑是在文件 runtime/time.go 中，有兴趣的读者可以查看该文件自行研究。

## 3.4　系统调用

那么用户协程是如何执行系统调用的？系统调用有可能会阻塞线程 M，如果所有的线程 M 都因系统调用阻塞了，这时候谁来调度协程呢？本节将介绍 Go 语言是如何解决这个问题的。

### 3.4.1　系统调用会阻塞线程吗

系统调用会阻塞线程吗？在回答这个问题之前，我们先模拟一下 Go 程序执行阻塞式系统调用的情况。

第一个程序就是普通的 Go 程序，没有执行任何系统调用，代码如下所示：

```
package main
import (
    "runtime"
    "time"
)
func main() {
    // 设置逻辑处理器 P 的数目为 4
    runtime.GOMAXPROCS(4)
    // 创建 10 个用户协程
    for i := 0; i < 10; i++ {
        go func() {
                    for {
                    }
```

```
        }()
    }
    time.Sleep(time.Second * 1000)
}
```

上面的 Go 程序非常简单，本身没有任何意义，只是显式地设置逻辑处理器 P 的数目为 4，随后创建了多个用户协程。编译并运行该 Go 程序，同时通过 pstree 命令查看该进程所有的线程，结果如下所示：

```
// 命令 pstree 的使用方式为：pstree -p pid，其中 pid 表示进程 ID
# pstree -p 359397
test(359397) ──┬──{test}(359398)
               ├──{test}(359399)
               ├──{test}(359400)
               ├──{test}(359401)
               └──{test}(359402)
```

参考上面的结果，Go 程序总共创建了 5 个子线程，暂时记录下这个结果，待会和第二个程序的输出做一个对比。当然，你可能会好奇为什么实际的线程数大于逻辑处理器 P 的数目，这里我们不必纠结背后的原因（Go 语言还会创建辅助线程）。

第二个程序会执行一些阻塞式的系统调用，代码如下所示：

```
package main
import (
    "net"
    "runtime"
    "syscall"
    "time"
)
func main() {
    // 目的 IP 地址
    var addr = "x.x.x.x"
    // 设置逻辑处理器 P 的数目为 4
    runtime.GOMAXPROCS(4)
    for i := 0; i < 10; i++ {
        go func() {
            sa := ipv4Sockaddr(addr)
            fd, _ := syscall.Socket(syscall.AF_INET, syscall.SOCK_STREAM, syscall.
                IPPROTO_TCP)
            // 阻塞式系统调用
            _ = syscall.Connect(fd, sa)
        }()
        // 普通的用户协程
        go func() {
            for {
            }
        }()
    }
    time.Sleep(time.Second * 1000)
}
```

```
    }
    // 解析 IP 地址
    func ipv4Sockaddr(addr string) syscall.Sockaddr {
        ip := net.ParseIP(addr)
        sa := &syscall.SockaddrInet4{Port: 80}
        copy(sa.Addr[:], ip.To4())
        return sa
    }
```

上面的程序稍微有点复杂。同样，显式地设置逻辑处理器 P 的数目为 4，并且创建了多个用户协程，只是部分协程执行了一些阻塞式系统调用。注意，这里使用了原生的套接字相关系统调用，并没有使用 Go 语言基于 I/O 多路复用封装的函数（这些函数都是非阻塞调用，不会阻塞线程 M）。函数 syscall.Connect 对应的就是系统调用 connect，用于向远端地址发起 TCP 连接请求，那如果目的 IP 不存在或者与当前节点网络不通呢？这样是不是就会长时间阻塞线程 M 了呢？编译并运行该 Go 程序，同时通过 pstree 命令查看该进程所有的线程，结果如下所示：

```
$ pstree -p 409683
test(409683) ─┬── {test}(409684)
              ├── {test}(409685)
              ├── {test}(409686)
              ├── {test}(409687)
              ├── {test}(409688)
              ├── {test}(409689)
              ├── {test}(409690)
              ├── {test}(409691)
              ├── {test}(409692)
              ├── {test}(409693)
              ├── {test}(409694)
              ├── {test}(409695)
              ├── {test}(409697)
              ├── {test}(409698)
              └── {test}(409699)
```

参考上面的结果，这一次 Go 程序总共创建了 15 个子线程，对比第一个程序的输出结果，多创建了 10 个子线程，为什么会多创建这么多子线程呢？是因为用户协程执行了系统调用 syscall.Connect，导致线程 M 阻塞了，Go 语言才创建了更多的线程 M 吗？有可能是。

再次回到最初的问题，系统调用阻塞线程 M 之后，Go 语言是如何处理的？参考上面两个程序的输出结果，我们是不是能猜测 Go 语言会创建更多的线程 M 用于调度协程？只是，线程 M 需要绑定逻辑处理器 P 才能调度协程，所以可想而知，Go 语言还需要解除因系统调用而阻塞的线程与逻辑处理器 P 之间的绑定关系。这些都将在下一小节介绍。

## 3.4.2　系统调用与调度器

思考一下，既然系统调用有可能会阻塞线程 M 这一事实无法改变，那么在执行可能阻塞的系统调用之前，线程 M 主动释放掉其绑定的逻辑处理器 P 是不是就行了？但是这样做的话在系统调用执行之后，线程 M 还需要再次查找并绑定逻辑处理器 P，效率会不会比较低？毕竟，系统调用只是有可能会阻塞线程 M，还有可能很快就返回。

Go 语言其实是这么做的：在执行系统调用之前，标记一下当前线程 M（或者说是逻辑处理器 P）正在执行的系统调用；另外，辅助线程会定时检测，如果系统调用很快返回，也就是说线程 M 并没有被长时间阻塞，就不需要执行任何额外操作；如果检测到线程 M 被长时间阻塞，则剥离该线程 M 与逻辑处理器 P 的绑定关系，并创建新的调度线程。这里涉及两个关键词——标记与检测。

我们先介绍"标记"过程。Go 语言按照是否可能阻塞线程将系统调用分为两类：第一类系统调用始终都可以立即返回，并不会长时间阻塞线程；第二类系统调用执行时间不确定，有可能长时间阻塞线程。Go 语言将这两类系统调用都进行了封装，统一由这几个函数实现：

```
// 执行时间不确定, 有可能长时间阻塞线程的系统调用
func Syscall(trap, a1, a2, a3 uintptr) (r1, r2 uintptr, err Errno)
func Syscall6(trap, a1, a2, a3, a4, a5, a6 uintptr) (r1, r2 uintptr, err Errno)

// 始终都可以立即返回的系统调用
func RawSyscall(trap, a1, a2, a3 uintptr) (r1, r2 uintptr, err Errno)
func RawSyscall6(trap, a1, a2, a3, a4, a5, a6 uintptr) (r1, r2 uintptr, err Errno)
```

函数 syscall.Syscall、syscall.Syscall6 封装的是那些执行时间不确定，有可能长时间阻塞线程的系统调用，其在执行系统调用前后添加了一些代码，参考下面的代码：

```
TEXT ·Syscall(SB),NOSPLIT,$0-56
    // 进入系统调用前的准备工作
    CALL    runtime·entersyscall(SB)
    // trap 就是系统调用编号
    MOVQ    trap+0(FP), AX    // 系统调用入口
    SYSCALL
    // 系统调用执行完毕后的收尾工作
    CALL    runtime·exitsyscall(SB)
    RET
```

函数 runtime·entersyscall 在执行系统调用之前运行，该函数用于做一些准备工作，如标记当前逻辑处理器 P 正在执行的系统调用（_Psyscall）。函数 runtime·exitsyscall 在执行系统调用之后运行，该函数用于做一些收尾工作。注意，函数 runtime·exitsyscall 执行时，线程 M 绑定的逻辑处理器 P 可能依然处于系统调用状态，也可能已经被检测程序剥离了与该线程 M 的绑定关系，并且该逻辑处理器 P 可能已经被其他线程 M 绑定了。如果是第二种情况，函数 runtime·exitsyscall 还需要查找并绑定新的逻辑处理器 P。

第二个关键词是"检测"，那么 Go 语言是如何实现定时检测逻辑的呢？辅助线程以 10ms 为周期执行一些特定的逻辑，如检测是否有协程执行时间过长，其实该线程还检测了

是否有线程因为执行系统调用而长时间阻塞。该实现逻辑可以在函数 runtime.retake 中查看，代码如下所示：

```
// 辅助线程 sysmon 每 10ms 执行一次该函数
func retake(now int64) uint32 {
    // 遍历所有的逻辑处理器 P
    for i := 0; i < len(allp); i++ {
        if s == _Psyscall {
            // 如果不等于,说明系统调度已结束
            t := int64(_p_.syscalltick)
            if !sysretake && int64(pd.syscalltick) != t {
                pd.syscalltick = uint32(t)
                pd.syscallwhen = now
                continue
            }

            // 更改逻辑处理器 P 的状态
            if atomic.Cas(&_p_.status, s, _Pidle) {
                // 创建新的线程 M 以执行调度程序
                handoffp(_p_)
            }
        }
    }
}
```

参考上面的代码，逻辑处理器 P 有两个变量：变量 syscalltick 用于计数，每执行一次系统调用都会加 1；变量 syscallwhen 记录最近一次系统调用的执行时间，当然这个时间其实不是真正的执行时间，可以理解为检测时间。检测的整体逻辑是，如果逻辑处理器 P 处于系统调用状态（_Psyscall），并且自从上次检测之后计数器 syscalltick 没有发生变化，说明当前逻辑处理器 P 近 10ms 内一直处于系统调用状态，即与其绑定的线程 M 近 10ms 内一直处于阻塞状态。此时，辅助线程就会将逻辑处理器 P 的状态修改为空闲状态（_Pidle），并调用函数 runtime.handoffp 创建新的线程 M 以执行调度程序。

## 3.5　本章小结

首先，本章介绍了 Go 语言高并发网络 I/O 的实现原理，包括网络编程基本知识，I/O 多路复用技术（如 epoll），Go 语言网络 I/O 是如何触发调度的，以及 Go 语言是如何实现网络的读写超时的。

其次，本章介绍了管道的基本用法，管道的读写操作是如何触发调度的；定时器的基本用法，定时器是如何触发调度的；Go 语言系统调用的实现原理，包括 Go 语言对系统调用的封装、系统调用是如何触发调度的。

最后，高并发网络 I/O 和管道是 Go 语言非常重要的两个知识点，希望读者能认真学习。

# Go 语言并发编程

多协程同步是每一个 Go 开发者都必须面对的问题。传统的多线程程序往往基于共享内存实现多线程同步，Go 语言在此之上还提供了基于管道 – 协程的 CSP 同步模型，这也是 Go 语言推荐的方案。本章首先介绍为什么多协程程序会存在并发问题，随后讲解 Go 语言常见的几种多协程同步方案、包括基于管道的协程同步，基于锁的协程同步、并发控制 sync.WaitGroup、并发散列表 sync.Map、并发对象池 sync.Pool、单例 sync.Once，以及非常有用的并发检测工具 race。

## 4.1 什么是并发问题

### 1. 并发问题引入

Go 语言天然具备并发特性，当多个用户协程同时操作同一个变量时，就有可能产生并发问题，这时候程序的执行结果往往是不确定的。以下面的程序为例：

```go
package main
import (
    "fmt"
    "time"
)
func main() {
    sum := 0
    for i := 0; i < 10; i++ {
        go func() {
            for j := 0; j < 1000; j++ {
                sum++
            }
```

```
        }()
    }
    time.Sleep(time.Second * 3)
    fmt.Println(sum)
}
```

上面的程序创建了 10 个用户协程同时操作变量 sum，每一个用户协程都循环 1000 次执行累加操作。最终变量 sum 的值应该是多少呢？答案是 $10 \times 1000 = 10000$ 吗？如果你试着执行这个程序，你会发现结果小于 10000，并且每次执行的结果都不一样。为什么呢？设想这么一个场景：上述 10 个用户协程被多个线程 M 调度执行，某一时刻协程 1 读取到变量 sum 的值，但是它还没有将累加后的值写回变量 sum，协程 2 此时也读取变量 sum 的值，这时候协程 2 读取到的值就是脏数据，而协程 1 后续写回的数据也是脏数据。多个用户协程的执行顺序往往是不确定的，所以最终的结果也是不确定的。

### 2. 并发操作切片

我们再测试一下并发操作切片，程序如下所示：

```
package main
import (
    "fmt"
    "time"
)
func main() {
    slice := make([]int, 0, 10000)
    for i := 0; i < 10; i++ {
        go func() {
            for j := 0; j < 1000; j++ {
                slice = append(slice, 1)
            }
        }()
    }
    time.Sleep(time.Second * 5)
    fmt.Println(len(slice))
}
```

与第一个程序类似，我们创建 10 个用户协程同时操作切片 slice，每一个用户协程都循环 1000 次向切片追加元素。按理说最终切片的元素数目应该是 $10 \times 1000 = 10000$，但是如果你试着执行这个程序，你会发现切片的元素数目小于 10000，并且每次执行的结果也都不一样。

其实想想就能明白，切片的追加操作肯定不是原子的，这一点可能很多 Go 开发者都有所了解。那我们再扩展一下，赋值操作是原子的吗？比如整数类型的赋值、切片的赋值、字符串的赋值、自定义结构体的赋值。你可能会说，赋值操作怎么会不是原子的呢？

### 3. 并发操作字符串

我们可以通过下面的程序验证字符串的赋值是不是原子的，程序如下所示：

```
package main
```

```
import "fmt"
func main() {
    title := "hello world"
    go func() {
        for {
            fmt.Println(title)
            for _, _ = range title {}
        }
    }()
    for {
        go func() {
            title = ""
        }()
        go func() {
            title = "hello world"
        }()
    }
}
```

首先声明一下，上面的程序没有任何意义，只是为了验证字符串的赋值是不是原子操作。执行这个程序，你会发现刚开始还正常输出了空字符串以及"hello world"，但是最终程序异常退出了，错误信息如下：

```
panic: runtime error: invalid memory address or nil pointer dereference

goroutine 6 [running]:
main.main.func1()
        /test.go:8 +0x85
created by main.main
        /test.go:5 +0x79
```

为什么会抛出 panic 异常呢？看错误信息是典型的空指针异常。参考上面的程序，我们只是向字符串赋空字符串或者"hello world"，理论上空字符串和"hello world"都是可以遍历的。其实这也是并发问题导致的，因为字符串的赋值操作并不是原子操作。为什么赋值操作不是原子操作呢？因为 64 位计算机每次只能操作 64 比特也就是 8 字节数据，而 Go 语言字符串底层是由结构体实现的，一个字符串变量需要 16 字节内存，所以 64 位计算机无法单次操作一个完整的字符串变量。也就是说，字符串的赋值实际上需要执行两次数据移动指令。字符串的定义如下：

```
type stringStruct struct {
    str unsafe.Pointer
    len int
}
```

参考字符串的定义，字段 str 存储字符串常量的首地址，字段 len 存储字符串的长度。假设协程 1 先赋值字符串变量为空字符串，并且成功修改了字段 str（空字符串常量的首地址为 0）以及字段 len（空字符串长度为 0）。随后协程 2 计划赋值字符串变量为"hello world"，第一步修改字符串长度 len（长度 11）执行成功，第二步修改字符串常量的首地址还未执行，此时协程 3 遍历该字符串变量，那么它读取到的字符串长度就是 11，但是字符串的首地址是 0，于是程序就抛出了空指针异常。

#### 4. 多核 CPU 架构引入的并发问题

通过前面 3 个例子可以知道，一些复杂类型的赋值操作，如切片、字符串、自定义结构体等的赋值都不是原子的。那么简单类型的赋值操作是原子的吗？比如整数类型的赋值，按理说应该是原子的吧？其实不完全是，根本原因就在于现代计算机的多核 CPU 架构，如图 4-1 所示。

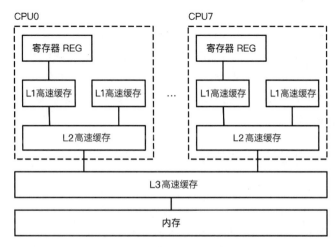

图 4-1　多核 CPU 架构

如图 4-1 所示，每个 CPU 都有自己的高速缓存（cache，访问速度比内存更快）。内存中的部分数据会被缓存在高速缓存中，CPU 访问数据时会优先从高速缓存中查找。高速缓存通常有多级——L1、L2、L3，这三个级别的高速缓存访问速度依次降低，但是存储容量依次增加。另外，所有 CPU 共享同一个 L3 级高速缓存，而每个 CPU 都有独立的 L1、L2 级高速缓存。

假如同一块内存地址的数据同时被缓存在 CPU0 与 CPU1 的 L1/L2 级高速缓存中，并且在某一时刻 CPU0 修改了该内存地址的数据，此时 CPU1 能立即读取到 CPU0 修改后的数据吗？并不一定。所以，整数类型的赋值操作并不完全是原子的。

按照这一原则，所有数据的赋值操作都不是原子的，那怎么解决这个问题呢？毕竟多协程访问同一份数据的场景并不少见。Go 语言 sync/atomic 包为我们提供了原子操作函数，使用这些函数不用担心并发问题，部分函数定义如下所示：

```
func LoadInt32(addr *int32) (val int32)              // 数据读取
func StoreInt32(addr *int32, val int32)              // 数据修改
func AddInt32(addr *int32, delta int32) (new int32)  //addr 地址的数据累加 delta
......
```

参考上面的代码，函数 atomic.LoadInt32 用于原子性地读取整型数据，函数 atomic. StoreInt32 用于原子性地修改整型数据，函数 atomic.AddInt32 相当于"+="运算符，只不过该函数是原子操作。当然除了这几个函数，sync/atomic 包还定义了其他数据类型的原子操作函数，这里就不再赘述了。

通过本小节的学习，相信你对 Go 并发问题也有了基本的了解。本章后续将重点介绍 Go 语言常用的并发问题解决方案，也可以说是协程同步方案。

## 4.2 CSP 并发模型

CSP（Communicating Sequential Process）是一种并发编程模型，其核心思想是多个线程之间通过管道来通信。其他语言往往基于共享内存实现线程间同步，而 Go 语言推荐采用 CSP 模型，并且基于管道 – 协程实现了 CSP 并发模型。本节主要介绍基于管道的多协程同步，并且在此基础上还扩展了一些管道的高级使用场景，包括管道与 select 的组合使用，无限缓存管道的实现原理。

### 4.2.1 基于管道 – 协程的 CSP 模型

管道一般都在哪些场景中使用呢？下面举一个实际的例子。

作为一名服务端开发者，应该都使用过消息队列。消息队列具有削峰、解耦的功能。比如有一个接口的逻辑非常复杂，但是可以拆分为核心逻辑与非核心逻辑，而且非核心逻辑的复杂度较高，执行比较耗时。这时可以选择将这些非核心逻辑异步化处理，即服务进程在处理完核心流程之后，就将请求数据写入消息队列并立即返回，其他进程再从消息队列获取请求数据并进行处理。

Go 程序如何实现上述功能呢？是不是可以基于管道实现类似消息队列的功能呢？基于管道定义的队列如下所示：

```
type AsyncQueueJob interface {
    Execute(ctx context.Context) error
    String() string
}
// 队列，基于管道实现
type AsyncQueue struct {
    Queue chan AsyncQueueJob
}
```

队列通常需要处理多种类型的消息实体，因此我们定义了消息实体的接口 AsyncQueueJob。该接口只有两个方法，Execute 方法用于处理消息，String 方法用于返回消息的字符串值。请注意，各种类型的消息都需要实现该接口。结构体 AsyncQueue 是我们定义的队列，它基于管道实现。

基于上述队列和消息实体的定义，我们实现了队列的初始化函数，代码如下所示：

```
var (
    once  = sync.Once{}
    queue *AsyncQueue
)
// 队列初始化
func NewAsyncQueue() *AsyncQueue {
    if queue != nil {
        return queue
    }
    // 保证队列只初始化一次
    once.Do(func() {
        queue = &AsyncQueue{
            Queue: make(chan AsyncQueueJob, 1024),
        }
        go func() {
            for {
                job := <-queue.Queue
                job.Execute(context.Background())
            }
        }()
    })
    return queue
}
```

需要特别注意，队列只能初始化一次，我们使用 sync.Once 来确保这一点。在队列初始化时，我们还创建了一个异步协程，用于从队列（管道）中消费并处理数据。当然，消息的处理通常会比较耗时，为了避免消息堆积，以防在管道容量不足时会阻塞消息写入操作，我们可以创建多个异步协程来处理消息。当然，这需要根据实际的业务场景进行评估。

接下来，我们封装了消息的写入操作，代码如下所示：

```
func (q *AsyncQueue) PushJob(ctx context.Context, job AsyncQueueJob) {
    q.Queue <- job
}

func (q *AsyncQueue) PushDelayJob(ctx context.Context, job AsyncQueueJob, delay
    time.Duration) {
    time.AfterFunc(delay, func() {
        q.Queue <- job
    })
}
```

消息的写入比较简单，就是写入管道。只是消息队列一般都提供延迟执行功能（消息成功写入后，延迟一段时间才能被其他进程消费到），这里我们通过定时器实现延迟指定的时间，再将消息写入管道。

最后，我们测试一下自定义队列的基本功能，代码如下所示：

```
// 测试队列的基本功能
```

```
func main() {
    fmt.Println(time.Now().Format("2006-01-02 15:04:05"), "main start")

    job := TestJob{"I am TestJob"}
    NewAsyncQueue().PushJob(context.Background(), job)
    NewAsyncQueue().PushDelayJob(context.Background(), job, time.Second*3)

    time.Sleep(time.Second * 5)
}

// 自定义消息实体
type TestJob struct {
    Msg string
}
func (job TestJob) Execute(ctx context.Context) error {
    fmt.Println(time.Now().Format("2006-01-02 15:04:05"), "Execute TestJob")
    return nil
}
func (job TestJob) String() string {
    return job.Msg
}
```

结构体 TestJob 是我们自定义的消息实体，可以看到它实现了接口 AsyncQueueJob。在 main 函数中，我们向队列写入了两条消息，其中第二条是需要延迟处理的消息。执行这个程序后，输出结果如下所示：

```
2023-04-06 20:23:31 main start
2023-04-06 20:23:31 Execute TestJob
2023-04-06 20:23:34 Execute TestJob
```

参考上面的输出结果，第一条消息被立即处理了，第二条消息延迟 3s 后被处理，这与我们的预期一致。

### 4.2.2　管道与 select 关键字

管道的写入或读取可能会阻塞当前协程，那么一个协程怎样才能同时操作多个管道呢？比如有多个用户协程异步地从远端获取数据，分别写入对应的数据管道，主协程需要从多个数据管道获取数据并处理。主协程该如何实现呢？逐个操作吗？问题是主协程并不知道哪一个管道是可读的，逐个操作的话，协程可能会阻塞在第一个数据管道，但是其他数据管道此时都是可读的。

Go 语言有一个关键字 select，它可以帮助我们同时监听多个管道，非常类似于 I/O 多路复用。基于 select 实现上述功能，代码如下所示：

```
package main
import (
    "fmt"
    "time"
```

```
)
func main() {
    c1 := make(chan int, 10)
    c2 := make(chan int, 10)
    // 协程 1: 循环向管道 c1 写入数据
    go func() {
        for i := 0; i < 1000; i ++ {
            c1 <- i
            time.Sleep(time.Second)
        }
    }()
    // 协程 2: 循环向管道 c2 写入数据
    go func() {
        for i := 1000; i < 2000; i ++ {
            c2 <- i
            time.Sleep(time.Millisecond * 500)
        }
    }()
    // 主协程: 同时监听管道 c1 和管道 c2, 哪个管道可读, 先执行哪个分支
    for {
        select {
        case data := <- c1:
            fmt.Println(data)
        case data := <- c2:
            fmt.Println(data)
        }
    }
}
```

参考上面的代码，协程 1 循环向管道 c1 写入数据，协程 2 循环向管道 c2 写入数据，主协程也是一个循环，基于 select 同时监听管道 c1 和管道 c2，哪一个管道可读就执行哪一个分支。

那么，select 是如何实现同时监听多个管道的呢？如果将当前协程添加到多个管道的阻塞队列，是不是任何一个管道可读或可写时，都会唤醒该协程呢？ select 的实现逻辑有些复杂，这里不再赘述，有兴趣的读者可以研究一下 runtime.selectgo 函数。

另外，select + default 的组合还可以实现管道的非阻塞操作，参考下面的代码：

```
package main
import (
    "fmt"
    "strconv"
)
func main() {
    queue := make(chan int, 0)
    for i := 0; i < 10; i ++ {
        select {
        case queue <- i:
            fmt.Println("insert: " + strconv.Itoa(i))
```

```
        default:
            fmt.Println("skip: " + strconv.Itoa(i))
        }
    }
}
```

变量 queue 是无缓冲管道，理论上后续的写入操作都会阻塞用户协程。但是如果执行上面的程序，你会发现主协程并没有阻塞，而是循环输出了 skip: xxx，这说明 select 语句执行的是 default 分支。为什么写管道没有阻塞主协程呢？参考 Go 源码中的一段注释，如下所示：

```
// 编译器实现
// select + default 语法如下:
// select {
// case c <- v:
//         ... foo
// default:
//         ... bar
// }
// 编译器转化后的代码如下
// if selectnbsend(c, v) {
//         ... foo
// } else {
//         ... bar
// }
//
// 函数 selectnbsend 的实现如下:
func selectnbsend(c *hchan, elem unsafe.Pointer) (selected bool) {
    return chansend(c, elem, false, getcallerpc())
}
```

参考上面的代码，函数 runtime.chansend 第三个输入参数是 bool 类型：true 表示如果不可写，阻塞用户协程；false 表示始终不阻塞用户协程。另外，如果写管道执行成功，返回的也是 true，此时执行的就是 if 分支，否则执行 else 分支（对应的就是 default 分支）。

select + default 的组合可以实现管道的非阻塞操作，而 select 与定时器的组合可以为管道操作加上超时时间，示例代码如下所示：

```
package main
import (
    "fmt"
    "time"
)
func main() {
    queue := make(chan int, 0)
    t := time.After(time.Second)
    go func() {
        select {
        case <-queue:
```

```
        fmt.Println("recv data")
    case <-t:
        fmt.Println("timeout")
    }
}()
time.Sleep(time.Second * 3)
}
```

在上面的代码中，函数 time.After 返回的其实就是管道，并且 1s 后管道才可读，所以本质上还是 select 来监听多个管道。

## 4.2.3　如何实现无限缓存管道

我们可以通过 select + default 的组合来保证管道的读写操作不会阻塞用户协程。但是，当管道容量不足时，消息其实并没有成功写入管道，这就存在丢失消息的可能。

还有什么解决方案吗？想想造成这个问题的根本原因就是管道的容量是有限制的，如果管道的容量没有限制，是不是管道的写入操作就永远不会被阻塞。曾经有开发者向 Go 官方建议提供无限缓存的管道，只不过 Go 官方没有接受该提议。目前网络上可以找到无限缓存管道的实现方式，代码也不复杂，如下所示：

```
func MakeInfinityChan() (chan<- interface{}, <-chan interface{}) {
    in := make(chan interface{})          // in 管道，用于写入数据
    out := make(chan interface{})         // out 管道，用于读取数据
    go func() {
        var buffer []interface{}          // 切片，用于提供无限缓存容量
    loop:
        for {
            packet, ok := <-in            // 从 in 管道读数据
            if !ok {                      // 阻塞方式读取的话，如果返回 false，说明 in 管道
                                          // 已经关闭

                break loop                // in 管道已经关闭，不会再写数据，结束循环
            }
            select {                      // 非阻塞方式写入 out 管道
            case out <- packet:
                continue
            default:
            }
            buffer = append(buffer, packet) // out 无法写入，追加到切片缓存
            for len(buffer) > 0 {         // 切片缓存有数据
                select {                  // 从 in 管道读取数据或向 out 管道写入数据
                case packet, ok := <-in:
                    if !ok {
                        break loop
                    }
                    buffer = append(buffer, packet)

                case out <- buffer[0]:
                    buffer = buffer[1:]
```

```
            }
        }
    }
    for len(buffer) > 0 {              // in管道已关闭, 如果缓存中还有数据, 则写入out管道
        out <- buffer[0]
        buffer = buffer[1:]
    }
    close(out)                         // 关闭out管道
}()
return in, out
}
```

参考上面的代码，无限缓存管道基于两个管道与一个切片实现。in 管道用于写入数据，out 管道用于读取数据，buffer 切片用于缓存写入的数据，提供无限容量。初始化无限缓存管道时，还会初始化一个异步协程。该协程的核心任务是从 in 管道读取数据，并通过非阻塞方式写入 out 管道。如果 out 管道无法写入，则将数据追加到切片。

可能有很多读者会比较疑惑，从 in 管道读取数据时，如果返回 false，为什么要结束循环？因为采取阻塞方式读取管道时，只有当管道已经被关闭，并且管道中没有剩余数据时，才会返回 false。其他情况都会返回 true 或者阻塞用户协程。in 管道已经被关闭了，说明不会再写入数据了，那此时是不是应该结束循环？当然，在异步协程退出之前，如果 buffer 切片还缓存有数据，还需要将这些数据写入 out 管道，以便其他协程从 out 管道读取数据。

分析上面的程序可知，用户协程在向 in 管道写入时，基本上不会被阻塞，但是从 out 管道读取数据时还是有可能被阻塞的。为什么说向 in 管道写入数据基本上不会阻塞呢？难道还有可能被阻塞吗？如果上面程序初始化的异步协程长时间没有被调度执行呢？此时其他协程向 in 管道写入数据是不是就会被阻塞了？

最后，我们再编写一个测试程序，测试一下无限缓存管道的读写，代码如下所示：

```
func main() {
    in, out := MakeInfinityChan()
    lastVal := -1
    go func() {                        // 循环读取数据
        for v := range out {
            vi := v.(int)
            fmt.Println("read", vi)
            if lastVal+1 != vi {
                fmt.Println(fmt.Sprintf("unexpected value, expected %d got %d",
                    lastVal+1, vi))
            }
            lastVal = vi
        }
    }()
    for i := 0; i < 100; i++ {         // 循环写入数据
        in <- i
        fmt.Println("write", i)
    }
```

```
        close(in)
        time.Sleep(time.Second * 3)
        if lastVal != 99 {
            fmt.Println(fmt.Sprintf("did not get all values, lastVal=%d", lastVal))
        }
    }
```

参考上面的测试程序，主协程循环向 in 管道写入整数数据 0～99，子协程循环从 out 管道读取数据。注意，管道 in、out 能够处理的数据类型是 interface{}，所以从 out 管道读取到的数据类型也是 interface{}，使用这个数据时可能需要类型转换，比如 v.(int) 语句就是将 interface{} 类型转换为 int 类型。执行上面的程序，你会发现结果是符合预期的。

## 4.3　基于锁的协程同步

Go 语言还提供了基于锁（共享内存）的协程同步方案。协程在操作数据之前需要加锁，操作完数据之后再释放锁，而锁（互斥锁）只能被一个协程抢占，即在该协程释放锁之前其他协程都不能抢占到锁，当然也就不能操作数据了。本节将为大家介绍 Go 语言实现的两种锁方案——乐观锁与悲观锁的用法以及实现原理。

### 4.3.1　乐观锁

使用互斥锁解决并发问题时，每次操作数据都需要额外的两个步骤：加锁与释放锁。这样程序性能会不会有所降低呢？理论上是的。

那有什么其他更好的办法既能解决并发问题，又不会对程序性能产生较大影响？其实，操作数据并不一定会有并发问题，只是为了避免这种可能性，所以才选择在操作数据之前加锁。既然操作数据并不一定会有并发问题，那如果操作数据不进行加锁，只是在数据提交时验证有没有冲突，有冲突则不提交，是不是也可以解决并发问题呢？这就是乐观锁的思路。顾名思义，乐观锁对并发问题持有乐观的态度，认为本次操作不一定存在并发问题。

如何基于乐观锁解决多协程操作（累加）同一个变量产生的并发问题呢？可以参考下面的代码：

```
package main
import (
    "fmt"
    "sync/atomic"
    "time"
)
func main() {
    var sum int32 = 0
    for i := 0; i < 10; i++ {
        go func() {
            for j := 0; j < 1000; j++ {
```

```
                    for !atomic.CompareAndSwapInt32(&sum, sum, sum+1) {}
                }
        }()
    }
    time.Sleep(time.Second * 3)
    fmt.Println(sum)
}
```

参考上面的代码，函数 atomic.CompareAndSwapInt32 就是乐观锁（CAS）的一种实现。函数名称的含义是比较交换，即如果第一个指针变量指向的整型数据的值等于第二个数值，则将第一个指针变量指向的整型数据赋值为第三个数值，如果执行成功，则函数返回 true。所以上面代码的含义是，在将变量 sum 的值赋值为 sum + 1 时，需要确保变量 sum 的值仍然等于当前协程读取到的值，即变量 sum 没有被其他协程修改；否则，不执行修改操作并返回 false。另外，基于乐观锁实现的累加操作是一个循环，因为只有当函数 atomic. CompareAndSwapInt32 返回 true 时，才说明当前累加操作执行成功了。

不知道你有没有想过，比较交换明明是一个复杂操作，编译成汇编程序后，应该会生成好几条汇编指令，为什么这个函数是一个原子操作呢？其实现代计算机还提供了一些我们不知道的汇编指令，虽然这些指令语义上比较复杂，但实际上是一条指令。比如比较交换指令的定义如下：

```
/* cmpxchgl 就是比较交换指令，其含义如下：
 * "cmpxchgl   r, [m]":
 *     if (eax == [m]) {
 *         zf = 1;
 *         [m] = r;
 *     } else {
 *         zf = 0;
 *         eax = [m];
 *     }
 */
```

cmpxchgl 就是比较交换指令，其中 m 代表内存地址，eax 寄存器存储旧数据，r 就是要赋值的新数据。该指令的含义是，如果内存 m 存储的数据等于 eax 寄存器存储的旧数据，则将内存 m 赋值为新数据 r。当赋值成功时，会设置标志位 zf 等于 1；否则设置标志位 zf 等于 0，即通过标志位 zf 可以判断比较交换操作是否执行成功。

所以比较交换操作实际上可以用一条汇编指令来实现。那么高速缓存的问题该如何解决呢？假设内存 m 的数据同时被缓存在 CPU0 和 CPU1 中，某一时刻 CPU0 执行 cmpxchgl 指令修改了内存 m 的数据，而此时 CPU1 不一定能立即读取到 CPU0 修改后的数据。为了解答这个问题，我们先看一下函数 atomic.CompareAndSwapInt32 的实现逻辑。该函数由汇编指令实现，代码如下所示：

```
// 函数定义
func CompareAndSwapInt32(addr *int32, old, new int32) (swapped bool)
```

```
// alias 定义了函数的别名
alias("sync/atomic", "CompareAndSwapInt32", "runtime/internal/atomic", "Cas",
all...)
// 比较交换函数的汇编代码
TEXT ·Cas(SB)
    MOVQ    ptr+0(FP), BX
    MOVL    old+8(FP), AX
    MOVL    new+12(FP), CX
    LOCK
    CMPXCHGL       CX, 0(BX)
    SETEQ   ret+16(FP)
    RET
```

在上面的代码中，Go 语言通过 alias 函数定义了 atomic.CompareAndSwapInt32 的别名，所以比较交换函数的底层其实是由汇编程序 Cas 实现的。该函数的第一个参数是一个内存地址，第二个以及第三个参数都是整型数据。返回值由指令 SETEQ 设置，设置的是什么呢？就是执行 CMPXCHGL 指令之后的 zf 标志位。

注意，在执行 CMPXCHGL 指令之前，汇编程序 Cas 还执行了 LOCK 指令，该指令可以锁住总线，这样其他 CPU 对内存的读写请求都会被阻塞，直到锁释放。当然，目前计算机通常采用锁缓存方案代替锁总线（锁总线的开销比较大），即 LOCK 指令会锁定一个缓存行（高速缓存的最小缓存单元，默认 64 字节）。当某个 CPU 发出 LOCK 信号锁定某个缓存行时，其他 CPU 都无法读写该缓存行（使该缓存行失效），同时还会检测是否对该缓存行中的数据进行了修改，如果进行了修改，还会将已修改的数据写回内存。也就是说，是 LOCK 指令帮助我们解决了高速缓存导致的并发问题。

Go 语言大量使用了乐观锁，比如在修改协程 G 的状态时，修改逻辑处理器 P 的状态时等，如下所示：

```
atomic.Cas(&gp.atomicstatus, oldval, newval)
atomic.Cas(&_p_.status, s, _Pidle)
......
```

最后补充一下，4.1 节提到的一些原子操作函数，其实现与乐观锁实现非常类似。有兴趣的读者可以自己研究。另外，这些函数同样通过 alias 函数定义了别名，举例如下：

```
alias("sync/atomic", "LoadInt32", "runtime/internal/atomic", "Load", all...)
alias("sync/atomic", "StoreInt32", "runtime/internal/atomic", "Store", all...)
alias("sync/atomic", "AddInt32", "runtime/internal/atomic", "Xadd", all...)
```

## 4.3.2　悲观锁

顾名思义，悲观锁就是对并发问题持有悲观的态度，认为本次操作一定存在并发问题。悲观锁解决并发问题的方案是在操作数据之前加锁，操作完数据之后再释放锁。本小节主要介绍悲观锁的其中一种——互斥锁。

如何基于互斥锁解决多协程操作（累加）同一个变量产生的并发问题呢？可以参考下面的代码：

```go
package main
import (
    "fmt"
    "sync"
    "time"
)
func main() {
    sum := 0
    lock := sync.Mutex{}
    for i := 0; i < 10; i++ {
        go func() {
            for j := 0; j < 1000; j++ {
                lock.Lock()
                sum++
                lock.Unlock()
            }
        }()
    }
    time.Sleep(time.Second * 3)
    fmt.Println(sum)
}
```

参考上面的代码，sync.Mutex 是一种互斥锁，只能被一个协程抢占，也就是说在该协程释放锁之前其他协程都不能抢占到锁。在执行 sum++ 之前加锁，之后再释放锁，这样只有当协程抢占到锁才能执行 sum++，即同时只能有一个协程操作变量 sum，当然也就不会发生冲突了。

互斥锁的使用还是比较简单的，只需要在可能产生并发问题的操作之前加锁，操作之后再释放锁就行了。然而可能发生并不代表着一定会发生，实际操作时也有可能不会发生冲突。那如果并发度比较低，也就意味着发生冲突的可能性比较低，此时是不是乐观锁的性能更好一些？理论上是的。所以 Go 语言对互斥锁也做了一些优化，加锁时先尝试通过乐观锁实现，如果乐观锁加锁失败，再执行其他加锁方案，代码如下所示：

```go
type Mutex struct {
    state int32    // 锁状态，0 表示没有被任何协程抢占
    sema  uint32   // 信号量
}

func (m *Mutex) Lock() {
    // 乐观锁加锁
    if atomic.CompareAndSwapInt32(&m.state, 0, mutexLocked) {
        return
    }
    m.lockSlow()   // 其他方案加锁
}
```

　　在上面的代码中，互斥锁 sync.Mutex 包含两个字段：state 表示锁状态，0 表示当前锁没有被任何协程抢占，常量 mutexLocked 表示当前锁已经被某一个协程抢占；sema 表示信号量，Go 语言参考了 Linux 信号量实现的互斥锁。可以看到，Lock 方法第一步就是通过乐观锁实现加锁，如果成功直接返回，否则调用方法 lockSlow 继续尝试加锁，通过该方法的名称就能够猜到，后续的加锁流程执行会比较慢。

　　那么 lockSlow 方法的大概逻辑会是怎么样的呢？直接阻塞用户协程吗？那会不会出现这种情况：协程刚被阻塞，其他协程就释放锁了呢？Go 语言对此也做了一些优化，在阻塞当前协程之前，先让当前协程尝试自旋（循环执行一些无意义的指令，避免阻塞协程以及协程切换），自旋结束后再次尝试获取锁。当然自旋也不是无条件的，比如当逻辑处理器 P 的本地可运行协程队列不为空时，那就不应该自旋，白白浪费 CPU 时间。lockSlow 方法的核心代码如下所示：

```go
func (m *Mutex) lockSlow() {
    // 循环获取锁
    for {
        // 判断是否可以自旋
        if old&(mutexLocked|mutexStarving) == mutexLocked && runtime_canSpin(iter) {
            // 循环执行空指令
            runtime_doSpin()
            continue
        }
        ......

        // 如果设置新状态成功，尝试获取信号量
        if atomic.CompareAndSwapInt32(&m.state, old, new) {
            runtime_SemacquireMutex(&m.sema, queueLifo, 1)
            ......
        }
    }
}
```

　　参考上面的代码，lockSlow 方法的核心逻辑是利用一个循环先判断是否可以自旋，该判断逻辑由函数 sync.runtime_canSpin 实现，而函数 sync.runtime_doSpin 就是简单的循环执行空指令。最后，函数 runtime_SemacquireMutex 用于获取信号量，注意该函数有可能会阻塞当前用户协程。信号量相关函数的实现逻辑可以参考文件 runtime/sema.go，有兴趣的读者可以自行研究，这里就不再赘述。

## 4.4　如何并发操作 map

　　散列表 map 是 Go 语言最常用的数据类型之一。在使用 map 时需要特别注意，多个协程并发操作 map 会抛出 panic 异常。然而，有些业务场景需要并发操作 map，这时可以采

用互斥锁方案解决并发问题，或者可以使用 Go 语言提供的并发散列表 sync.Map。本节主要介绍并发散列表 sync.Map 的基本用法以及实现原理。

## 4.4.1　map 的并发问题

散列表 map 是 Go 语言最常用的数据类型之一，用于存储键 – 值对，其增删改查的时间复杂度可以达到 O(1)。很多读者应该比较熟悉 map 的增删改查等基本操作。然而，有一点可能很多 Go 语言初学者都会忽视：多个协程并发操作 map 会抛出 panic 异常。我们可以写一个测试程序验证一下，代码如下所示：

```
package main
import (
    "fmt"
    "time"
)
func main() {
    var m = make(map[string]int, 0)
    for i := 0; i <= 10; i++ {
        go func() {
            // 在协程内，循环操作 map
            for j := 0; j <= 100; j++ {
                m[fmt.Sprintf("test_%v", j)] = j
            }
        }()
    }
    time.Sleep(time.Second * 3)
    fmt.Println(m)
}
```

运行上面的程序，你会发现程序异常退出了，异常信息如下：

```
fatal error: concurrent map writes
goroutine 28 [running]:
runtime.throw({0x10a59c3?, 0x1084725?})
        /go1.18/src/runtime/panic.go:992
runtime.mapassign_faststr(0x10a351a?, 0x7?, {0xc0000b4010, 0x6})
        /go1.18/src/runtime/map_faststr.go:212
main.main.func1()
        /main.go:12
runtime.goexit()
        /go1.18/src/runtime/asm_amd64.s:1571
created by main.main
        /main.go:9 +0x2b
```

可以看到，异常信息为 concurrent map writes，含义是并发写 map，根本原因就在于 Go 语言不允许多个协程并发操作 map。Go 语言是如何检测到程序在并发操作 map 呢？其实很简单，结构体 map 包含一个标识字段（记录是否有协程正在写 map），当用户协程需要写 map 时，第一步会检测该标识字段，如果其他协程也在写 map，则抛出 panic 异常；如果没有协程在写 map，则更新该标识字段，并执行写操作。

从上面程序异常退出时输出的函数调用栈可以看到，写 map 的实现函数为 mapassign_faststr，这里摘抄出 Go 语言检测多个协程并发操作 map 的逻辑，如下所示：

```go
func mapassign_faststr(t *maptype, h *hmap, s string) unsafe.Pointer {
    // 如果其他协程正在写 map，抛出 panic 异常
    if h.flags&hashWriting != 0 {
        throw("concurrent map writes")
    }
    // 设置写标识
    h.flags ^= hashWriting
    // 执行写操作
}
```

虽然多个协程并发操作 map 确实会抛出 panic 异常，但是往往有业务场景需要并发操作 map。那应该怎么解决呢？锁能帮助我们解决并发问题吗？如果在写 map 之前加锁，之后再释放锁，是不是就能保证同时只有一个协程执行写 map 操作呢？基于锁的解决方案可以参考下面的代码：

```go
package main
import (
    "fmt"
    "sync"
    "time"
)
func main() {
    var m = make(map[string]int, 0)
    lock := sync.Mutex{}
    for i := 0; i <= 10; i++ {
        go func() {
            for j := 0; j <= 100; j++ {
                lock.Lock()
                m[fmt.Sprintf("test_%v", j)] = j
                lock.Unlock()
            }
        }()
    }
    time.Sleep(time.Second * 3)
    fmt.Println(m)
}
```

再次运行上面的程序，你会发现程序并没有异常退出，正确输出了散列表 m 的所有键 - 值对。

锁通常会降低程序性能，如果你们的业务场景需要高性能的并发操作 map，通过互斥锁解决并发操作 map 的问题可能就不太合适了。那还有什么其他方案吗？其实也可以使用 Go 语言提供的并发散列表 sync.Map。

## 4.4.2 并发散列表 sync.Map

Go 语言提供了并发散列表 sync.Map。并发散列表 sync.Map 的使用方式可以参考下面的代码：

```
package main
import (
    "fmt"
    "sync"
    "time"
)
func main() {
    var m = sync.Map{}
    for i := 0; i <= 10; i++ {
        go func() {
            for j := 0; j <= 100; j++ {
                v, ok := m.Load(fmt.Sprintf("test_%v", j))          // 数据读取
                if ok {
                    m.Store(fmt.Sprintf("test_%v", j), v.(int)+1)    // 数据写入
                } else {
                    m.Store(fmt.Sprintf("test_%v", j), 0)            // 数据写入
                }
            }
        }()
    }
    time.Sleep(time.Second * 3)
    fmt.Println(m.Load("test_0"))
}
```

sync.Map 的使用非常简单，方法 Store 用于写入数据，方法 Load 用于读取数据。注意，方法 Load 有两个返回值：第一个值是键 – 值对的值，数据类型为 interface{}，所以使用时需要进行类型转换；第二个值类型为 bool，表示该键 – 值对是否存在。

sync.Map 同样用于存储键 – 值对，其本质也是一个散列表，那么它是如何解决并发问题的呢？有用到锁吗？当然有。毕竟散列表是一个非常复杂的数据结构，很难通过其他方案完美地解决并发问题。但锁通常都会降低程序性能，sync.Map 性能会不会比较差呢？其实 Go 语言在实现 sync.Map 时还是做了很多优化的，特别是在读多写少的情况下，可以大幅提升 sync.Map 的并发操作效率。我们先看一下 sync.Map 的定义，如下所示：

```
type Map struct {
    mu Mutex
    read atomic.Value
    dirty map[any]*entry
    misses int
}

type readOnly struct {
    m        map[any]*entry
    amended bool
}
```

sync.Map 各字段含义如下。

1）mu：互斥锁，某些情况下并发操作 sync.Map 需要加锁。

2）read：该字段的类型为自定义结构体 readOnly，该结构包含散列表（m）用于存储键 – 值对。readOnly 的含义是只读，所以你是不是猜测这个字段是只读的？其实不完全是，这个字段既可以并发读取，也可以并发修改，只不过并发读取的时候不需要加锁，并发修改的时候先尝试通过乐观锁方式解决冲突，如果失败再通过互斥锁解决冲突。

3）dirty：该字段的类型为散列表 map，并发操作这个散列表 map 时都需要加互斥锁。

4）misses：首先散列表 dirty 中的部分键 – 值对可能不在散列表 read.m 中，其次 sync.Map 还会不定时将散列表 dirty 的全量数据复制到散列表 read.m 中；misses 用于统计次数，每次查找键 – 值对时，如果散列表 read.m 中不存在该键 – 值对，并且散列表 dirty 中可能存在该键 – 值对，则 misses++；当 misses 累加到一定值时，sync.Map 会将散列表 dirty 的全量数据复制到散列表 read.m 中。

5）read.amended：当散列表 dirty 中的部分键 – 值对不在散列表 read.m 时，该字段为 true。当该字段为 true 时，即使散列表 read.m 不存在该键 – 值对，散列表 dirty 也可能存在该键 – 值对。

接下来我们看一下 sync.Map 的读写流程。sync.Map 读取数据的功能由方法 Load 实现，代码如下所示：

```
func (m *Map) Load(key any) (value any, ok bool) {
    read, _ := m.read.Load().(readOnly)
    e, ok := read.m[key]
    if !ok && read.amended {
        m.mu.Lock()
        // 注意：再次查找散列表 read.m
        read, _ = m.read.Load().(readOnly)
        e, ok = read.m[key]
        if !ok && read.amended {
            e, ok = m.dirty[key]
            // 更新计数器 misses
            m.missLocked()
        }
        m.mu.Unlock()
    }
    if !ok {
        return nil, false
    }
    return e.load()
}
```

在上面的代码中，第一步先从散列表 read.m 中查找键 – 值对（第一次查找），如果没有查找到并且 read.amended 为 true 的话，则继续从散列表 dirty 中查找键 – 值对。注意，继续查找时需要先加锁，加锁之后再次查找散列表 read.m。为什么要再查找一次呢？因为在第一次查找之后到加锁成功之间，其他协程可能会操作 sync.Map，从而修改散列表 read.m。
方法 missLocked 用于更新计数器 misses，另外当 misses 累加到一定值时，还会将散列表
dirty 的全量数据复制到散列表 read.m 中。该方法代码如下所示：

```go
func (m *Map) missLocked() {
    m.misses++                              // 更新计数器 misses
    if m.misses < len(m.dirty) {
        return
    }
    m.read.Store(readOnly{m: m.dirty})      // 全量复制数据
    m.dirty = nil
    m.misses = 0                            // 将计数器 misses 清零
}
```

sync.Map 读取数据的流程还是比较简单的，那写入数据的流程呢？ sync.Map 写入数据
的功能由方法 Store 实现，代码如下所示：

```go
func (m *Map) Store(key, value any) {
    // 如果散列表 read.m 存在键 - 值对，则基于乐观锁修改散列表 read.m
    read, _ := m.read.Load().(readOnly)
    if e, ok := read.m[key]; ok && e.tryStore(&value) {
        return
    }
    m.mu.Lock()
    read, _ = m.read.Load().(readOnly)
    // 再次检测，如果散列表 read.m 存在键 - 值对，则修改
    if e, ok := read.m[key]; ok {
        if e.unexpungeLocked() {
            m.dirty[key] = e
        }
        e.storeLocked(&value)
    // 如果散列表 dirty 存在键 - 值对，则修改
    } else if e, ok := m.dirty[key]; ok {
        e.storeLocked(&value)
    // 新插入键 - 值对
    } else {
        if !read.amended {
            m.dirtyLocked()
            m.read.Store(readOnly{m: read.m, amended: true})
        }
        m.dirty[key] = newEntry(value)
    }
    m.mu.Unlock()
}
```

在上面的代码中，第一步先从散列表 read.m 中查找键 - 值对（第一次查找）。如果存
在该键 - 值对，则通过乐观锁方式修改散列表 read.m，修改成功后直接返回。方法 tryStore
底层就是基于乐观锁（CAS）实现的。注意，在继续尝试操作散列表 dirty 之前，首先需要
加锁，并且还需要再次检测散列表 read.m 是否存在该键 - 值对，如果存在，则同时修改散

列表 read.m 与散列表 dirty。

为什么要再次检测散列表 read.m 呢？原因与上面介绍的一样，在第一次查找之后到加锁成功之间，其他协程可能会操作 sync.Map，从而修改散列表 read.m。最后，当散列表 read.m 与散列表 dirty 都不存在该键 – 值对时，显然此时需要新插入该键 – 值对，在插入之前还有可能需要将散列表 dirty 的全量数据复制到散列表 read.m 中。

最后总结一下，如果是读多写少的业务场景，sync.Map 的并发操作效率会比较高。毕竟，这时候大部分的数据读取操作是完全不需要加锁的，数据写入操作冲突的可能性也比较低。

## 4.5　并发控制 sync.WaitGroup

假设有这样一个接口，该接口需要从其他 3 个服务获取数据（这 3 个服务之间没有互相依赖），处理后返回给客户端。这时候该如何处理呢？如果是用 PHP 语言开发，可能就是顺序调用这些服务获取数据了，这时候接口的总耗时是这 3 个依赖服务的耗时之和。对 Go 语言来说，为了提高程序性能，可以开启多个协程去并发获取数据，这时候接口的总耗时是这 3 个依赖服务的耗时的最大值。

另外需要注意，主协程需要等待异步协程全部获取到数据之后，才能执行数据处理逻辑。也就是说，主协程需要等待异步协程全部执行完成，这就需要用到并发控制语句 sync.WaitGroup 了。基于 sync.WaitGroup 实现上述需求的代码如下所示：

```
package main
import (
    "fmt"
    "math/rand"
    "sync"
    "time"
)
func main() {
    wg := sync.WaitGroup{}
    fmt.Println("task start:", time.Now().UnixNano()/int64(time.Millisecond))
    for i := 0; i < 3; i++ {
        // 标记任务开始
        wg.Add(1)
        go func(a int) {
            r := rand.Intn(1000)
            time.Sleep(time.Millisecond * time.Duration(r))
            fmt.Println(fmt.Sprintf("work %d exec, time %dms", a, r))
            // 标记任务结束
            wg.Done()
        }(i)
    }
    // 主协程等待任务结束
    wg.Wait()
```

```
    fmt.Println("task end:", time.Now().UnixNano()/int64(time.Millisecond))
}
```

在上面的代码中，主协程创建了 3 个异步协程执行任务，并且主协程需要等待 3 个异步协程都执行完成。方法 wg.Add 用于标记异步任务开始执行，方法 wg.Done 用于标记异步任务执行结束，方法 wg.Wait 用于等待所有的异步任务执行完成。执行上面的程序，输出结果如下所示：

```
task start: 1686812896805
work 2 exec, time 81ms
work 1 exec, time 847ms
work 0 exec, time 887ms
task end: 1686812897694
```

参考上面的输出结果，主协程从创建 3 个异步协程到执行结束总耗时为 889ms，3 个异步协程耗时分别为 81ms、847ms 和 887ms，可以看到总耗时约等于 3 个异步协程耗时的最大值。

并发控制语句 sync.WaitGroup 的使用还是比较简单的，接下来简单了解一下其实现原理。先看一下 sync.WaitGroup 的结构体定义，代码如下所示：

```
type WaitGroup struct {
    state1 uint64
    state2 uint32
}
```

sync.WaitGroup 的结构体定义只有两个整型字段：state1 表示正在执行的异步任务数，state2 表示正在等待所有异步任务完成的协程数。通过这两个字段的介绍，你基本上也能猜出 sync.WaitGroup 的实现逻辑了：方法 wg.Add 的核心逻辑就是将字段 state1 加 1；方法 wg.Done 的核心逻辑就是将字段 state1 减 1；并且当字段 state1 减到 0 时，还需要唤醒所有阻塞等待的协程；方法 wg.Wait 的核心逻辑就是将字段 state2 减 1，并阻塞用户协程。只是需要注意，操作这两个字段时，都是通过原子函数，如通过 atomic.AddUint64 等实现的。

另外，并发控制 sync.WaitGroup 与互斥锁 sync.Mutex 类似，阻塞以及唤醒用户协程都是基于信号量实现的。参考下面的代码：

```
func (wg *WaitGroup) Add(delta int) {
    //遍历唤醒所有等待协程
    for ; w != 0; w-- {
        runtime_Semrelease(semap, false, 0)
    }
}

func (wg *WaitGroup) Wait() {
    // 等待协程数加 1
    if atomic.CompareAndSwapUint64(statep, state, state+1) {
```

```
        runtime_Semacquire(semap)
        return
    }
}
```

参考上面的代码，函数 runtime_Semacquire 用于获取信号量，该函数可能会阻塞用户协程；函数 runtime_Semrelease 用于释放信号量，该函数可以唤醒其他因为该信号量阻塞的用户协程。信号量在 4.3.2 介绍互斥锁时已经简单介绍过了，这里就不再赘述。

## 4.6　并发对象池 sync.Pool

Go 语言本身提供了垃圾回收功能，所以通常我们都会随意地创建对象，对象使用完之后也不需要做任何处理，反正垃圾回收功能会帮助我们回收掉这些不用的对象。但是，如果程序需要频繁地创建大量对象呢？而且这些对象的生命周期都比较短。频繁地创建对象意味着需要频繁地申请内存，生命周期都比较短意味着需要不停地回收大量内存，程序的性能必然会受到影响。

一方面需要频繁地创建大量对象，另一方面这些对象的生命周期都比较短，那能不能复用这些对象呢？也就是说，使用完对象之后，能不能临时地将对象缓存起来，创建对象的时候再从缓存中获取？这样一方面可以降低垃圾回收的成本，另一方面创建对象的性能也有所提升，一举两得。

Go 语言提供了并发对象池 sync.Pool，从对象池获取对象时，如果有空闲对象，直接返回，否则新创建一个对象返回；当然，使用完对象之后需要将对象放回对象池。对象池的使用方式参考下面的代码：

```go
package main
import (
    "fmt"
    "math/rand"
    "sync"
)
func main() {
    // 匿名函数，用于创建对象
    f := func() interface{} {
        fmt.Println("init new object")
        return rand.Intn(1000)
    }
    // 初始化对象池
    pool := sync.Pool{
        New: f,
    }
    c := pool.Get()        // 首次获取对象，新创建
    fmt.Println(c)
    pool.Put(c)            // 将对象放回对象池
```

```
    c1 := pool.Get()        //第二次获取对象，复用
    fmt.Println(c1)
    c2 := pool.Get()        //对象池没有空闲对象，新创建
    fmt.Println(c2)
}
```

在上面的代码中：变量 f 是一个匿名函数，用于创建对象。同时，我们返回了一个随机数，用于验证该对象是新建的还是复用之前的。方法 pool.Get 用于从对象池中获取对象，如果对象池中有空闲对象，则直接返回；否则，新创建一个对象并返回。方法 pool.Put 用于将对象放回对象池，这个对象将被标记为空闲对象，后续获取时可能直接返回该对象。执行上面的程序后，输出结果如下所示：

```
init new object
81
81
init new object
887
```

参考上面的输出结果，第一次从对象池获取对象时，新创建了一个对象，对象的值为81。使用完之后将该对象放回对象池，第二次从对象池获取对象时，因为对象池中有空闲对象，所以复用了该对象。第三次从对象池获取对象时，因为对象池中没有空闲对象，所以新创建了一个对象，对象的值为 887。

当然，对象池不仅仅能存储普通的结构体对象，还可以用来存储连接、协程等复杂对象，以此实现连接复用和协程复用。

## 4.7 如何实现单例模式

在日常业务场景中，有很多全局对象都只能初始化一次，比如说程序中的数据库客户端对象、Redis 客户端对象等。如何保证这些对象只初始化一次呢？一种方案是，Go 程序启动时初始化这些全局对象，即不管后续会不会使用这些全局对象，都先初始化了。另一种方案是，在初次使用这些对象时再初始化，但是当多个用户协程同时初始化对象时，还能保证这些对象只初始化一次吗？当然是可以的，比如通过互斥锁实现，初始化的时候先加锁，再检测对象是否已经初始化：如果已经初始化则直接返回；否则初始化该对象。

其实 Go 语言本身也提供了单例方案 sync.Once，通过 sync.Once 可以保证对象只初始化一次，使用方式如下：

```
package main
import (
    "fmt"
    "sync"
    "time"
```

```
)
type Client struct {
}
var client *Client
var once sync.Once

func main() {
    for i := 0; i < 10; i++ {
        go func() {
            c := NewClient()
            fmt.Println(fmt.Sprintf("c addr:%p", c))
        }()
    }

    time.Sleep(time.Second)
}
func NewClient() *Client {
    // 如果已初始化直接返回
    if client != nil {
        return client
    }
    // 保证只初始化一次
    once.Do(func() {
        client = &Client{}
    })
    return client
}
```

在上面的代码中，函数 NewClient 用于获取自定义客户端对象。可以看到，该函数首先判断全局变量 client 是否等于 nil：如果不等于 nil，说明全局客户端对象已经初始化，直接返回；否则，通过 sync.Once 初始化全局客户端对象，这样就能保证只初始化一次。另外，在 main 函数中创建了 10 个协程，并发地通过函数 NewClient 获取客户端对象，然后输出客户端对象的地址，以验证这些对象是否是同一个对象。执行上面的程序后，输出结果如下所示：

```
c addr:0x1165fe0
c addr:0x1165fe0
c addr:0x1165fe0
……
```

参考上面的输出结果，每次输出的客户端对象地址都是一样的，说明这些客户端对象都是同一个对象，即通过 sync.Once 可以实现单例模式。当然，sync.Once 内部其实也是通过互斥锁实现的，有兴趣的读者可以自行研究，这里就不再赘述。

## 4.8　并发检测

前面介绍了 Go 语言常用的并发编程方案，这些方案可以帮助我们解决大多数业务场景可能会遇到的并发问题。那是不是就万事大吉了？当然不是。其实最大的问题是，Go 初学者可能根本就意识不到他的代码有并发问题，而且并发问题通常是偶现的，结果也是随机的，非常难排查。

那怎么办呢？其实 Go 语言提供了并发检测工具 race，如果你不确定程序是否存在并发问题，可以使用该工具检测，它可以发现程序中潜在的并发问题。以下面的代码为例：

```
package main
import (
    "fmt"
    "time"
)
func main() {
    sum := 0
    for i := 0; i < 10; i++ {
        go func() {
            for j := 0; j < 1000; j++ {
                sum++
            }
        }()
    }
    time.Sleep(time.Second * 3)
    fmt.Println(sum)
}
```

接下来使用 race 检测一下上面的程序是否存在并发问题，检测方式与输出结果如下：

```
go run -race main.go
WARNING: DATA RACE
Read at 0x00c0000be018 by goroutine 8:
    main.main.func1()
        /main.go:11 +0x39
Previous write at 0x00c0000be018 by goroutine 7:
    main.main.func1()
        /main.go:11 +0x4b
```

可以明显看到，程序输出了警告日志，提示存在数据竞争；程序还输出了竞争详情，比如 8 号协程在某一行代码读取数据，而这个数据又被 7 号协程的某一行代码修改了。并发检测工具 race 的输出结果还是比较详细的，甚至精确到哪一行代码存在并发问题。

## 4.9 本章小结

多协程同步是每一个 Go 开发者都必须面对的问题。本章首先介绍了并发问题产生的根本原因：非原子操作与多核 CPU 架构。其次，Go 语言的多协程同步方案可以分为两个方向：一是基于管道－协程的 CSP 并发模型；二是基于锁的并发编程。管道是 Go 语言推荐的协程同步方案，一定要加强学习与理解，包括管道的各种业务场景，管道与 select 的组合使用等。本章还介绍了乐观锁与悲观锁（互斥锁）的基本用法与实现原理，以及其他一些常用的协程同步手段，包括并发散列表 sync.Map、并发控制 sync.WaitGroup、并发对象池 sync.Pool、单例 sync.Once 等，这些同步手段或多或少都是基于锁实现的。

最后，如果不确定程序是否存在并发问题，可以使用 race 工具检测，它可以发现程序中潜在的并发问题。

## Chapter 3

第 5 章

# GC 原理、调度与调优

本章首先介绍 Go 语言的内存管理方式，接下来重点讲解 Go 语言 GC 的实现原理，包括三色标记法与写屏障技术、标记过程与清理过程、GC 调度与 GC 调优。

## 5.1　内存管理

操作系统将虚拟内存分隔为虚拟页（大小为 4KB），当进程向操作系统申请内存时，操作系统通常以页为单位分配内存。即使进程申请 3KB 内存，操作系统也会分配一个 4KB 虚拟页给进程。而程序开发时申请的内存往往都比较小，甚至只有几个字节，总不能也分配一个 4KB 虚拟页吧。当然不会这么做。本节主要介绍 Go 语言内存分配器的实现原理。

### 5.1.1　如何设计动态内存分配器

Go 语言自己实现的内存分配器一次向操作系统申请一块大内存（如 64MB）。当 Go 程序申请内存时，只需要向 Go 语言内存分配器申请即可。那么该如何设计内存分配器呢？

因为内存分配与释放的时机、大小等完全是随机的，所以随着内存的分配与释放，最初的整块大内存将会被"分割"为若干个小块内存。有些小块内存处于已分配状态，有些小块内存处于空闲状态。也就是说，需要额外的内存空间来维护这些信息（内存块的大小以及状态）。如何维护这些信息呢？

第一种思路是，当程序申请内存时，多分配几个字节用于维护内存块状态以及内存块大小，如图 5-1 所示。

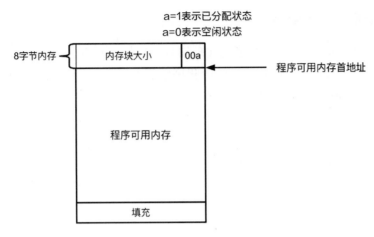

图 5-1　内存块示意图

参考图 5-1，我们额外使用了 8 字节内存来维护当前内存块的基本属性。其中 3 比特存储当前内存块状态，61 比特存储当前内存块大小。另外，为了保证每一个内存块的首地址都是 8 字节对齐，可能还会填充若干字节。也就是说，假设程序申请 16 字节内存，也会申请 8 + 16 = 24 字节的内存块，并且在 8 字节内存记录该内存块大小以及修改内存块状态。需要注意的是，向程序返回可用内存的首地址时，需要偏移 8 字节。同样，当程序释放内存时，将内存地址减去 8 字节，就可以读取到该内存块的大小，并修改内存块状态了。

第二种思路是，单独维护一份二进制位数据，使用 1 比特存储每一个 8 字节内存的分配状态，其中 1 表示内存已分配，0 表示内存空闲。内存分配情况示意图如图 5-2 所示。

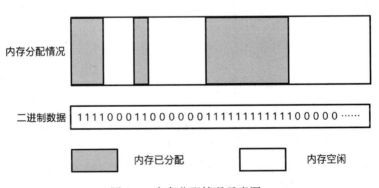

图 5-2　内存分配情况示意图

参考图 5-2，假设整块内存大小为 64MB，那么就需要额外维护 1MB（64MB÷8÷8）的内存。这样的话，查找空闲内存的逻辑将转化为查找连续若干个 0 比特位，比如申请 64 字节内存，就需要查找连续 8 个 0 比特位（对应 8×8 字节 = 64 字节内存是空闲状态）。另外，当程序释放内存时，同样需要将专用内存的对应比特位全部置零。

## 5.1.2　Go 语言内存分配器

本小节来学习 Go 语言内存分配器的实现细节。Go 语言内存分配的基本单元是 mspan，每一个 mspan 维护着若干个页内存，当 Go 程序申请内存时，底层实际上是从 mspan 中查找分配的。结构体 mspan 的定义如下所示：

```
type mspan struct {
    // 页数, Go 语言定义页大小为 8KB
    npages    uintptr
    // 用于记录内存分配状态的位
    allocBits  *gcBits
    // 表示该 mspan 负责分配的内存块大小
    elemsize   uintptr
}
```

结构体 mspan 的字段含义如下。

1）npages：表示该 mspan 管理了多少页内存，Go 语言定义的页大小为 8KB。

2）allocBits：该字段用于维护当前 mspan 所有内存的分配状态，Go 语言使用一个比特记录每一个 8 字节内存的分配状态，0 表示空闲状态，1 表示已分配状态。

3）elemsize：为了提升空闲内存的查找效率，Go 语言将 mspan 分为了多种类型，每一种类型的 mspan 仅用于分配固定大小的内存块，该字段表示当前 mspan 负责分配的内存块大小。

Go 语言总共定义了 67 种类型的 mspan，如下所示：

```
// class   bytes/obj   bytes/span   objects   tail waste   max waste   min align
//   1          8         8192        1024         0         87.50%           8
//   2         16         8192         512         0         43.75%          16
//   3         24         8192         341         8         29.24%           8
⋮    ⋮         ⋮            ⋮           ⋮         ⋮           ⋮             ⋮
//  67      32768        32768           1         0         12.50%        8192
```

参考上面的定义，每一列的含义如下。

第 1 列 class 表示类型序号。

第 2 列 bytes/obj 表示 mspan 负责分配的内存块大小，单位为字节。可以看到，mspan 可分配的内存块最大为 32768 字节（第 67 种类型）。

第 3 列 bytes/span 表示 mspan 管理的内存大小，单位为字节。注意，mspan 管理的内存是以页为单位申请的，页大小为 8KB。

第 4 列 objects 表示 mspan 最多能分割为多少个内存块。这一列是通过第三列除以第二列计算得到的（mspan 管理的内存大小除以该 mspan 负责分配的内存块大小）。以第 3 种类型的 mspan 为例，8192 / 24 = 341，也就是说该类型的 mspan 能分割为 341 个内存块。

第 5 列 tail waste 意为尾部浪费。因为第三列除以第二列可能不能整除，也就是说会有余数。以第 3 种类型的 mspan 为例，8192 / 24 = 341，余数为 8，而这 8 字节内存是无法分配的，也就是被浪费掉了。

第 6 列 max waste 表示内存最大浪费比例。思考一下，每一种类型的 mspan 仅用于分配固定大小的内存块，假设 Go 程序申请 1 字节的内存，Go 语言分配器也会选择第 1 种类型的 mspan，而该类型的 mspan 负责分配的内存块大小固定为 8 字节，即有 7 字节的内存被浪费了，浪费率比例等于 7 / 8 = 0.785 = 87.5%。

第 7 列 min align 表示该类型的 mspan 分配的内存必须满足一定的内存对齐条件，比如第 1 种类型的 mspan 分配的内存都必须 8 字节对齐。

通过上面的介绍，我们基本上也能推测到 Go 语言内存分配的主要逻辑。

1）根据程序申请的内存大小，计算应该使用哪一种类型的 mspan。

2）获取对应类型的 mspan，从比特位 allocBits 中查找满足条件的连续 0 比特位。

3）根据第 0 位的索引位置（可以计算出对应内存在 mspan 的偏移量），以及 mspan 的首地址，计算返回的内存首地址。

Go 语言申请内存的入口函数是 runtime.mallocgc，也就是该函数实现了内存分配器的主要逻辑，代码如下所示：

```
func mallocgc(size uintptr, typ *_type, needzero bool) unsafe.Pointer {
    // 根据申请的内存大小，计算 mspan 类型
    sizeclass = size_to_class8[divRoundUp(size, smallSizeDiv)]
    spc := makeSpanClass(sizeclass, noscan)
    // 获取对应类型的 mspan
    span = c.alloc[spc]

    // 查找满足条件的空闲内存
    v := nextFreeFast(span)
    x = unsafe.Pointer(v)
    return x
}
```

在上面的代码中可以看到，函数 runtime.mallocgc 的核心逻辑与我们的猜测一致。当然，这里我们只摘抄了部分核心代码，还有部分逻辑被省略了。比如，mspan 可分配的内存块最大为 32768 字节，那么当 Go 程序申请的内存大于 32768 字节时该怎么办？这时候其实是直接申请整个 mspan 返回给程序。比如，如果当前 mspan 没有满足条件的连续 0 比特位该怎么办？总不能返回申请内存失败吧？当然不会，Go 语言会申请新的 mspan，申请成功之后再从新的 mspan 查找满足条件的连续为 0 的位，并返回对应的内存首地址。

### 5.1.3　Go 语言内存管理

Go 语言内存管理还是比较复杂的，以申请内存为例，整个流程涉及多个对象，并且这些对象相互依赖，如图 5-3 所示。

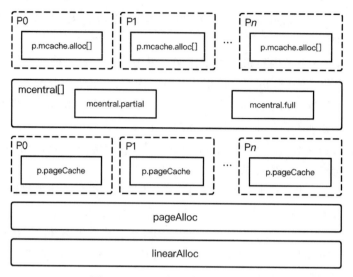

图 5-3　Go 语言内存管理示意图

参考图 5-3，虚线中的对象由逻辑处理器 P 单独维护（避免加锁），实线框中的对象由 Go 进程全局维护。可以看到，每个逻辑处理器 P 都有一个 mcache 对象，该对象缓存有可用的 mspan，这样 Go 程序申请内存时只需要从逻辑处理器 P 缓存的 mspan 查找即可，而这一操作是不需要加锁的。mcache 的定义如下所示：

```
type p struct {
    mcache        *mcache
}

type mcache struct {
    // mspan 数组，变量 numSpanClasses 等于 136
    alloc [numSpanClasses]*mspan
}
```

参考上面的定义，alloc 是一个数组，数组长度为 136，用于存储所有类型的 mspan。但在 5.1.2 小节中明明介绍的是 Go 语言总共定义了 67 种类型的 mspan，为什么这里只存储了 136 种类型的 mspan 呢？因为 Go 语言将每一种类型的 mspan 又拆分为两种，分别存储包含指针的对象以及不包含指针的对象。为什么这么做呢？其实是为了提升垃圾回收效率，因为垃圾回收需要扫描所有包含指针的内存，如果不拆分就需要扫描所有 mspan，但是拆分之后，一部分 mspan 就完全不需要扫描了。这样的话，总共应该有 67 × 2 = 134 种类型的 mspan，那还有两种类型呢？这两种类型的 mspan 用于分配大块内存（大于 32 768 字节）。同样，分别存储包含指针的对象以及不包含指针的对象。

那如果当前逻辑处理器 P 缓存的 mspan 已经没有可分配内存了，这时程序申请内存该怎么办？参考图 5-3，Go 语言会从全局的 mcentral 查找可用的 mspan。mcentral 的定义如下所示：

```
// 全局变量
var mheap_ mheap
// 结构体 mheap
type mheap struct {
    // mcentral 数组，数组长度为 136
    central [numSpanClasses]struct {
        mcentral mcentral
    }
}
// 结构体 mcentral
type mcentral struct {
    // partial 存储的 mspan 有空闲内存
    partial [2]spanSet
    // full 存储的 mspan 没有空闲内存
    full    [2]spanSet
}
```

在上面的代码中，mheap 是一个全局变量，mheap.central 是一个全局对象，用于存储 136 种类型的 mspan。需要注意的是，mcentral 存储的 mspan 根据有无空闲内存分为了两种：partial 存储的 mspan 有空闲内存，full 存储的 mspan 没有空闲内存。但是 partial/full 存储的 mspan 还有可能已经被垃圾回收过程标记完成而实际并没有清理，即清理之后可能会多出额外的空闲内存。

参考结构体 mcentral 的定义，基本上也能猜测出从全局的 mcentral 分配 mspan 的主要流程了。

1）由于多个协程可能会并发地访问全局 mcentral，所以第一步肯定是需要加锁的。

2）从 partial 查找已被清理的 mspan，如果有，返回该 mspan。

3）从 partial 查找未被清理的 mspan，如果有，则执行垃圾回收清理逻辑，清理之后返回该 mspan。

4）从 full 查找未被清理的 mspan，如果有，则执行垃圾回收清理逻辑，清理之后如果有空闲内存则返回该 mspan。

最后，从 mcentral 查找 mspan 是有次数限制的，默认查找 100 次之后如果还没有可用的 mspan，则从对象 pageCache 中申请新的 mspan。与 mcache 类似，每一个逻辑处理器 P 还有一个 pageCache 对象（页缓存），该对象缓存了 64 个空闲页，也就是说可以向该对象申请新的 mspan，并且这一操作是不需要加锁的。那如果逻辑处理器 P 的页缓存 pageCache 也没有足够的空闲页呢？那就通过页分配器 pageAlloc 分配页缓存，如果页分配器 pageAlloc 页也没有足够的内存，则最终通过线性分配器 linearAlloc 向操作申请 64MB 内存，这一整块内存也被称为 heapArena。

## 5.1.4　内存逃逸

一般函数内声明的局部变量应该存储在栈内存中，并且随着函数的调用和返回，该局部变量也会同步分配和释放。然而，Go 语言稍有不同，因为 Go 语言存在内存逃逸情况，在某些情况下，局部变量也有可能存储在堆内存中。

为什么会有内存逃逸呢？举个例子，某个函数内部声明了一个局部变量，但是该函数返回了局部变量的地址。这种语法在其他语言，比如 C 语言，是不允许的，因为函数返回后，该局部变量的地址也会被释放。但是 Go 语言允许这种语法，只是这时候 Go 语言会将该局部变量存储在堆内存中，即该局部变量逃逸到了堆内存，如下所示：

```
package main
import "fmt"
func main() {
    ret := test()
    fmt.Println(ret)
}
func test() *int {
    var num = 10
    return &num
}
```

那我们怎么知道上面的程序发生了内存逃逸呢？实际上，在编译 Go 程序时，只需要添加一些编译参数，Go 语言编译器就会输出内存逃逸情况，如下所示：

```
// -N 禁止编译优化   -l 禁止内联    -m 输出优化详情（包括逃逸分析）
// -m 可以多个，越多输出信息越多（最多 4 个）
go build -gcflags '-N  -m -m -l' main.go
// 输出结果如下
# command-line-arguments
./main.go:8:6: num escapes to heap:
./main.go:8:6:    flow: ~r0 = &num:
./main.go:8:6:        from &num (address-of) at ./main.go:9:9
./main.go:8:6:        from return &num (return) at ./main.go:9:2
./main.go:8:6: moved to heap: num
./main.go:8:13: ... argument does not escape
```

从上面的结果可以很明显地看到：输出 num escapes to heap 说明变量 num 逃逸到堆内存了。

那还有哪些情况会引起内存逃逸呢？如果将一个局部变量的地址赋值给全局散列表或者切片，该局部变量也会逃逸到堆内存。再者，如果一个局部变量需要占用大量内存，这时候存储在栈内存是不是也就不太合适了，毕竟 Go 语言协程栈默认只有 2KB。当然还有其他情况，这里就不一一赘述了。

那平时开发 Go 程序时，需要关注内存逃逸情况吗？一般来说是不需要的，只是需要清楚一点：逃逸到堆内存上的变量如果不再使用，将会被垃圾回收功能自动回收。

## 5.2　三色标记与写屏障

垃圾回收用于回收不再使用的内存（称之为垃圾），那么如何判断内存是否在使用呢？

Go 语言使用的是三色标记法完成垃圾内存的标记。三色分别为黑色（已扫描内存）、灰色（待扫描内存）、白色（未扫描，即垃圾内存）。另外，Go 语言是多协程程序，垃圾回收标记扫描的协程可能与用户协程并发执行，也就是说在标记扫描的同时用户协程还有可能修改对象之间的引用关系，这就有可能导致三色标记法发生错误，Go 语言通过写屏障技术解决了这一问题。本节主要介绍三色标记法的实现原理，以及 Go 语言是如何通过写屏障技术保证三色标记法的正确性。

## 5.2.1　三色标记

5.1 节中介绍了内存分配的基本单元是 mspan，查找空闲内存就是从比特位 allocBits 中查找满足条件的连续 0 比特位，其实除此之外还有一个比特位 gcmarkBits，用来实现内存的标记（0 代表白色，1 代表黑色），定义如下所示：

```
type mspan struct {
    gcmarkBits *gcBits
}
// 申请 mspan 时初始化
s.gcmarkBits = newMarkBits(s.nelems)
```

那灰色对象呢？一个比特位怎么表示三种颜色呢？想想如果用两个比特位表示黑灰白三种颜色的对象，那么在执行三色标记法第一步（从灰色对象集合中选择一个对象将其标为黑色）时，怎么选择灰色对象？遍历吗？其实，Go 语言维护了一个灰色对象集合，并且灰色对象的 gcmarkBits 比特位已经被设置成 1 了。

函数 runtime.greyobject 实现了对象标为灰色的逻辑，代码实现如下所示：

```
func greyobject(obj, base, off uintptr, span *mspan, gcw *gcWork, objIndex
uintptr) {
    // objIndex 为该内存块在 mspan 的索引位置
    mbits := span.markBitsForIndex(objIndex)
    // 如果已经被标记函数直接返回
    if mbits.isMarked() {  return  }
    mbits.setMarked()                // 标记
    // 将该对象加入灰色对象集合
    if !gcw.putFast(obj) {
        gcw.put(obj)
    }
}
```

在上面的代码中，输入参数 objIndex 表示当前扫描的内存块在 mspan 的索引位置，所以根据 objIndex 可以获取到对应的 gcmarkBits 比特位。如果当前内存已经被标记，则函数直接返回；否则需要将其标记为灰色（对应比特位设置为 1 并添加到灰色对象集合）。而垃圾回收的标记扫描过程实际上是一个循环，不断地从集合中获取灰色对象，并扫描、标记其引用的对象，核心代码如下所示：

```
for {
    // 获取灰色对象
    b := gcw.tryGetFast()
    if b == 0 {
        b = gcw.tryGet()
    }
    // 扫描、标记
    scanobject(b, gcw)
}
```

在上面的代码中，方法 gcw.tryGetFast、gcw.tryGet 用于从灰色对象集合中获取对象，函数 runtime.scanobject 用于扫描以及标记该对象引用的所有对象。

获取到灰色对象时，需要扫描以及标记该对象引用的所有对象，可是这时候怎么知道该灰色对象存储的是什么类型的数据呢？也就是说无法判断该灰色对象哪些字节存储的是指针。5.1.3 小节提到，Go 语言将 mspan 分为两种，分别存储包含指针的对象以及不包含指针的对象，所以只需要计算出灰色对象所属的 mspan，是不是就能判断该灰色对象是否存储指针了呢？那怎么判断哪些字节存储的是指针呢？总不能认为该灰色对象存储的都是指针吧。这就需要根据额外的信息判断了，Go 语言采用比特位维护这些信息，每一个比特表示对应 8 字节内存是否存储指针，这些信息维护在 heapArena 对象。比特位的定义参考下面的代码：

```
// 计算 bitmap 需要多少字节
heapArenaBitmapBytes = heapArenaBytes / (goarch.PtrSize * 8 / 2)
type heapArena struct {
    bitmap [heapArenaBitmapBytes]byte
}
```

理论上该比特位需要耗费内存 64MB / 64 = 1MB，可是上面的代码计算时，为什么还乘以 2 呢？其实 heapArena.bitmap 不仅记录了每一个 8 字节内存是否存储指针，还记录了后续内存是否需要继续扫描。为什么呢？假设一个对象占用了 1024 字节的内存，并且只有第一个字段是指针类型，如果只使用一个比特表示对应 8 字节内存是否存储指针，那么总共需要扫描 128 次（1024 / 8 = 128）。所以 Go 语言使用 2 比特，分别表示每一个 8 字节内存是否存储指针，以及后续字节是否需要继续扫描，这样的话针对上述情况就只需要扫描一次了。这一逻辑可以在函数 runtime.scanobject 中看到，代码如下所示：

```
func scanobject(b uintptr, gcw *gcWork) {
    // 计算当前对象对应的比特位 bitmap
    hbits := heapBitsForAddr(b)
    // 计算当前对象所属 mspan
    s := spanOfUnchecked(b)
    // 该字段表示当前对象占用内存大小
    n := s.elemsize
    // 扫描这一块内存，函数 hbits.next() 用于移动到下一对比特位
    for i = 0; i < n; i, hbits = i+goarch.PtrSize, hbits.next() {
```

```
        bits := hbits.bits()
        // 不需要继续扫描后续内存
        if bits&bitScan == 0 {
            break
        }
        // 当前 8 字节内存没有存储指针
        if bits&bitPointer == 0 {
            continue
        }
        // obj 就是引用的对象
        obj := *(*uintptr)(unsafe.Pointer(b + i))
        // 引用其他对象才需要继续扫描，引用自己不需要扫描
        if obj != 0 && obj-b >= n {
            // 查找对象，加入灰色对象集合
            if obj, span, objIndex := findObject(obj, b, i); obj != 0 {
                greyobject(obj, b, i, span, gcw, objIndex)
            }
        }
    }
}
// 该函数是申请内存的入口函数
func mallocgc(size uintptr, typ *_type, needzero bool) unsafe.Pointer {
    if !noscan {
        // 如果包含指针，需要维护比特位 bitmap
        heapBitsSetType(uintptr(x), size, dataSize, typ)
    }
}
```

在上面的代码中，第一步就是计算当前对象对应的比特位以及 mspan，接下来就是循环遍历对应比特位，判断是否需要继续扫描后续内存、当前内存是否存储的是指针、当前指针是否引用的是其他对象，最后将引用的对象添加到灰色对象集合。注意，在申请内存的时候，需要根据当前内存存储的对象类型，手动维护 heapArena.bitmap 对应的比特位。

当整个标记扫描过程结束之后，白色对象就是需要回收的对象了。那么如何快速回收所有的白色对象呢？mspan.allocBits 记录了内存空闲与否：0 表示空闲，1 表示已分配。mspan.gcmarkBits 用于标记对象的颜色：0 表示白色（需要回收的对象）；1 表示黑色对象。这两个比特位的含义是不是非常接近？所以，在标记扫描过程结束之后，理论上只需要将 mspan.gcmarkBits 赋值给 mspan.allocBit 就可以了。

最后，垃圾回收仅用于回收堆内存，所以标记扫描阶段也只会扫描堆内存，但是协程栈内存其实也是基于 mspan 申请的，那如何判断当前 mspan 管理的内存是堆内存还是栈内存呢？为此，Go 语言专门定义了一个字段（mspan.state）用于判断当前 mspan 管理的内存是堆内存还是栈内存。

## 5.2.2　写屏障

Go 语言是多协程程序，垃圾回收标记扫描的协程可能与用户协程并发执行，也就是说

在标记扫描的同时用户协程还有可能修改对象之间的引用关系，这有什么问题吗？设想有这样一个场景：对象 A 指向了对象 B，对象 B 指向了对象 C，并且垃圾回收协程已经将对象 A 标记为黑色，对象 B 标记为灰色，对象 C 还未被扫描到。用户协程与垃圾回收标记扫描的协程并发执行，即用户协程可能会修改这几个对象之间的引用关系，假设修改对象 A 指向对象 C，对象 B 指向 nil。修改之后，因为对象 A 已经是黑色了，不会再被扫描，对象 B 指向的又是 nil，所以对象 C 将无法被扫描。等到垃圾回收标记扫描过程结束之后，对象 C 还是白色（对象 A 引用了对象 C，对象 C 并不是垃圾），将会被回收，也就是说垃圾回收出现异常了。

造成这一情况的根本原因是，用户协程与垃圾回收协程并发执行，导致黑色对象指向了白色对象，而且没有其他任何灰色对象存在某条链路能够指向该白色对象。如何解决这一问题呢？总不能在垃圾回收执行标记清理过程时暂停所有的用户协程吧，毕竟标记扫描过程是比较耗时的。

在提出具体的解决方案之前，我们先明确两个概念。

1）强三色不变性：黑色对象只能指向灰色对象，灰色对象只能指向白色对象，满足强三色不变性时，垃圾回收显然不会有任何异常。

2）弱三色不变性：黑色对象可以指向白色对象，但是一定要存在某条链路，使得灰色对象可以通过该链路直接或者间接地指向该白色对象，这样经过若干次扫描，依然能扫描到该白色对象，也就是说满足弱三色不变性时，垃圾回收也不会有任何异常。

如何保证始终可以满足强三色不变性或者弱三色不变性呢？目前有两种写屏障技术：插入写屏障与删除写屏障。这两种技术都是在用户协程修改对象之间的引用关系时，额外注入了一些操作（编译器注入的代码）。下面分别举例介绍这两种写屏障技术。

第一个例子中，假设对象 A 指向对象 B，对象 B 指向对象 C，此时用户协程修改对象 A 指向对象 C，也就是黑色对象指向了白色对象，破坏了强三色不变性。此时只需要在对象 A 指向对象 C 的同时，将对象 C 标记为灰色即可，这样就能保证始终满足强三色不变性了。这种方案称为插入写屏障，伪代码如下：

```
// slot 即将指向 ptr，ptr 可能是白色对象，所以需要将 ptr 染为灰色对象
writePointer(slot, ptr):
    shade(ptr)
    *slot = ptr
```

第二个例子中，对象 A 指向对象 B，对象 B 指向对象 C。此时用户协程将对象 A 的指向修改为对象 C，即黑色对象指向了白色对象。然而，这仍然满足弱三色不变性，因为通过灰色对象 B 仍然可以扫描到对象 C。当然，如果后续要删除对象 B 与对象 C 的引用关系，需要将对象 C 标记为灰色。这种方案被称为删除写屏障，伪代码如下：

```
// slot 即将指向 ptr，也就是删除了 slot 和另一个对象的引用关系，将另一个对象染为灰色对象
writePointer(slot, ptr)
    shade(*slot)
    *slot = ptr
```

　　注意，这两种写屏障技术的伪代码非常相似，区别在于插入写屏障是将 slot 即将指向的对象标记为灰色（插入了 slot 与该对象的引用关系），而删除写屏障是将 slot 之前指向的对象标记为灰色（删除了 slot 与该对象的引用关系）。Go 语言同时使用了插入写屏障和删除写屏障，但只有在垃圾回收过程执行期间才会启用写屏障，因为写屏障会降低程序性能。

　　此外，你可能没有看到写屏障的逻辑，这是因为写屏障相关的逻辑是 Go 语言编译器在编译阶段自动注入的。下面编写一个简单的 Go 程序，然后反编译并查看汇编代码，如下所示：

```
package main
type student struct {
    score int
    name string
    next *student
}
func main() {
    var s = new(student)
    var s1 = new(student)
    var s2 = new(student)

    s.next = s1
    s1.next = s2
}
/* 将上述程序编译为汇编代码，输出结果如下：
go tool compile -S -N -l test.go
"".main STEXT
    0x0060 00096 (test.go:12)    CMPL    runtime.writeBarrier(SB), $0
    0x0067 00103 (test.go:12)    JEQ     107
    0x0069 00105 (test.go:12)    JMP     113
    0x006b 00107 (test.go:12)    MOVQ    DX, 24(CX)
    0x006f 00111 (test.go:12)    JMP     120
    0x0071 00113 (test.go:12)    CALL    runtime.gcWriteBarrierDX(SB)
*/
```

　　在上面的代码中，如果 runtime.writeBarrier 不等于 0，则跳转到 runtime.gcWriteBarrierDX 执行写屏障逻辑，而变量 runtime.writeBarrier 只有在垃圾回收标记清理阶段、标记终止阶段才会被设置为非零。

　　那写屏障主要包含什么逻辑呢？其实就是将需要标记为灰色的对象加入缓存队列，当灰度对象集合为空时，或者标记扫描过程结束时，垃圾回收会将该缓存队列的所有对象重新加入灰色对象集合，重新开始扫描。

## 5.3　标记与清理

　　Go 语言将垃圾回收整个过程分为三个阶段：未启动、标记扫描和标记终止，其中标记扫描阶段的核心逻辑就是 5.2 节中介绍的三色标记。其次，垃圾回收的某些逻辑是不能与用户协程并发执行的，所以在垃圾回收过程中还有可能需要暂停用户协程，这就是经典的 stopTheWorld。最后，垃圾回收执行期间，如果用户申请内存过快，甚至超过了标记扫描的速度，Go 语言会强制用户协程执行一些标记扫描任务。本节将对 Go 语言垃圾回收过程进行详细介绍，包括垃圾回收执行阶段、经典的 stopTheWorld、辅助标记、内存清理等。

## 5.3.1 垃圾回收执行阶段

Go 语言将垃圾回收整个过程分为三个阶段：未启动、标记扫描和标记终止，定义如下所示：

```
_GCoff                  = iota
// 垃圾回收未启动
_GCmark
// 标记扫描阶段
_GCmarktermination
// 标记终止阶段
```

参考上面的定义，各阶段含义如下。

1）_GCoff：表示垃圾回收未启动，这一阶段写屏障处于关闭状态，但这一阶段还有可能执行一些内存清理任务。

2）_GCmark：表示标记扫描阶段，这一阶段将从根对象开始，逐个扫描，标记所有对象；另外，这一阶段写屏障处于开启状态，同时这一阶段新申请的内存都将被标记为黑色。

3）_GCmarktermination：表示标记终止阶段，这一阶段写屏障处于开启状态，同时这一阶段新申请的内存都将被标记为黑色。

我们可以从垃圾回收的入口函数 runtime.gcStart 入手，学习垃圾回收的整个过程，该函数的主要逻辑如下所示：

```
func gcStart(trigger gcTrigger) {
    // 如果应该触发垃圾回收并且还有mspan 未被清理，则执行内存清理工作
    for trigger.test() && sweepone() != ^uintptr(0) {
        sweep.nbgsweep++
    }
    // 加锁 (设置垃圾回收的执行阶段需要持有锁)
    semacquire(&work.startSema)
    // 检查是否应该触发垃圾回收
    if !trigger.test() {
        semrelease(&work.startSema)
        return
    }
    // 加锁 (执行 stopTheWorld 时需要持有锁)
    semacquire(&worldsema)
    // 创建垃圾回收工作协程
    gcBgMarkStartWorkers()
    // stopTheWorld, 暂停用户协程的执行
```

```
systemstack(stopTheWorldWithSema)
// 设置垃圾回收的执行阶段
setGCPhase(_GCmark)
// 预处理需要标记的根对象
gcMarkRootPrepare()
// 设置标志位，用于判断垃圾回收过程是否处于标记扫描阶段
atomic.Store(&gcBlackenEnabled, 1)
// 恢复用户协程的执行
systemstack(func() {
    now = startTheWorldWithSema(trace.enabled)
})
// 释放锁
semrelease(&worldsema)
semrelease(&work.startSema)
}
```

在上面的代码中，函数 runtime.gcStart 的主要逻辑可以分为下面几步。

1）检查是否应该触发垃圾回收，以及上一次垃圾回收标记扫描的 mspan 是否还存在没有被清理的，如果都满足条件则清理这些 mspan。

2）函数 gcStart 也有可能被并发调用，但是某些逻辑是不能并发执行的，比如暂停所有的用户协程（stopTheWorld），这里通过锁（类似于信号量）解决了潜在的并发问题。

3）检查是否应该触发垃圾回收，如果是则继续往下执行，否则函数直接返回；Go 语言提供了三种 GC 触发方式：申请内存、定时触发以及手动触发，这些将在 5.4.1 小节进行详细介绍。

4）函数 runtime.gcBgMarkStartWorkers 用于创建垃圾回收工作协程，需要注意的是，与普通的用户协程不同，垃圾回收工作协程有它独有的调度模式，这一点将在 5.4.2 小节进行详细介绍。

5）暂停所有的用户协程，这就是所谓的 stopTheWorld，简称 STW；如何暂停所有的用户协程将在 5.3.2 小节进行详细介绍。

6）设置垃圾回收执行阶段为标记扫描阶段（_GCmark）。

7）5.2.1 小节提到，栈内存上的对象、全局对象等被称为根对象，而在执行标记扫描任务时，需要提前将这些根对象加入灰色对象集合；函数 runtime.gcMarkRootPrepare 用于执行一些根对象的初始化工作。

8）设置标志位 gcBlackenEnabled，这一标志位常被用来判断垃圾回收过程是否处于标记扫描阶段。

9）恢复所有用户协程的执行（startTheWorld），释放对应的锁。

为什么没有看到标记扫描过程的代码实现呢？思考一下，标记扫描过程肯定是非常耗时的（对象数目一般都非常多）。如果函数 runtime.gcStart 同步执行标记扫描逻辑，可能会长时间阻塞调用该函数的协程。所以，标记扫描过程是由协程异步执行的，该协程由函数 gcBgMarkStartWorkers 创建，代码如下：

```
func gcBgMarkStartWorkers() {
    // 标记扫描协程数目与逻辑处理器 P 的数目保持一致
    for gcBgMarkWorkerCount < gomaxprocs {
        go gcBgMarkWorker()
        gcBgMarkWorkerCount++
    }
}
// 该函数是异步协程的入口函数
func gcBgMarkWorker() {
    // 主循环，执行标记扫描过程
    for {
        decnwait := atomic.Xadd(&work.nwait, -1)
        systemstack(func() {
            // 标记扫描
            gcDrain(……)
        })
        incnwait := atomic.Xadd(&work.nwait, +1)
        // 如果该协程是最后一个执行完一轮标记任务，并且没有标记任务需要处理，则标记过程结束
        if incnwait == work.nproc && !gcMarkWorkAvailable(nil) {
            gcMarkDone()    // 最终调用函数 gcMarkTermination
        }
    }
}
```

在上面的代码中，Go 语言会创建多个垃圾回收工作协程，并且与逻辑处理器 P 的数目保持一致。这里需要重点关注标记扫描任务的主函数 runtime.gcDrain，该函数循环从灰色对象集合中获取灰色对象，并遍历扫描该灰色对象引用的所有对象。注意，当垃圾回收工作协程执行完成一轮的标记扫描任务时，如果检测到没有剩余的标记扫描任务需要处理，并且当前没有其他协程在执行标记扫描任务，则结束垃圾回收标记扫描阶段，进入到标记终止阶段。

最后一个问题，函数 runtime.gcBgMarkStartWorkers 只是创建了垃圾回收工作协程，该协程什么时候被调度呢，与普通的用户协程一样吗？其实是不太一样的，可以看一下 Go 语言调度函数 runtime.schedule，其实现如下所示：

```
func schedule() {
    if gp == nil && gcBlackenEnabled != 0 {
        gp = gcController.findRunnableGCWorker(_g_.m.p.ptr())
    }
}
```

在上面的代码中，如果全局标识 gcBlackenEnabled 不等于 0，则说明当前垃圾回收处于标记扫描阶段，此时 Go 语言调度器需要尝试调度垃圾回收工作协程。方法 findRunnableGCWorker 用于查找垃圾回收工作协程，需要注意的是，该方法不一定会返回具体的垃圾回收工作协程，也可能返回 nil，这与垃圾回收工作协程的调度模式有关，我们将在 5.4.2 小节详细介绍。

### 5.3.2　经典的 stopTheWorld

垃圾回收的某些初始化工作，以及标记扫描结束后的一些收尾工作等是不能与用户协程并发执行的，并且也无法通过写屏障技术解决。那怎么办呢？只能暂停所有用户协程的运行了。Go 语言将这一操作称为 stopTheWorld（暂停这个世界），也简称 STW。

如何暂停所有的用户协程 G 呢？线程 M 调度协程 G 是需要绑定逻辑处理器 P 的，那如果没有可用的逻辑处理器 P，自然也就无法调度用户协程 G 了。所以，STW 的实现原理就是，暂停所有的逻辑处理器 P，使得所有线程 M 都无法绑定逻辑处理器 P。另外，每种状态的逻辑处理器 P 的处理逻辑肯定是不一样的，如下所示。

1）空闲：说明当前逻辑处理器 P 没有被任何线程 M 绑定，这时候只需要修改其状态为暂停状态即可。

2）系统调用中：说明当前逻辑处理器 P 已经被线程 M 绑定，但是线程 M 正在执行系统调用，这时候只需要修改其状态为暂停状态即可（等到线程 M 从系统调用返回，会检测逻辑处理器 P 的状态，状态不匹配时会重新获取逻辑处理器 P，获取不到线程 M 会休眠）。

3）运行中：说明当前逻辑处理器 P 已经被线程 M 绑定，并且该线程 M 正在调度用户协程，此时需要基于抢占式调度使得正在运行的用户协程让出 CPU。

STW 的主要逻辑由函数 runtime.stopTheWorldWithSema 实现，该函数用于暂停所有的逻辑处理器 P，其实现如下所示：

```go
func stopTheWorldWithSema() {
    // 调度器锁
    lock(&sched.lock)
    // 变量 stopwait 表示有多少个逻辑处理器 P 需要暂停
    sched.stopwait = gomaxprocs
    // 标识 GC 等待运行
    atomic.Store(&sched.gcwaiting, 1)
    // 基于抢占式调度暂停运行中的逻辑处理器 P
    preemptall()
    // 暂停当前逻辑处理器 P
    _g_.m.p.ptr().status = _Pgcstop
    // 将变量 stopwait 的值减 1
    sched.stopwait--
    // 暂停系统调用中的逻辑处理器 P
    for _, p := range allp {
        s := p.status
        if s == _Psyscall && atomic.Cas(&p.status, s, _Pgcstop) {
            p.syscalltick++
            sched.stopwait--
        }
    }
    // 暂停所有空闲状态的逻辑处理器 P
    for {
        p := pidleget()
        if p == nil {
```

```
            break
        }
        p.status = _Pgcstop
        sched.stopwait--
    }

    wait := sched.stopwait > 0
    unlock(&sched.lock)
    // 如果还有逻辑处理器 P 没有被暂停, 循环阻塞等待
    if wait {
        for {
            // 阻塞等待100us
            if notetsleep(&sched.stopnote, 100*1000) {
                noteclear(&sched.stopnote)
                break
            }
            // 基于抢占式调度暂停运行中的逻辑处理器 P
            preemptall()
        }
    }
}
```

在上面的代码中, 变量 sched.stopwait 表示等待暂停的逻辑处理器 P 的数量。可以看到, 暂停当前协程对应的逻辑处理器 P、空闲状态的逻辑处理器 P 以及系统调用中的逻辑处理器 P 非常简单, 只需要修改这些逻辑处理器 P 的状态为暂停 ( _Pgcstop ) 即可。当然, 暂停运行中的逻辑处理器 P 依赖于抢占式调度, 而抢占式调度是基于信号异步通知的, 也就是说结果是不确定的, 所以最后还有可能需要等待所有运行中的逻辑处理器 P 暂停。

最后一个问题, 抢占式调度只能使正在运行的用户协程让出 CPU, 那么如何更新变量 sched.stopwait, 如何唤醒等待所有逻辑处理器 P 暂停的协程呢? 因为用户协程让出 CPU 之后会切换到调度器, 所以还需要查看一下 Go 语言调度函数 runtime.schedule 的代码:

```
func schedule() {
    // 如果垃圾回收等待运行, 则暂停线程 M
    if sched.gcwaiting != 0 {
        gcstopm()
        goto top
    }
}

func gcstopm() {
    // 将等待暂停的逻辑处理器 P 的数值减 1
    sched.stopwait--
    // 如果所有的逻辑处理器 P 都暂停了, 唤醒阻塞等待的协程
    if sched.stopwait == 0 {
        notewakeup(&sched.stopnote)
    }
    // 暂停线程 M
    stopm()
}
```

看到了吧，stopTheWorld 的实现原理还是比较简单的，只需要我们自身对 Go 语言调度器有比较深入的了解。与之相反，startTheWorld 用于恢复所有协程的运行，startTheWorld 的实现原理与 stopTheWorld 非常类似，这里不再赘述。

### 5.3.3　辅助标记

辅助标记是什么意思？谁在辅助，辅助谁呢？ 5.3.1 小节提到，Go 语言创建了多个垃圾回收工作协程来执行扫描标记任务，并且垃圾回收标记扫描过程非常耗时。这有什么问题吗？想想用户协程可能与垃圾回收工作协程并发执行，也就是说在垃圾回收工作协程执行扫描标记任务的同时，用户协程还在申请内存，并且新申请的内存都直接标记为黑色。那如果用户协程申请内存的速度非常快呢？甚至超过了标记扫描的速度。这时候可能会出现这种情况，在垃圾回收结束时，内存使用量不仅没有减少反而还增加了。

针对用户协程申请内存过快的情况，Go 语言是这样处理的：如果某些用户协程申请内存过快，则需要该用户协程帮助垃圾回收协程执行一些标记扫描任务，极端情况下甚至会暂停调度该用户协程。我们可以很容易地在申请内存的入口函数 runtime.mallocgc 中找到这段逻辑：

```
func mallocgc(size uintptr, typ *_type, needzero bool) unsafe.Pointer {
    // 只有垃圾回收启动时，才会执行辅助标记
    if gcBlackenEnabled != 0 {
        assistG = getg()
        assistG.gcAssistBytes -= int64(size)
        // 小于 0，说明该用户协程申请内存过快，需要辅助标记
        if assistG.gcAssistBytes < 0 {
            gcAssistAlloc(assistG)
        }
    }
}
```

怎样衡量用户协程申请内存过快呢？我们可以将垃圾回收执行标记扫描任务想象为工作挣钱，Go 语言维护了一个全局的现金池，垃圾回收执行标记扫描任务挣到的钱都会存到这个全局现金池。用户协程申请内存是需要花钱的，没有钱怎么办？从全局现金池获取即可。那如果全局现金池的钱也不够怎么办？这时候就需要用户协程自己去挣钱了，也就是说需要用户协程去执行一定量的标记扫描任务。

标记扫描的主函数 runtime.gcDrai 在执行完标记扫描任务时，会更新全局现金池，代码如下所示：

```
func gcDrain(gcw *gcWork, flags gcDrainFlags) {
    if gcw.heapScanWork > 0 {
        gcFlushBgCredit(gcw.heapScanWork - initScanWork)
        gcw.heapScanWork = 0
    }
}
```

```
func gcFlushBgCredit(scanWork int64) {
    // 更新全局现金池
    atomic.Xaddint64(&gcController.bgScanCredit, scanWork)
    ......
}
```

我们省略了函数 runtime.gcFlushBgCredit 的部分代码，该函数的功能其实不只是更新全局现金池，还有可能需要恢复因为申请内存过快而阻塞的协程。

接下来看一下辅助标记函数 runtime.gcAssistAlloc 的主要逻辑，如下所示：

```
func gcAssistAlloc(gp *g) {
retry:
    // assistWorkPerByte 相当于内存的单价
    assistWorkPerByte := gcController.assistWorkPerByte.Load()
    // assistBytesPerWork == 1/assistWorkPerByte
    assistBytesPerWork := gcController.assistBytesPerWork.Load()
    // gcAssistBytes 是当前用户协程申请的多余内存
    debtBytes := -gp.gcAssistBytes
    // 内存乘以单价，就是欠的债
    scanWork := int64(assistWorkPerByte * float64(debtBytes))
    // 全局现金池，先借钱
    bgScanCredit := atomic.Loadint64(&gcController.bgScanCredit)
    stolen := int64(0)
    if bgScanCredit > 0 {
        if bgScanCredit < scanWork {
            // 全局现金池不够，先还这么多债
            stolen = bgScanCredit
            // 肯定不够还所有的债
            gp.gcAssistBytes += 1 + int64(assistBytesPerWork*float64(stolen))
        } else {
            // 全局现金池足够，可以还所有的债
            stolen = scanWork
            gp.gcAssistBytes += debtBytes
        }
        // 借钱了，全局扣除
        atomic.Xaddint64(&gcController.bgScanCredit, -stolen)
        // 用户协程还剩了这些债务
        scanWork -= stolen
        // 还完了所有的债，不需要辅助标记（挣钱还债）
        if scanWork == 0 {
            return
        }
    }
    // 辅助标记（挣钱还债）
    systemstack(func() {
        gcAssistAlloc1(gp, scanWork)
    })
    // 还有欠债
    if gp.gcAssistBytes < 0 {
        // 阻塞当前用户协程
        if !gcParkAssist() {
```

```
            goto retry
        }
    }
}
```

在上面的代码中，变量 assistWorkPerByte 相当于内存的单价，变量 assistBytesPerWork 等于 1/assistWorkPerByte，变量 gp.gcAssistBytes 是用户协程申请的多余内存，所以变量 gp.gcAssistBytes 与变量 assistWorkPerByte 相乘的结果就是需要从全局现金池借的钱了。注意，全局现金池的钱可能不足以偿还用户协程欠的债，如果不够怎么办？只能先使用全局现金池的钱偿还部分债务，其余的由用户协程自己偿还（执行标记扫描任务）。当然，如果执行部分标记扫描任务之后，还是没有偿还清所有的债务，则需要阻塞当前用户协程。

函数 runtime.gcParkAssist 都做了哪些事情呢？首先修改协程状态为阻塞状态，其次将当前用户协程添加到一个全局队列 work.assistQueue 中，最后切换到 Go 语言调度器。那么什么时候解除这些协程的阻塞状态呢？当然是垃圾回收工作协程在执行标记扫描任务之后，更新全局现金池时。此时如果检测到全局队列 work.assistQueue 不为空，则帮助队列中的协程偿还债务，如果债务可以偿还完，则会解除这些协程的阻塞状态。

### 5.3.4　内存清理

首先需要声明的是内存清理是一个异步过程，并不是标记扫描结束之后就立即清理所有的 mspan。那么什么时候清理呢？申请内存的时候，从全局 mcentral 获取 mspan 时有可能需要清理部分 mspan，垃圾回收启动的时候，也有可能需要处理未清理的 mspan。

在介绍内存清理之前，我们先思考一个问题，怎么标记一个 mspan 是否被清理了呢？每一个 mspan 维护一个字段表示是否被清理吗？如果是这样，每次垃圾回收启动时，是不是还需要更新该字段为未清理状态。这有点麻烦。Go 语言确实为 mspan 维护了一个字段 sweepgen，不过并没有直接用该字段判断当前 mspan 是否被清理，而是通过与全局的 mheap_.sweepgen 比较，以此判断当前 mspan 是否被清理，判断方式如下所示：

```
// 下面是 Go 源码中关于 sweepgen 的注释说明
// 当前 msapn 需要清理
// if sweepgen == h->sweepgen - 2, the span needs sweeping
// 当前 mspan 正在被清理
// if sweepgen == h->sweepgen - 1, the span is currently being swept
// 当前 mspan 已经被清理，可以使用
// if sweepgen == h->sweepgen, the span is swept and ready to use
// 当前 mspan 需要清理
// if sweepgen == h->sweepgen + 1, the span was cached before sweep began and is
//      still cached, and needs sweeping
// 当前 mspan 已经被清理
// if sweepgen == h->sweepgen + 3, the span was swept and then cached and is
//      still cached
// 每执行一轮垃圾回收都会将全局变量 h->sweepgen 增加 2
// h->sweepgen is incremented by 2 after every GC
```

单词 sweep 就是清理的意思，gen 是代的英文单词（generation）的缩写。参考上面的注释，垃圾回收每启动一次，全局变量 mheap_.sweepgen 增加 2。为什么要通过这么复杂的方式判断当前 mspan 是否被清理呢？举一个例子你就明白了，假设初始 mheap_.sweepgen 等于 $X$，mspan.sweepgen 也等于 $X$，根据上面描述，该 mspan 已经被清理；新一轮垃圾回收启动之后，mheap_.sweepgen 等于 $X + 2$，满足第一个条件，说明该 mspan 需要被清理，等到清理该 mspan 时 Go 语言会将 mspan.sweepgen 赋值为 $X + 2$，相当于又进入了初始状态。

通过这样的设计，每次垃圾回收启动时就不需要更新 mspan 的清理状态了，只需要更新全局的 mheap_.sweepgen 即可。

注意，清理 mspan 的工作是有可能并发执行的，所以清理 mspan 也是需要加锁的（乐观锁），代码如下所示：

```
func (l *sweepLocker) tryAcquire(s *mspan) (sweepLocked, bool) {
    // 状态不是未清理，返回
    if atomic.Load(&s.sweepgen) != l.sweepGen-2 {
        return sweepLocked{}, false
    }
    // 设置状态为清理中
    if !atomic.Cas(&s.sweepgen, l.sweepGen-2, l.sweepGen-1) {
        return sweepLocked{}, false
    }
    return sweepLocked{s}, true
}

// 如果获取到 mspan，则执行清理逻辑
if s, ok := sl.tryAcquire(s); ok {
    // 清理当前 mspan 并更新 s.sweepgen
    if s.sweep(false)
}
```

在上面的代码中，方法 sl.tryAcquire 用于查找待清理的 mspan，方法 s.sweep 用于清理该 mspan。

## 5.4　GC 调度与 GC 调优

本节主要介绍垃圾回收的触发时机以及垃圾回收工作协程的几种调度模式。只有了解这些，才能知道如何进行垃圾回收调优。最后，本节还分析了缓存框架 bigcache 是如何进行垃圾回收调优的。

### 5.4.1　GC 触发时机

思考一下，什么时候触发垃圾回收合适呢？当内存使用量增长到一定程度时，肯定需要触发垃圾回收，不能任由内存使用量无限制地增长。同时，Go 语言也提供了手动触发的

方式，开发者可以通过函数 runtime.GC 手动触发垃圾回收，但需要注意的是，该函数会阻塞用户协程，直到垃圾回收整个过程全部结束。另外，Go 语言的辅助线程也会定时检测，如果超过 2 分钟没有执行垃圾回收，则触发垃圾回收。这 3 种触发方式定义如下所示：

```
// 该类型表示内存使用量增长到一定程度时触发垃圾回收
gcTriggerHeap gcTriggerKind = iota
// 该类型表示定时触发垃圾回收
gcTriggerTime
// 该类型可用于强制触发垃圾回收
gcTriggerCycle
```

5.3.1 小节提到，垃圾回收的入口函数是 runtime.gcStart。该函数第一步执行的逻辑就是判断是否应该触发垃圾回收，判断方式如下所示：

```
// 返回 true 时，说明需要触发垃圾回收
func (t gcTrigger) test() bool {
    switch t.kind {
    case gcTriggerHeap:
        // 判断内存使用量是否达到触发阈值
        return gcController.heapLive >= gcController.trigger
    case gcTriggerTime:
        // 当环境变量 GOGC=off 时，始终返回 false
        if gcController.gcPercent.Load() < 0 {
            return false
        }
        lastgc := int64(atomic.Load64(&memstats.last_gc_nanotime))
        // 变量 forcegcperiod 表示垃圾回收触发周期，默认值为 2 分钟
        // 如果超过 2 分钟没有执行垃圾回收，返回 true
        return lastgc != 0 && t.now-lastgc > forcegcperiod
    case gcTriggerCycle:
        // 该类型可用于强制触发垃圾回收
        return int32(t.n-work.cycles) > 0
    }
    return true
}
```

在上面的代码中，针对 3 种不同的垃圾回收触发方式，方法 gcTrigger.test 分别实现了 3 种判断逻辑。其中，变量 gcController.heapLive 表示当前内存使用量，变量 gcController.trigger 表示触发垃圾回收的内存阈值。另外需要注意的是，我们可以通过设置环境变 GOGC=of 关闭定时触发垃圾回收。

总结一下，垃圾回收总共有 3 种触发方式：定时触发垃圾回收、手动触发垃圾回收与申请内存触发垃圾回收（只有申请内存才有可能导致内存使用量增加，才有可能需要触发垃圾回收）。定时触发与手动触发的逻辑比较简单，这里就不进行过多介绍了。

Go 语言申请内存的入口函数是 runtime.mallocgc，所以理论上只需要在该函数内判断内存使用量是否达到触发垃圾回收的阈值即可，代码如下所示：

```
func mallocgc(size uintptr, typ *_type, needzero bool) unsafe.Pointer {
    // 申请的内存小于 32768 字节
    if size <= maxSmallSize {
        v := nextFreeFast(span)
        if v == 0 {
            // 申请新的 mspan 时才需要检测是否应该触发垃圾回收
            v, span, shouldhelpgc = c.nextFree(spc)
        }
    } else {    // 申请的内存大于 32768 字节，需要检测是否应该触发垃圾回收
        shouldhelpgc = true
    }
    // 检测是否需要触发垃圾回收
    if shouldhelpgc {
        if t := (gcTrigger{kind: gcTriggerHeap}); t.test() {
            gcStart(t)
        }
    }
}
```

在上面的代码中，当 Go 程序申请的内存大于 32768 字节时，需要检测内存使用量是否达到触发垃圾回收的阈值。另外，当逻辑处理器 P 缓存的 mspan 没有空闲内存时，会调用方法 c.nextFree 从全局的 mcentral 中查找可用的 mspan，这时候也需要检测内存使用量是否达到触发垃圾回收的阈值。

最后再思考两个问题：如何统计堆内存使用量呢？以及如何计算下一次的垃圾回收触发阈值呢？

我们先回答第一个问题。统计堆内存使用量的时机是不是应该与检测内存使用量的时机保持一致？也就是说，当 Go 程序申请的内存大于 32 768 字节，Go 语言内存分配器直接申请整个 mspan 时，需要更新堆内存使用量；当逻辑处理器 P 缓存的 mspan 没有空闲内存，Go 语言内存分配器从全局的 mcentral 中查找可用的 mspan 时，也需要更新堆内存使用量。参考下面的代码：

```
// mcache 缓存的 mspan 无空闲内存，方法 refill 用于从全局的 mcentral 查找可用的 mspan
func (c *mcache) refill(spc spanClass) {
    // usedBytes 表示该 mspan 已经被使用内存的字节数
    usedBytes := uintptr(s.allocCount) * s.elemsize
    // mspan 总内存减去 usedBytes 就是本次申请到的内存
    gcController.update(int64(s.npages*pageSize)-int64(usedBytes), int64(c.scanAlloc))
}
// 申请内存大于 32768 字节时，方法 allocLarge 用于申请整个 mspan
func (c *mcache) allocLarge(size uintptr, noscan bool) *mspan {
    gcController.update(int64(s.npages*pageSize), 0)
}
// 更新全局的内存使用量
func (c *gcControllerState) update(dHeapLive, dHeapScan int64) {
    if dHeapLive != 0 {
        atomic.Xadd64(&gcController.heapLive, dHeapLive)
    }
}
```

在上面的代码中，当逻辑处理器 P 缓存的 mspan 没有空闲内存时，最终会通过方法 refill 从全局的 mcentral 中查找可用的 mspan，此时会同步更新全局内存使用量 gcController. heapLive。需要注意的是，从全局的 mcentral 中获取到的 mspan 只有部分空闲内存，还有部分内存可能已经被分配了，更新全局内存使用量时需要减去已分配内存的数量。另外，当 Go 程序申请的内存大于 32 768 字节时，会调用方法 allocLarge 申请整个 mspan，此时也会同步更新全局内存使用量 gcController.heapLive。

第二个问题是如何计算下一次的垃圾回收触发阈值。每一次垃圾回收结束后，都需要更新下一次触发垃圾回收的内存阈值，该阈值与上一次垃圾回收标记的堆内存数以及触发比例有关。触发比例是多少呢？与环境变量 GOGC 有关。触发阈值的计算过程如下所示：

```
func (c *gcControllerState) commit() {
    // 变量 gcPercent 的值来源于环境变量 GOGC
    // 变量 goal 表示下一次触发垃圾回收的内存使用量目标值
    goal := ^uint64(0)
    if gcPercent := c.gcPercent.Load(); gcPercent >= 0 {
        // 变量 c.heapMarked 表示上一次垃圾回收标记的堆内存数量
        goal = c.heapMarked + (c.heapMarked+atomic.Load64(&c.stackScan)+atomic.
            Load64(&c.globalsScan))*uint64(gcPercent)/100
    }
    // 变量 trigger 表示触发阈值，由变量 goal 计算得到
    c.trigger = trigger
}
```

注意，垃圾回收触发阈值 trigger 并不完全等于 goal，而是根据变量 goal 计算得到的。为什么呢？因为用户协程会与垃圾回收过程并发执行，而用户协程还会持续申请内存，所以垃圾回收触发阈值 trigger 应该小于 goal。最后，垃圾回收触发阈值 trigger 的准确计算方法涉及调步算法，关于调步算法本小节不做过多介绍。

## 5.4.2　GC 协程调度模式

5.3.1 小节提到，垃圾回收工作协程与逻辑处理器 P 的数目保持一致，这些协程什么时候被调度呢？这些协程调度之后会一直运行直到标记扫描任务完成吗？另外，垃圾回收工作协程是需要耗费 CPU 资源的，Go 语言是如何保证垃圾回收工作协程耗费合适的 CPU 时间呢？不能太少，否则标记扫描任务执行太慢，也不能太多，否则会影响用户协程的执行。这就涉及垃圾回收工作协程的调度模式了，Go 语言定义了 3 种调度模式：

```
gcMarkWorkerDedicatedMode                   // 专注模式
gcMarkWorkerFractionalMode                  // 部分模式
gcMarkWorkerIdleMode                        // 空闲模式
```

在上面的代码中，gcMarkWorkerDedicatedMode 表示专注模式，含义是当前逻辑处理器 P 绑定的线程 M 只能调度垃圾回收工作协程，不能调度其他用户协程，并且垃圾回收工作协程不能被抢占；gcMarkWorkerFractionalMode 表示部分模式，含义是当前逻辑处理器 P

绑定的线程 M 只能耗费部分 CPU 时间来调度垃圾回收工作协程；gcMarkWorkerIdleMode
表示空闲模式，含义是只有当逻辑处理器 P 空闲时，才能调度垃圾回收工作协程。

首先需要明确的是，Go 语言限制了垃圾回收工作协程只能够耗费 25% 的 CPU 时间。
也就是说，假设 Go 程序创建了 8 个逻辑处理器 P，那么当 2 个逻辑处理器 P 处于专注模式
来调度垃圾回收工作协程时，垃圾回收工作协程耗费的总 CPU 时间刚好占了全部 CPU 时
间的 25%。那如果逻辑处理器 P 的数目不能被 4 整除怎么办？这时候肯定会有部分逻辑处
理器 P 采用部分模式调度垃圾回收工作协程。

Go 语言会在垃圾回收启动之前，提前计算好各调度模式需要的垃圾回收工作协程数
目。当 Go 语言调度器调度垃圾回收工作协程时，会根据各调度模式需要的垃圾回收工
作协程数目，计算当前垃圾回收工作协程应该采用哪种调度模型。该逻辑由函数 runtime.
findRunnableGCWorker 实现，代码如下所示：

```
func (c *gcControllerState) findRunnableGCWorker(_p_ *p) *g {
    // 匿名函数 decIfPositive 用于判断输入参数是否是正数，并将该参数的值减 1
    // c.dedicatedMarkWorkersNeeded 表示处于专注模式的垃圾回收工作协程数目
    // c.fractionalUtilizationGoal 表示处于部分模式的垃圾回收协程可耗费的 CPU 使用率

    // 从协程池获取垃圾回收工作协程
    node := (*gcBgMarkWorkerNode)(gcBgMarkWorkerPool.pop())
    // c.fractionalUtilizationGoal 表示处于部分模式的垃圾回收协程可以占用的 CPU 资源
    if decIfPositive(&c.dedicatedMarkWorkersNeeded) {
        _p_.gcMarkWorkerMode = gcMarkWorkerDedicatedMode
    }else if c.fractionalUtilizationGoal == 0 {
        // 将该垃圾回收工作协程放回协程池
        gcBgMarkWorkerPool.push(&node.node)
        return nil
    } else {
        // 变量 c.markStartTime 表示开始执行标记扫描任务的时间点
        delta := nanotime() - c.markStartTime
        // 变量 _p_.gcFractionalMarkTime 表示当前垃圾回收协程执行标记扫描任务的总时间
        // 判断当前垃圾回收协程耗费的 CPU 时间是否超过阈值
        if delta > 0 && float64(_p_.gcFractionalMarkTime)/float64(delta) > c.fractional-
            UtilizationGoal {
            // 将该垃圾回收工作协程放回协程池
            gcBgMarkWorkerPool.push(&node.node)
            return nil
        }
        _p_.gcMarkWorkerMode = gcMarkWorkerFractionalMode
    }
    ......
}
```

在上面的代码中，函数 findRunnableGCWorker 用于获取垃圾回收工作协程。首先，如
果变量 c.dedicatedMarkWorkersNeeded 大于 0，则将当前垃圾回收工作协程的调度模式设置
为专注模式。其次，如果变量 c.fractionalUtilizationGoal 大于 0，则将当前垃圾回收工作协
程的调度模式设置为部分模式，注意这时候还需要判断处于部分模式的垃圾回收工作协程

耗费的 CPU 时间是否超过阈值，如果超过，则返回 nil。

　　为什么没有看到空闲模式的情况呢？想想这种模式的含义是什么：只有当逻辑处理器 P 空闲时，才会调度垃圾回收工作协程。所以准确的逻辑应该是，Go 语言调度器在获取可运行用户协程时，发现没有可运行协程并且此时正在执行垃圾回收，则按照空闲模式来调度垃圾回收工作协程（具体的逻辑可以参考函数 runtime.findrunnable）。

　　另外，从上面的代码可以看到，调度模式设置在逻辑处理器 P 的 gcMarkWorkerMode 字段中，当垃圾回收工作协程运行时，会根据该调度模式以不同的方式执行标记扫描任务。这一逻辑可以在垃圾回收工作协程主函数 runtime.gcBgMarkWorker 中看到。

　　以部分模式（gcMarkWorkerFractionalMode）为例，如何保证标记扫描任务耗费一定的 CPU 使用率呢？执行标记扫描任务的主函数是 runtime.gcDrain，该函数循环从灰色对象集合中获取灰色对象，并遍历扫描该灰色对象引用的所有对象。也就是说，该函数的主体是一个循环。那就好办了，每一轮循环结束时，判断一下标记扫描任务耗费的 CPU 使用率即可。这一逻辑的实现代码如下所示：

```
func gcDrain(gcw *gcWork, flags gcDrainFlags) {
    // 校验标记扫描任务耗费的 CPU 使用率
    check = pollFractionalWorkerExit
    // 主循环
    for !(gp.preempt && (preemptible || atomic.Load(&sched.gcwaiting) != 0)) {
        // 标记扫描
        // 执行校验逻辑
        if check != nil && check() {
            break
        }
    }
}
// 校验部分模式的垃圾回收协程耗费的 CPU 使用率
func pollFractionalWorkerExit() bool {
    // 变量 gcController.markStartTime 表示本次垃圾回收开始标记扫描的时间
    delta := now - gcController.markStartTime
    // 变量 p.gcFractionalMarkTime 表示处于部分模式的垃圾回收协程耗费的 CPU 总时间
    // 变量 p.gcMarkWorkerStartTime 表示当前垃圾回收协程的开始执行的时间
    selfTime := p.gcFractionalMarkTime + (now - p.gcMarkWorkerStartTime)
    // 校验 CPU 使用率是否大于 gcController.fractionalUtilizationGoal
    return float64(selfTime)/float64(delta) > 1.2*gcController.fractionalUtilizationGoal
}
```

　　在上面的代码中，函数 pollFractionalWorkerExit 用于校验当前垃圾回收协程执行标记扫描任务耗费的 CPU 使用率。函数 gcDrain 的主体就是一个循环，并且每轮循环结束后，会执 check 函数（pollFractionalWorkerExit）来校验是否应该结束本次标记扫描任务。

### 5.4.3　缓存框架 bigcache 中的 GC 调优

　　如何进行垃圾回收调优相关工作呢？除了 Uber 技术团队半自动化 GC 调优方案，还有其他方案吗?

参考 5.2.1 小节中介绍的三色标记法的实现流程,是不是对象数目越多,垃圾回收标记扫描过程就越耗时?另一方面,只要对象包含指针字段,也需要继续扫描该对象指向的所有对象,即指针字段越多,垃圾回收标记扫描过程就越耗时。

所以垃圾回收调优可以从两个方面入手。

1)减少对象数目,比如可以使用对象池(sync.Pool)实现对象的复用,以此减少频繁地创建新的对象。

2)减少指针字段的数目,比如通过本地缓存框架 bigcache。

下面详细介绍缓存框架 bigcache 是如何实现垃圾回收调优的。

bigcache 是一款常用的本地缓存框架,用于缓存键 - 值对(存储在内存),并且键 - 值对的新增、查询时间复杂度都是 $O(1)$,即 bigcache 底层大概率是基于散列表实现的。那么缓存框架 bigcache 是如何减少指针数目的呢?毕竟需要存储大量的键 - 值对,并且基于散列表实现的话,怎么可能不使用指针呢?这是因为 bigcache 在使用散列表存储键 - 值对时,散列表的键以及值采用的都是整数类型,那真正的键 - 值对数据存储在哪呢?真正的键 - 值对数据其实存储在字节切片中。参考下面的代码定义:

```go
type cacheShard struct {
    // 键 - 值对都是整数
    hashmap      map[uint64]uint32
    // 字节切片,用于存储真正的键 - 值对数据
    entries      queue.BytesQueue
    // 读写需要加锁
    lock         sync.RWMutex
}
```

在上面的代码中,散列表 hashmap 的键以及值采用的都是整数类型,字节切片 entries 用于存储真正的键 - 值对数据。下面简单看一下 bigcache 框架的数据存储逻辑:

```go
func (c *BigCache) Set(key string, entry []byte) error {
    // 计算散列值,注意变量 hashedKey 是整数类型
    hashedKey := c.hash.Sum64(key)
    return shard.set(key, hashedKey, entry)
}
func (s *cacheShard) set(key string, hashedKey uint64, entry []byte) error {
    // 加锁
    s.lock.Lock()
    // 将键 - 值对数据包装为字节切片
    w := wrapEntry(currentTimestamp, hashedKey, key, entry, &s.entryBuffer)
    for {
        // 将字节切片 w 追加到字节切片 s.entries
        if index, err := s.entries.Push(w); err == nil {
            // 更新散列表,键存储的是散列值,值存储的是键 - 值对数据在字节切片的索引
            s.hashmap[hashedKey] = uint32(index)
            s.lock.Unlock()
```

```
            return nil
        }
    }
}
```

在上面的代码中，bigcache 将需要存储的键 – 值对数据包装成了字节切片，并追加到字节切片 s.entries 中，散列表 s.hashmap 的键存储的是一个整数散列值，值存储的是当前键 – 值对数据在字节切片 s.entries 的索引。

由代码可知，缓存框架 bigcache 存储键 – 值对数据是不需要任何指针变量的，所以垃圾回收在执行标记扫描任务时，不需要逐个扫描散列表的所有元素，也不需要逐个扫描缓存的所有键 – 值对数据。也就是说，即使缓存框架 bigcache 存储了大量键 – 值对数据，垃圾回收也不需要额外耗费更多的 CPU 时间。因此，缓存框架 bigcache 也被称为零 GC（Zero GC）框架。

## 5.5　本章小结

本章主要介绍 Go 语言垃圾回收的实现原理。

首先，本章介绍了 Go 语言的内存管理方案。Go 语言的内存分配器一次向操作系统申请一块 64MB 的内存，当 Go 程序需要内存时，只需向 Go 语言的内存分配器申请。需要重点理解的是 Go 语言内存分配的基本单元 mspan，以及 mspan 是如何维护内存空闲状态的。

其次，本章介绍了 Go 语言垃圾回收的基本思想：三色标记法。垃圾回收需要扫描所有的对象，并完成颜色标记。此外，由于用户协程可能与垃圾回收工作协程并发执行，用户协程修改对象的引用关系可能会导致三色标记法异常，因此 Go 语言引入了写屏障技术。

最后，本章从整体上详细讲解了 Go 语言垃圾回收的实现原理，包括垃圾回收的执行阶段、经典的 stopTheWorld、辅助标记、内存清理、垃圾回收触发时机、垃圾回收协程调度模式，以及垃圾回收的调优等。这些是垃圾回收的基础知识，读者一定要重点学习和理解。

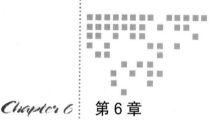

Chapter 6 第 6 章

# 手把手教你搭建 Go 项目

从本章开始，我们进入 Go 语言项目实战环节。本章将以经典的商城项目为例，逐步带你搭建一个完整的 Go 项目。通过本章的学习，你将掌握以下技能：从 0 到 1 搭建一个基本的 Go 项目，Web 框架 Gin 的原理以及使用技巧，日志框架 Zap 与全链路追踪，数据库访问框架 Gorm，HTTP 客户端框架 go-resty，单元测试等。

## 6.1 Go 项目架构设计

Go 语言项目实战的第一步当然是搭建项目了。首先需要确定的是我们的商城项目采用经典的分层架构，代码布局参考了目前比较通用的标准布局（非官方）。基于这些前提，本节将带领大家从 0 到 1 搭建一个完整的 Go 项目。当然，在项目搭建的过程中，还使用了一些第三方框架、如命令管理框架 cobra、配置管理框架 Viper 等。

### 6.1.1 分层架构

分层架构是一种常见的架构模式，也叫 N 层架构，通常 N 至少是两层。需要注意，参考分层架构进行系统设计时，根据不同的划分维度和对象，其实可以得到多种不同的分层架构方案。当前我们划分的对象是商城系统，划分的维度是职责，整个商城系统可以划分为三层（参考经典的三层架构）。

1）表示层：用户与表示层直接交互，该层接收用户的输入数据并返回（或者显示）系统的响应数据。

2）业务逻辑层：对接收的用户输入数据进行逻辑处理，该层是表示层与数据访问层的桥梁。

3）数据访问层：也可以称之为持久层，主要实现对数据的增、删、改、查等基本操作。数据可以存储在数据库、文件中。

> 注意　表示层只能访问（调用）业务逻辑层，业务逻辑层只能访问（调用）数据访问层，不能跨层访问。分层架构有优势也有劣势：优势就是两两依赖，降低了系统的复杂度；劣势就是增加了冗余，因为不管业务多么简单，每层都必须参与处理，极端情况下可能每层只是写一个简单的包装函数。

其实在项目开发过程中，通常还有一个实体层，该层更像是一个虚拟层，贯穿了表示层、业务逻辑层与数据访问层，用于在三层之间传递数据。基于这些理论，可以画出三层架构的示意图如图 6-1 所示。

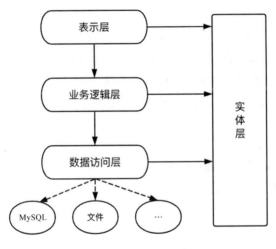

图 6-1　三层架构示意图

了解了三层架构模式的基本概念后，那么在进行 Go 项目开发时，我们应该如何使用这一架构模式呢？可以参考下面的示例程序：

```go
// 请求参数
type UserLoginReq struct {
    Account string `json:"account"`
    Pwd     string `json:"pwd"`
}
// 返回数据
type UserLoginResp struct {
}
// 用户实体
type UserEntity struct {
}
// 表示层
func UserController(req UserLoginReq) {
    // 1.参数校验
```

```
    // 2.业务逻辑处理
    _ = UserService (req)
    // 3.返回处理结果
}
// 业务逻辑层
func UserService(req UserLoginReq) (resp UserLoginResp) {
    // 1.根据账号等信息查询用户表
    _ = UserDao(req.Account, req.Pwd)
    // 2.其他处理操作
    return
}
// 数据访问层
func UserDao(account, pwd string) (user UserEntity) {
    // 根据账号、密码从 MySQL 查询用户信息
    return
}
```

我们通常用 XXXController 代表某一个子功能的表示层，XXXService 代表某一个子功能的业务逻辑层，XXXDao 代表某一个子功能的数据访问层。上面的伪代码实现了用户登录功能。UserController 的主要逻辑是校验输入参数，调用 UserService，返回业务逻辑层的处理结果；UserService 的主要逻辑是根据账号、密码调用 UserDao 查询用户信息，并执行一些处理逻辑，如生成密钥、记录用户登录时间等，并将登录结果返回给 UserController；UserDao 的主要逻辑是从 MySQL 数据表查询用户信息。另外，用户实体 UserEntity 实现了业务逻辑层与数据访问层之间的数据传递。

这就是三层架构的编程模板了，还是比较简单的。后续在开发商城项目时，我们基本会遵循这一原则。

## 6.1.2 代码布局

其实 Go 语言官方并没有给出 Go 项目代码布局的标准，我们也是参考了 GitHub 上的一个项目（golang-standards/project-layout），该项目定义了一些 Go 项目代码布局的标准，目前也有不少 Go 项目遵循这一标准。该标准定义的代码布局如下。

1）/cmd：本项目的程序入口。一个项目可能包含多个可执行程序，所以 cmd 目录下可能又包含多个子目录，每一个子目录的名称应该与可执行程序名称相同，如 /cmd/mall。注意，这个目录不宜包含太多代码。

2）/internal：私有代码。如果不希望其他人在项目中导入你的某些代码，可以将这些代码放到这一目录。注意，这是 Go 语言编译器强制执行的。

3）/pkg：其他项目可以导入的代码。如果你的某些代码其他项目也需要使用，可以考虑将这些代码放到这一目录。

4）/vendor：本项目的所有依赖项。命令 go mod vendor 将自动创建 /vendor 目录，并将所有的依赖项放到这一目录。注意，如果你不想将依赖项提交到 git 仓库，可以通过

在 .gitignore 文件添加 /vendor 目录实现。

5）/api：OpenAPI/Swagger 规范，协议定义文件等。

6）/configs：配置文件模板或默认配置文件。

7）/test：放置一些测试程序或测试数据。

8）/docs：项目设计文档，使用文档等。

参考上述目录定义以及三层架构方案，最终确定商城项目的代码布局如下：

```
/api
    /controller      # 表示层代码
    /middleware      # 中间件（拦截器）
    /router          # 服务路由
/bin                 # 存放编译后的可执行文件
/cmd                 # 商城项目程序入口
/configs
/docs
/internal
    /constant        # 定义一些常量
    /dao             # 数据访问层代码
    /entity          # 定义一些业务实体
    /service         # 业务逻辑层代码
/logs                # 日志文件存放目录
/test
go.mod               # 基于 go mod 工具管理依赖，定义项目依赖
Makefile
```

上面的目录结构与前面介绍的代码布局标准基本保持一致，这里就不再一一解释了。当然，这个也不是最终版的目录结构，后续随着项目的逐步完善，可能还会新增一些子目录。

另外，因为我们使用 go mod 工具管理项目依赖，所以项目目录存在一个 go.mod 文件中，项目中引用的任何第三方依赖只需要在 go.mod 文件中引入即可。注意，该文件其实不需要手动创建，在使用 go mod 初始化项目的时候会自动创建该文件，如下所示：

```
$ go mod init mall
// go.mod 文件内容
module mall
go 1.18
```

最后，编写一个简单的 Makefile 文件，以便使用 make 命令编译项目，Makefile 文件定义如下：

```
DEFAULT := ./cmd
OUTPUT := ./bin/mall
default: build
# -N -l 是编译标识，用于禁止编译优化
build:
    go build  -gcflags "-N -l"  -o $(OUTPUT) $(DEFAULT)
```

### 6.1.3 命令管理 cobra

通常可执行程序都会包含多个子命令。以 git 为例，我们可以通过 git –help 查看其常用的子命令列表，如下所示：

```
$ git –help
add          Add file contents to the index
commit       Record changes to the repository
......
```

商城项目可能也会包含多个子命令，比如子命令 web 用于启动 Web 服务，子命令 script 用于执行某个脚本（通常用脚本执行一些定时任务、批处理任务等）。Go 项目如何支持多个子命令呢？一方面，我们可以在 cmd 目录下创建多个子目录，并且每一个子目录都包含 main.go 文件（包名需要改为 main）。这样最终每一个子目录都将被编译成一个可执行程序，也就是将每一个子命令拆分为独立的可执行程序。还有其他办法吗？其实我们也可以使用现有的第三方框架 cobra，该框架可以帮助我们管理众多子命令。使用 cobra 之前首先需要在 go.mod 文件中引入 cobra，如下：

```
require (
    github.com/spf13/cobra v1.7.0
)
```

接下来在 cmd 目录下创建 main.go 文件，代码如下所示：

```
package main
import (
    "mall/cmd/mall"
)
func main() {
    mall.Execute()
}
```

可以看到，main 函数没有什么其他逻辑，只是调用了函数 mall.Execute，这是我们自定义的函数。接下来创建根命令，代码如下所示：

```
// 文件: cmd/mall/root.go
package mall
import (
    "fmt"
    "github.com/spf13/cobra"
    "os"
)
var rootCmd = &cobra.Command{
    Use:   "mall",
    Short: "CLI",
    Long:  `CLI for interacting with mall`,
}
func Execute() {
```

```
        if err := rootCmd.Execute(); err != nil {
            fmt.Println(err)
            os.Exit(1)
        }
    }
```

在上面的代码中，cobra.Command 结构体表示可执行命令，rootCmd 是我们定义的根命令，函数 Execute 除了执行根命令之外，没有其他任何逻辑。这时候你编译项目可能会遇到下面的问题：

```
$ make
cmd/mall/root.go:5:2: missing go.sum entry for module providing package github.
    com/spf13/cobra (imported by mall/cmd/mall)
```

这时候只需要使用 go mod tidy 命令整理依赖即可，该命令会删除不需要的依赖包，下载需要的依赖包，并更新 go.sum 文件。编译成功后，执行 bin/mall 命令，结果如下所示：

```
$ bin/mall
CLI for interacting with mall
```

可以看到，bin/mall 命令只是简单地输出了一行语句。为什么呢？因为根命令没有定义执行函数。接下来可以新增一个子命令，用于启动 Web 服务，代码如下所示：

```
// 文件: cmd/mall/web.go
package mall
import (
    "fmt"
    "github.com/spf13/cobra"
    "net/http"
)
var webCmd = &cobra.Command{
    Use: "web",
    Run: startWebServer,
}
func init() {
    rootCmd.AddCommand(webCmd)
}
func startWebServer(cmd *cobra.Command, args []string) {
    fmt.Println("start web server ...")
    server := &http.Server{
        Addr: "0.0.0.0:8080",
    }
    http.HandleFunc("/ping", func(w http.ResponseWriter, r *http.Request) {
        _, _ = w.Write([]byte(r.URL.Path + " > ping response"))
    })
    err := server.ListenAndServe()
    if err != nil {
        fmt.Println(err)
    }
}
```

在上面的代码中，webCmd 就是我们定义的子命令，执行函数是 startWebServer，即该函数创建并启动了 HTTP 服务。注意，web.go 文件还声明了 init 函数，这是一个特殊的函数。在执行 main 函数之前，该函数会自动执行，并且只执行一次，因此使用 init 函数将 web 子命令添加到根命令。编译并运行项目，输出结果如下所示：

```
$ make
$ bin/mall web
start web server ……
```

输出结果表明 Web 服务已经启动。通过 curl 命令手动发起 HTTP 请求，结果如下所示：

```
$ curl http://127.0.0.1:8080/ping
/ping > ping response
```

最后，cobra 还有更丰富的功能，比如支持全局、局部等多种类型的命令行参数（命令行参数通常用来动态设置某些参数，比如可以通过 --port 9090 动态设置 Web 服务监听端口号为 9090），命令输入错误时还可以智能提示近似命令等。这里就不一一赘述了，有兴趣的读者可以查看官方文档。

### 6.1.4 配置管理 Viper

在日常项目开发过程中，有些参数是可变的，即每次执行程序时，都需要用户动态设置这些参数的值。针对这一需求，通常有两种解决方案。

1）通过命令行参数动态设置参数，但是当需要动态设置的参数比较多并且参数结构比较复杂时，这种方案就不太合适了。

2）将所有需要动态设置的参数统一维护到配置文件，程序启动时只需要读取并解析配置文件中的参数就可以了。

这里推荐一款第三方框架 Viper，它可以帮助我们快速处理配置文件。同时，该框架支持多种格式的配置文件，如 JSON、YAML、TOML 等。我们定义一个 YAML 格式的配置文件，如下所示：

```
# 文件: configs/conf.yaml
server:
  addr: 0.0.0.0:9090
  readTimeOut: 3s
  writeTimeOut: 3s
  idleTimeout: 100s
# 同一个 Go 项目可能依赖多个数据库实例；mysql 配置项是一个数组
mysql:
  - instance: default
    dsn: root:123456@tcp(127.0.0.1:3306)/mall?charset=utf8mb4&loc=Local&parseTime=
        True&timeout=3s
    trace_log: true              # 是否输出所有执行 SQL
    slow_threshold: 100          # 慢响应阈值，单位为 ms
```

参考上面的内容，配置文件 configs/conf.yaml 定义了 Web 服务的基本配置参数和数据库的配置参数。需要注意的是，同一个项目可能会依赖多个数据库实例，所以 mysql 配置项是一个数组。与此配置文件对应的结构体定义如下所示：

```go
// 文件: internal/core/config.go
// GlobalConfig 代表全局配置
var GlobalConfig MallConfig
type MallConfig struct {
    Server ServerConfig  `mapstructure:"server"`
    Mysql  []MysqlConfig `mapstructure:"mysql"`
}
type ServerConfig struct {
    Addr         string        `mapstructure:"addr"`
    ReadTimeout  time.Duration `mapstructure:"readTimeout"`
    WriteTimeout time.Duration `mapstructure:"writeTimeout"`
    IdleTimeout  time.Duration `mapstructure:"idleTimeout"`
}
type MysqlConfig struct {
    Instance      string        `mapstructure:"instance"`
    Dsn           string        `mapstructure:"dsn"`
    TraceLog      bool          `mapstructure:"trace_log"`
    SlowThreshold time.Duration `mapstructure:"slow_threshold"`
}
```

参考上面的结构体定义，结构体 MallConfig 用于接收所有的配置参数，结构体 ServerConfig 用于接收 server 配置参数，结构体 MysqlConfig 用于接收 mysql 配置参数，变量 GlobalConfig 代表全局配置。注意，这 3 个结构体的每一个字段都定义了标签 mapstructure，为什么要定义这样的标签呢？思考一下，Viper 在解析配置文件时，如何知道某个配置参数对应的是结构体的哪一个字段呢？标签 mapstructure 就是为了维护这一映射关系的。以 MysqlConfig.SlowThreshold 字段的标签 mapstructure（slow_threshold）为例，Viper 在解析配置文件时，会将配置参数 slow_threshold 的值存储在该字段。

接下来尝试使用 Viper 解析配置文件（当然别忘了在 go.mod 文件中引入 Viper），代码如下所示：

```go
// 文件: internal/core/viper.go
// 默认配置文件路径
var defaultConfig = "./configs/conf.yaml"
func InitConfig(configFile string) (err error) {
    if configFile == "" {
        configFile = defaultConfig
    }
    viper.SetConfigFile(configFile)
    // 设置配置文件格式
    viper.SetConfigType("yaml")
    // 读取配置文件内容
    if err = viper.ReadInConfig(); err != nil {
        fmt.Println(fmt.Sprintf("viper read config error:%v", err))
```

```
        return
    }
    // 反序列化配置参数到全局变量 GlobalConfig 中
    if err = viper.Unmarshal(&GlobalConfig); err != nil {
        fmt.Println("config unmarshal error:", err)
        return
    }
    return nil
}
```

在上面的代码中，变量 defaultConfig 定义了默认的配置文件路径。可以看到，在解析配置文件之前，我们还通过 viper.SetConfigType 设置了配置文件格式为 YAML。函数 viper.ReadInConfig 用于读取配置文件内容，该函数会将所有配置参数解析并存储在散列表中。函数 viper.Unmarshal 用于反序列化配置参数到全局变量 GlobalConfig（全局配置）中。

最后，在项目初始化的时候，只需要调用函数 core.InitConfig 初始化配置就行了。初始化之后，就能在项目的任何地方使用任意配置参数了，代码如下所示：

```
// 文件: cmd/mall/web.go
var config string
func init() {
    rootCmd.AddCommand(webCmd)
    // 通过命令行参数传递配置文件路径
    webCmd.Flags().StringVarP(&config, "config", "c", "", "config file path")
}
func startWebServer(cmd *cobra.Command, args []string) {
    // 初始化配置
    err := core.InitConfig(config)
    fmt.Println(fmt.Sprintf("listen %v, start web server ……", core.GlobalConfig.
        Server.Addr))
    server := &http.Server{
        Addr: core.GlobalConfig.Server.Addr,
    }
    ......
}
```

在上面的代码中，函数 startWebServer 在启动 Web 服务之前，首先调用了函数 core.InitConfig 初始化配置，接着使用 Server.Addr 初始化 HTTP 服务。编译并运行项目，输出结果如下所示：

```
$ bin/mall web --config configs/conf.yaml
listen 0.0.0.0:9090, start web server ……
```

我们可以通过命令行参数 --config 传递配置文件路径。参考上面的输出结果，程序已经解析到了配置文件中的配置参数。

最后，Viper 不仅支持解析配置文件中的配置参数，也可以解析命令行参数，甚至可以从远端 etcd、consul 等读取配置参数，这里就不一一赘述了，有兴趣的读者可以查看官方文档。

## 6.2　Web 框架 Gin

Go 语言创建 Web 服务非常简单，基于 http.Server 几行代码就能实现，但是在实际项目开发时，我们通常会使用第三方框架，比如 Gin。Gin 框架是目前 Go 语言最常用的 Web 框架之一，本小节我们将重点介绍 Gin 框架的使用技巧与实现原理，包括路由分组与路由注册，中间件 middleware 的使用技巧等。中间件是 Gin 框架非常重要的一个概念，我们将基于中间件实现统一的登录状态校验功能，以及记录访问日志。

### 6.2.1　RESTful API

API（Application Programming Interface，应用编程接口）可以理解为客户端与 Web 服务之间通信的桥梁，其定义了 HTTP 请求的方法、地址、请求参数与返回值等。API 的规范非常重要，好的规范可以做到见名知义，可以降低客户端开发者与 Web 服务开发者之间的沟通成本。

RESTful API 定义了一种 API 规范，表示满足 REST（Representational State Transfer，表现层状态转移）风格的 API。RESTful API 通过 URL 定位资源，并通过 HTTP 方法操作对应的资源，对资源的操作包括创建、获取、修改和删除，这些操作分别对应 HTTP 的 POST、GET、PUT 和 DELETE 方法。另外，GET、HEAD、PUT 和 DELETE 请求都是幂等的，即无论对资源操作多少次，最终结果都是一样的，而 POST 请求是非幂等的。以商品管理需求为例，可以定义以下几个 API：

```
POST /goods            // 创建商品
GET /goods             // 获取商品列表
GET /goods/{id}        // 根据商品 ID 获取单个商品详情
PUT /goods/{id}        // 根据商品 ID 修改商品
DELETE /goods/{id}     // 根据商品 ID 删除商品
```

参考上面的 API 定义，可以看到其实只需要确定商品管理的 API 是 /goods，就能确定商品的创建、获取、修改和删除等 API。确定了这几个 API 之后，那请求的参数与返回值呢？是不是也需要确定具体的规范呢？当然是的，这里采用 JSON 格式传输请求参数与返回值，并且返回值的内容也有要求，如下所示：

```
{
    "code": 0,        // 错误码，0 表示成功，非 0 表示失败
    "msg": "ok",      // 提示信息，错误码非 0 时表示错误提示
    "data": {}        // 每个接口返回的数据
}
```

在上面的定义中，code 定义了错误码（0 表示成功，非 0 表示失败）；msg 定义了提示信息，当请求处理失败时，通常需要给客户端返回一个可读性较好的错误信息；data 表示 API 返回的具体数据。客户端在收到 Web 服务的返回时，首先判断 code 是否为非 0，如果是非 0，则表示本次请求处理失败。这时候客户端通常会有一些备用逻辑，比如重试、展示错误信息等。

## 6.2.2  引入 Gin 框架

Gin 是目前 Go 语言最常用的 Web 框架之一，主要具有以下几个特点。

1）高性能：基于基数树构建路由，匹配速度更快。

2）路由分组：可以帮助我们更好地组织路由，例如将需要进行权限校验的路由分为一组，不需要权限校验的路由分为另一组。

3）中间件：可以帮助我们实现一些公共的功能，例如校验登录状态、校验权限等。

4）JSON 验证：Gin 框架可以帮助我们解析并验证 HTTP 请求的 JSON 数据，例如校验必传参数是否存在等。

5）crash-free：Gin 框架默认会捕获 HTTP 请求处理期间发生的 panic 问题，并恢复程序执行。

6）内置渲染：Gin 框架内置了 JSON、XML、HTML 等返回格式的渲染方式。

接下来基于 Gin 框架改造项目，Web 服务初始化逻辑如下：

```go
func startWebServer(cmd *cobra.Command, args []string) {
    ......
    engine := gin.New()              // 初始化 Gin
    router.RegisterRouter(engine)    // 路由
    server := initServer(engine)     // 初始化 server
    err = server.ListenAndServe()    // 启动 Web 服务
    ......
}

func initServer(handler http.Handler) *http.Server {
    server := &http.Server{
        Addr:        core.GlobalConfig.Server.Addr,
        Handler:     handler,
        IdleTimeout: core.GlobalConfig.Server.IdleTimeout,
        ......
    }
    return server
}
```

在上面的代码中，函数 gin.New 用于创建一个 Gin 引擎（*gin.Engine）；函数 router.RegisterRouter 是我们自己封装的函数，用于注册路由。函数 initServer 用于初始化 http.Server 对象，可以看到，这个函数需要一个 http.Handler 类型的参数（可以理解为请求处理器，用于处理 HTTP 请求），实际上我们传递的参数类型是 *gin.Engine。这是为什么呢？因为 http.Handler 是一个接口，*gin.Engine 实现了该接口，如下所示：

```go
type Handler interface {
    ServeHTTP(ResponseWriter, *Request)
}
func (engine *Engine) ServeHTTP(w http.ResponseWriter, req *http.Request) {
}
```

在上面的代码中，*gin.Engine 实现了方法 ServeHTTP，所以我们才可以将 *gin.Engine 作为请求处理器使用，也就是说 HTTP 请求最终将由 *gin.Engine 的 ServeHTTP 方法处理。

另外，函数 router.RegisterRouter 定义在文件 mall/api/router/router.go 中，代码如下所示：

```
// 文件: mall/api/router/router.go
func RegisterRouter(router *gin.Engine) {
    // 管理后台相关路由
    admin := router.Group("/admin")
    RegisterAdminRouter(admin)
    // 用户侧路由
    api := router.Group("/api")
    RegisterApiRouter(api)
}
func RegisterAdminRouter(router *gin.RouterGroup) {
}
func RegisterApiRouter(router *gin.RouterGroup) {
}
```

在上面的代码中，方法 router.Group 返回一个路由组，同一个路由组下面注册的路由都有公共的 URI 前缀，也可能会有公共的中间件。可以看到，我们将路由分为了两组：以 /admin 前缀开始的路由组用于注册管理后台相关路由；以 /api 前缀开始的路由组用于注册用户侧路由。

接下来注册一个简单的路由，代码如下所示：

```
func RegisterApiRouter(router *gin.RouterGroup) {
    router.Any("/healthCheck", func(c *gin.Context) {
        r := rand.Intn(10000)
        c.JSON(http.StatusOK, httputils.SuccessWithData(r))
        return
    })
}
```

在上面的代码中，方法 router.Any 用于注册具体的路由，该方法包含两个参数：第一个参数表示请求 URI；第二个参数表示请求处理方法。注意，请求处理方法需要一个输入参数 *gin.Context，并且没有返回值。方法 c.JSON 用于向客户端返回 JSON 格式的数据，其中 http.StatusOK 对应的是状态码 200，函数 httputils.SuccessWithData 会将返回数据包装成 6.2.1 小节定义的格式。

补充一下，方法 router.Any 注册的路由可以处理任意 HTTP 方法的 HTTP 请求，而其余方法如 router.POST 注册的路由只能处理 POST 方法的 HTTP 请求，router.GET 注册的路由只能处理 GET 方法的 HTTP 请求。

编译并运行项目，使用 curl 命令手动发起 HTTP 请求，结果如下所示：

```
$ make
$ bin/mall web -c configs/conf.yaml
    ......
```

```
$ curl http://127.0.0.1:9090/api/healthCheck
    {"code":0,"msg":"成功","data":8081}
```

可以看到，响应结果符合我们的预期。不过这个请求不需要任何请求参数，实际上
大部分 API 都需要客户端传递特定的请求参数，这些 API 也通常会执行一些参数校验逻
辑，如果校验失败则拒绝处理请求。基于 Gin 框架（底层基于第三方框架 go-playground/
validator 实现），我们可以很方便地实现基本的参数校验功能，比如校验必传参数是否存在，
以及字符串长度、整数大小是否符合要求等。这些校验功能只需要在请求参数对应的结构
体加上对应的标签即可，如下面代码所示：

```
// 文件: mall/internal/entity/user.go
type SetUserInfoReq struct {
    UserId    int     `json:"userId" binding:"required"`
    UserName  string  `json:"userName" binding:"min=3,max=64"`
    Gender    int     `json:"gender" binding:"oneof=1 2"`
    Age       int     `json:"age" binding:"min=1,max=100"`
}
```

在上面的代码中，结构体 SetUserInfoReq 定义了设置用户信息 API 的请求参数，
binding 标签用于声明参数校验类型，其中 required 表示该参数必传，min 表示字符串参数
的最小长度或者整数参数的最小值，one of 表示该参数只能设置指定的几个值。更多的参数
校验类型可以参考官方文档（https://pkg.go.dev/github.com/go-playground/validator/v10）。

接下来注册对应的路由，并在请求处理方法中接收与解析请求参数，如下所示：

```
// 注册路由（文件: mall/api/router/router.go）
func RegisterApiRouter(router *gin.RouterGroup) {
    router.PUT("/users", controller.SetUserInfo)
}
// 请求处理方法（文件: mall/api/controller/user.go）
func SetUserInfo(c *gin.Context) {
    var req = entity.SetUserInfoReq{}
    err := c.ShouldBindJSON(&req)
    if err != nil {
        c.JSON(http.StatusOK, httputils.Error(err))
        return
    }
    err = service.SetUserInfo(c, req)
    ......
}
```

编译并运行项目，使用 curl 命令手动发起 HTTP 请求，结果如下所示：

```
$ curl --location --request PUT 'http://127.0.0.1:9090/api/users' \
--header 'Content-Type: application/json' \
--data-raw '{"userId": 10, "userName":"li", "age":90, "gender":1}'
// 返回结果
{
    "code": 50000,
```

```
    "msg": "Key: 'SetUserInfoReq.UserName' Error:Field validation for 'UserName'
        failed on the 'min' tag",
    "data": {}
}
```

可以看到，返回结果明确表明，在校验参数 SetUserInfoReq.UserName 时，min 标签校验失败。有兴趣的读者也可以尝试修改请求参数，测试以下其他标签校验失败时的错误提示，这里就不再赘述了。

## 6.2.3　中间件

中间件通常用于实现一些公共的功能，比如校验登录状态、校验权限等。Gin 框架天生支持中间件。以用户相关 API 为例，用户修改个人信息需要校验登录状态，这时候就需要用到中间件了。中间件注册方式如下：

```
// 单独为该路由添加中间件
router.PUT("/users", middleware.CheckLogin, controller.SetUserInfo)
// 也可以通过 router.Use 添加公共的中间件
router.Use(middleware.CheckLogin)
router.PUT("/users", controller.SetUserInfo)
```

在上面的代码中，一方面我们可以在注册路由时添加中间件，这时候该中间件只在该路由生效。另一方面我们也可以通过方法 router.Use 添加公共的中间件（方法 router.Use 同样可以接收可变参数），也就是说在此之后注册的路由，都将拥有这个中间件。另外，中间件的函数定义与请求处理方法的定义一样，都需要一个输入参数 *gin.Context，并且没有返回值。所以我们其实可以认为这两者是等价的。中间件 middleware.CheckLogin 的代码如下：

```
func CheckLogin(c *gin.Context) {
    token := c.GetHeader("mall-auth-token")
    if token == "" {
        c.AbortWithStatusJSON(http.StatusOK, httputils.Error(httputils.UserNotLogin))
        return
    }
    // 解析 Token
    userMap, _ := service.ParseAPIToken(token)
    userId := cast.ToInt(userMap["user_id"])
    c.Set("userId", userId)  // 设置上下文 userId
}
```

首先解释一下，登录接口以及校验登录状态中间件都是基于 JWT（Json Web Token）实现的，这是一种非常流行的身份验证解决方案：用户登录时基于 JWT 生成 Token，后续客户端发起 HTTP 请求时，可以通过请求头 mall-auth-token 携带该 Token，这样服务端就能够根据该 Token 解析出用户信息了。

在上面的代码中，方法 c.GetHeader 用于获取请求头 mall-auth-token（也就是 Token）。如果该请求头为空，说明用户没有登录，函数直接返回。否则，调用函数 service.ParseAPIToken 尝试解析用户信息，如果成功解析到用户信息，说明校验登录状态通过，此时可以将用户信息设置到上下文，这样后续代码都能快速获取到当前登录用户的信息了。

编译并运行项目，使用 curl 命令手动发起 HTTP 请求，结果如下所示：

```
$ curl --location --request PUT 'http://127.0.0.1:9090/api/users' \
--header 'Content-Type: application/json' \
--data-raw '{"userName":"lisi", "age":90, "gender":1}'
// 返回结果
{"code":401,"msg":" 用户未登录 ","data":{}}
```

可以看到，由于没有携带请求头 mall-auth-token，所以服务端校验登录状态失败了。这与我们的预期是一致的。再次使用 curl 命令手动发起 HTTP 请求并且携带请求头 mall-auth-token（需要先调用登录接口获取 Token），此时返回结果如下所示：

```
curl --location --request PUT 'http://127.0.0.1:9090/api/users' \
--header 'mall-auth-token: xxx' \
--header 'Content-Type: application/json' \
--data-raw '{"userName":"lisi", "age":90, "gender":1}'
// 返回结果
{"code":0,"msg":" 成功 ","data":{}}
```

再思考一个问题，在上面的代码中，注册路由的方法（比如 router.PUT）和添加中间件的方法（比如 router.Use）都可以接收可变参数，即可以在某个路由或者一组路由添加多个中间件。那么多个中间件将按照什么样的顺序执行呢？参考 6.2.2 小节的介绍，引入 gin 框架之后，HTTP 请求最终将由 *gin.Engine 的 ServeHTTP 方法处理，该方法在匹配到对应的路由之后，将遍历执行所有的中间件，代码如下所示：

```
for i, tl := 0, len(t); i < tl; i++ {
    if t[i].method != httpMethod {
        continue
    }
    root := t[i].root
    value := root.getValue(rPath, c.params, c.skippedNodes, unescape)
    // 匹配到路由
    if value.handlers != nil {
        // 遍历执行所有的中间件
        c.handlers = value.handlers
        c.Next()
        return
    }
}
```

在上面的代码中，变量 c 的类型就是 *gin.Context，变量 c.handlers 包含了所有的中间件以及请求处理方法，方法 c.Next 的核心逻辑就是遍历并执行 c.handlers，代码如下所示：

```
func (c *Context) Next() {
    c.index++
```

```
    for c.index < int8(len(c.handlers)) {
        c.handlers[c.index](c)
        c.index++
    }
}
```

由代码可知，Gin 框架将按照中间件的添加顺序，遍历执行所有的中间件。最后还有一个疑问，为什么方法 router.Use 添加中间件是公共的呢？因为通过这种方式添加的中间件是维护在路由组上的，当我们通过 router.PUT 等方法注册路由时，Gin 框架会将传入的中间件与路由组上的中间件合并，这一逻辑比较简单，我们就不列出具体的代码了。

再举一个例子，在 Go 语言中如果发生了一些出乎意料的错误，通常都会抛出 panic 异常。但是需要注意的是，panic 可能会导致 Go 程序异常退出，所以我们应该在必要的时候使用 recover 函数捕获 panic 异常。同样的，Go 服务处理 HTTP 请求时也有可能导致 panic 异常，这时候我们可以在中间件中使用 recover 函数捕获 panic 异常，代码如下所示：

```
const size = 64 << 10
func RecoverMiddleware(c *gin.Context) {
    defer func() {
        if r := recover(); r != nil {
            // 打印堆栈信息
            buf := make([]byte, size)
            buf = buf[:runtime.Stack(buf, false)]
            log.Printf("http: panic serving err: %v\n%s", r, buf)
            c.JSON(http.StatusOK, httputils.Error(httputils.InterNalError))
            c.Abort()
        }
    }()
    // 必须手动调用 c.Next()
    c.Next()
}
```

在上面的代码中，关键字 defer 用于声明一个延迟调用函数，函数 recover 用于捕获 panic 异常，如果捕获到 panic 异常，则返回非 nil；否则返回 nil。注意，我们是手动调用了方法 c.Next，调用该方法之后，就会执行下一个中间件。如果这里没有手动调用方法 c.Next，会怎么样呢？当执行到这个中间件时，函数 RecoverMiddleware 执行结束，是不是就会立即执行 defer 声明的延迟调用函数？那还能捕获到后续中间件导致的 panic 异常吗？

另外，别忘了添加该中间件，并且在请求处理方法中手动触发 panic 异常。编译并运行项目，使用 curl 命令手动发起 HTTP 请求，结果如下所示：

```
$curl http://127.0.0.1:9090/api/panic
// 返回结果
{"code":500,"msg":" 服务异常 ","data":{}}
```

同时，终端还输出了触发 panic 异常的堆栈信息，如下所示：

```
2023/06/09 19:59:06 http: panic serving err: this is a panic
```

```
goroutine 7 [running]:
mall/api/middleware.Recover.func1()
    /mall/api/middleware/recover.go:18 +0x69
......
```

## 6.2.4  如何记录访问日志

假设有这样一个需求：我们需要记录访问日志，例如记录每一次请求的方法、参数、响应结果等。为什么会有这样的需求呢？因为在某些时候排查业务问题时，可能需要查询访问日志。否则，当客户端反馈某个请求处理异常时，你如何定位具体的原因呢？访问日志当然也可以基于中间件实现，代码如下所示：

```go
func AccessLogger(c *gin.Context) {
    // 开始时间
    startTime := time.Now()
    var body []byte
    if c.Request.Body != nil {
        body, _ = ioutil.ReadAll(c.Request.Body)
    }
    c.Next()                                   // 注意，手动调用了 c.Next
    endTime := time.Now()                      // 结束时间
    latencyTime := endTime.Sub(startTime)      // 执行时间
    reqMethod := c.Request.Method              // 请求方式
    reqUri := c.Request.RequestURI             // 请求 URI
    statusCode := c.Writer.Status()            // 响应状态码

    msg := fmt.Sprintf("method:%v uri:%v req_body:%v status_code:%v latency:%v",
        reqMethod, reqUri, cast.ToString(body), statusCode, latencyTime)
    fmt.Println(msg)
}
// 添加中间件，注册路由
router.Use(middleware.AccessLogger)
router.PUT("/users", controller.SetUserInfo)
```

在上面的代码中，我们手动调用了方法 c.Next。参考 6.2.3 小节的介绍，我们可以知道调用该方法之后就会执行下一个中间件。那既然已经执行下一个中间件了，c.Next 之后的代码是否不会再执行了？当然不是。当后续中间件执行完成之后，还会继续执行 c.Next 之后的代码。也可以这样理解，中间件中 c.Next 之前的代码将在处理请求之前执行，中间件中 c.Next 之后的代码将在处理请求之后向客户端返回结果之前执行。因此，我们才可以计算出请求处理时间，以及获取到响应状态码等。编译并运行项目，使用 curl 命令手动发起 HTTP 请求，结果如下所示：

```
$ curl --location --request PUT 'http://127.0.0.1:9090/api/users' \
--header 'Content-Type: application/json' \
--data-raw '{"userName":"lisi", "age":90, "gender":1}'
// 返回结果
{
```

```
    "code": 500,
    "msg": "EOF",
    "data": {}
}
// 输出的访问日志
method:PUT uri:/api/users req_body:{"userName":"lisi", "age":90, "gender":1}
    status_code:200 latency:97.251µs
```

从输出结果可以看到，终端正确输出了访问日志，但是客户端收到的响应结果存在异常，错误码是 500，错误提示是 EOF。这是什么错误呢？其实这个 API 接口的逻辑非常简单，只是解析了请求参数就向客户端返回响应结果了，代码如下所示：

```
func SetUserInfo(c *gin.Context) {
    var req = entity.SetUserInfoReq{}
    err := c.ShouldBindJSON(&req)
    if err != nil {
        c.JSON(http.StatusOK, httputils.Error(err))
        return
    }
    ......
}
```

基本可以猜测是解析参数逻辑返回异常了，也就是调用方法 c.ShouldBindJSON 返回了 EOF 错误。Go 语言关于 EOF 错误的解释如下：

```
EOF is the error returned by Read when no more input is available
```

上面这句话的意思是，Go 语言在读取请求体时，如果没有数据可读，便会返回 EOF 错误。可是在使用 curl 命令手动发起 HTTP 请求时，明明携带了请求参数，为什么会读不到请求体呢？另外，6.2.2 小节采用同样的方式发起的 HTTP 请求，服务端代码也是一样的，没有任何异常。为什么呢？想想这一小节新加了什么逻辑呢？记录访问日志的中间件，并且我们在中间件中读取了请求体。难道请求体只能读取一次？是的，请求体只能读取一次，所以当我们在中间件中读取了请求体之后，后续中间件再读取请求体就会出现异常。那怎么办呢？其实在读取请求体之后，我们可以再将请求数据写回去，如下所示：

```
var body []byte
if c.Request.Body != nil {
    body, _ = ioutil.ReadAll(c.Request.Body)
}
// 将 body 包装一下，重新赋值给 c.Request.Body
c.Request.Body = ioutil.NopCloser(bytes.NewBuffer(body))
```

在上面的代码中，变量 body 存储了读取到的请求体，这是一个切片，随后我们又将该切片重新包装了一下，并赋值给 c.Request.Body。这样一来，后续中间件就能继续从 c.Request.Body 读取请求体了。重新编译并运行项目，使用 curl 命令手动发起 HTTP 请求，这时候客户端收到的响应结果应该是正常的。

最后一个问题，访问日志只记录了响应状态码，能不能记录响应数据呢？目前是不行的。那么，有什么办法能获取到响应数据呢？Gin 框架最终是通过 c.Writer 向客户端写响应数据的，这是一个接口类型，也就是说我们可以自定义其实现逻辑：在 Gin 框架向客户端写响应数据时，将响应数据缓存起来。这样一来，我们就能在中间件获取到 Gin 框架写入的响应数据了。代码如下所示：

```go
func AccessLogger(c *gin.Context) {
    // 替换 Writer
    blw := &bodyLogWriter{body: bytes.NewBuffer([]byte{}), ResponseWriter: c.Writer}
    c.Writer = blw
    ......
    c.Next()
    ......
}
type bodyLogWriter struct {
    gin.ResponseWriter
    body *bytes.Buffer
}
func (w bodyLogWriter) Write(b []byte) (int, error) {
    // 写缓存
    if _, err := w.body.Write(b); err != nil {
        fmt.Println("bodyLogWriter err:", err)
    }
    return w.ResponseWriter.Write(b)
}
```

在上面的代码中，结构体 bodyLogWriter 对 gin.ResponseWriter 做了一个简单的包装，新增了一个缓冲区。另外，我们使用 bodyLogWriter 对象替换了 c.Writer，这样我们就能够拦截 Gin 框架写响应的操作了。

## 6.3 日志与全链路追踪

在日常项目开发过程中，我们都会记录一些程序运行日志、调试日志、用户行为日志等，这有助于我们快速定位问题。Go 语言本身提供了日志标准库，不过我们通常会选择成熟的第三方日志库，因为这些日志库通常具备更完善的功能以及更高的性能。本节主要介绍第三方日志库 Zap 的使用技巧，以及如何实现日志的全链路追踪功能。

### 6.3.1 引入日志框架 Zap

Zap 是 Uber 技术团队开源的一款日志库，主要有以下几个特点。

1）高性能：Zap 号称是性能最高的日志库之一，官方给出的对比结果是 Zap 比其他结构化日志库的性能高出 4～10 倍，所以你可以放心地在生产环境使用 Zap 记录日志。

2）结构化日志：Zap 支持结构化日志，也就是说使用 Zap 记录的日志不仅仅是简单的文本，这一特性可以帮助我们对日志进行分析、搜索等。

3）分级日志：Zap 支持完善的日志级别，包括 debug（用于记录调试日志）、info（用于记录一些提示信息，这也是默认的日志级别）、warn（用于记录警告日志）、error（用于记录错误日志）等。

Zap 的使用也比较简单，参考官方给出的示例，代码如下所示：

```
package main
import (
    "go.uber.org/zap"
    "time"
)
func main() {
    logger, _ := zap.NewProduction()
    defer logger.Sync() // 刷新日志缓存
    sugar := logger.Sugar()
    // 结构化日志
    sugar.Infow("failed to fetch URL",
        "url", "http://example.com",
        "attempt", 3,
        "backoff", time.Second,
    )
    // printf 风格日志
    sugar.Infof("failed to fetch URL: %s", "http://example.com")
}
/* 终端输出的日志如下：
{"level":"info","ts":x,"caller":"main.go:14","msg":"failed to fetch URL","url":"http://
    example.com","attempt":3,"backoff":1}
{"level":"info","ts":x,"caller":"main.go:20","msg":"failed to fetch URL: http://
    example.com"}
*/
```

由上面的程序可知，Zap 提供了两种类型的日志对象：

1）SugaredLogger，函数 logger.Sugar 返回的就是 SugaredLogger，该日志对象既支持结构化日志（参考函数 sugar.Infow），也支持 printf 风格日志（参考函数 sugar.Infof，其中"%s"是一个占位符，最终将使用后续的参数替换这个占位符）。另外，该日志对象的性能比其他结构化日志库高 4～10 倍。

2）Logger，函数 zap.NewProduction 返回的就是 Logger，该日志对象只支持结构化日志，但是他的性能比 SugaredLogger 更高。另外可以看到，Zap 默认将日志输出到标准输出（也就是终端），日志格式默认是 JSON 格式。

当然在实际项目中，我们通常不会使用默认配置初始化 Zap，比如我们可能需要将日志输出到日志文件中，如果线上环境与测试环境采用不同的日志级别，日志的输出格式可能也需要调整。为此我们需要自定义初始化函数，如下所示：

```
// 支持日志定时切割
func GetWriter(filename string) (logf io.Writer, err error) {
```

```
    logf, err = rotatelogs.New(filename+".%Y%m%d%H",
        rotatelogs.WithLinkName(filename),
        rotatelogs.WithMaxAge(24*time.Hour),
        rotatelogs.WithRotationTime(time.Hour),
    )
    return
}
// 自定义日志输出格式
func GetEncoder() zapcore.Encoder {
    return zapcore.NewJSONEncoder(zapcore.EncoderConfig{
        TimeKey:       "ts",
        EncodeTime:    zapcore.ISO8601TimeEncoder,
        ......
    })
}
// 自定义日志输出级别
func LogLevel(level string) (LogLevel zapcore.Level) {
    switch level {
    case "debug", "Debug":
        LogLevel = zapcore.DebugLevel
    }
    return LogLevel
}
```

在上面的代码中，函数 GetWriter 基于第三方库（github.com/lestrrat-go/file-rotatelogs）实现了日志定时切割，假设原始日志文件名称为 mall.log，则日志切割后的日志文件名称为 mall.log.2023061120（追加了时间信息）。函数 GetEncoder 用于自定义日志输出格式，可以看到我们仍然采用 JSON 格式，另外我们还自定义了一些日志字段，比如定义时间字段的命名、时间字段的输出格式等。函数 LogLevel 用于自定义日志输出级别，该函数可以将表示日志级别的字符串（比如 debug、info）转化为 zapcore.Level 类型。最终初始化 Zap 的函数定义如下所示：

```
func InitLogger() error {
    logWriter, err := GetWriter(core.GlobalConfig.Logger.LogFile)
    // 初始化 zapcore
    c := zapcore.NewCore(GetEncoder(), zapcore.AddSync(logWriter), LogLevel(core.
        GlobalConfig.Logger.LogLevel))
    // 初始化 zap
    log := zap.New(c, zap.AddCaller())
    logging = log.Sugar()
    return nil
}
```

在上面的代码中，函数 zapcore.NewCore 用于初始化 zapcore 实例，这里使用的是我们自定义的日志格式和日志级别等。函数 zap.New 用于初始化 Zap 实例，其中传入的第二个参数的功能是在输出日志时记录调用方文件以及行号。另外可以看到，日志文件和日志级别这两个参数是定义在配置文件中的。

最后，别忘了在项目启动时调用函数 InitLogger 来初始化日志库。基于 Zap 框架改造之后的访问日志输出如下：

```
{"level":"ERROR",
"ts":"2023-08-11T18:01:17.115+0800",
"file":"middleware/accessLogger.go:41",
"content":"method:GET uri:/api/healthCheck req_body: status_code:200 latency:
    72.183µs"}
```

## 6.3.2　基于 context 的全链路追踪

日志可以帮助我们快速定位问题。在实际项目开发中，我们通常会记录必要的程序运行日志和用户行为日志等，这样当客户反馈问题时，我们才能有迹可循。然而，同一个 HTTP 请求通常会生成多条日志，甚至同一个 HTTP 请求可能会由多个 Web 服务处理，而每个 Web 服务都可能记录多条日志。那么，当我们排查某个异常 HTTP 请求时，如何筛选出该请求的所有日志呢？这就需要使用全链路追踪技术。

客户端发起 HTTP 请求时，可以携带一个全局唯一的 traceId⊖，服务端在记录日志时只需要添加 traceId 即可。那么，如果涉及多个 Web 服务呢？假设服务 A 通过 HTTP 请求调用了服务 B，服务 B 如何获取 traceId 呢？只能是服务 A 将 traceId 传递（同样可以通过请求头实现）给服务 B。也就是说，多个 Web 服务之间互相调用时，也需要携带 traceId。通过在日志中添加全局唯一的 traceId，我们可以筛选出同一个 HTTP 请求的所有日志，这在一定程度上能满足我们的需求。那么，在 Go 项目中如何实现这一功能呢？

在 Go 项目中实现全链路追踪功能首先需要解决一个问题：如何获取当前请求对应的 traceId。因为在同一个 Go 项目中，处理同一个 HTTP 请求时，也会涉及多级函数调用，这些函数如何获取 traceId 呢？通过参数逐层传递吗？当然可以，不过通常我们会通过 context 对象传递类似 traceId 的数据。

另外，最好对 Zap 库进行一些封装，这样每次记录日志时就不需要固定地从上下文中读取 traceId。虽然这个操作成本不是很高，但是想想如果下次想在日志中添加其他字段呢？总不能一个一个修改所有记录日志的代码吧。以下是基于 Zap 追加 Trace 信息的代码：

```
func WithContext(ctx context.Context) *zap.SugaredLogger {
    if ctx == nil {
        return logging
    }
    duration := (time.Now().UnixNano() - cast.ToInt64(ctx.Value("startTime"))) /
        int64(time.Millisecond)
    return logging.With("duration", duration).With("traceId", ctx.Value("traceId"))
}
```

在上面的代码中，函数 WithContext 用于将上下文信息追加到日志实例中。在这里，我

---

⊖　通常通过 HTTP 请求头传递到服务端，如果客户端没有携带，也可以在接入层网关生成。

们追加了两个字段：traceId 用于实现全链路追踪，duration 用于记录从开始处理请求到当前时刻的耗时。可以看到，开始处理请求的时间以及 traceId 都是从上下文 context 获取的，因此还需要在中间件中向上下文 context 注入相关数据。代码如下所示：

```
// 注册中间件 router.Use(middleware.Context, middleware.AccessLogger)
func Context(c *gin.Context) {
    traceId := c.GetHeader("traceId")
    if len(traceId) == 0 {
        traceId, _ = uuid.GenerateUUID()
    }
    c.Set("traceId", traceId)
    c.Set("startTime", time.Now().UnixNano())
}
```

在上面的代码中，中间件 Context 用于注入上下文数据。当然，如果从 HTTP 请求头中获取 traceId 为空，我们也可以基于 UUID 生成 traceId。另外，请不要忘记通过 router.Use 方法注册该中间件。

接下来可以使用封装后的日志库来记录日志。使用方式如下所示：

```
// 表示层
func HealthCheck(c *gin.Context) {
    logger.WithContext(c).Info("handle http request, healthCheck controller")
    resp, _ := service.HealthCheck(c)
    c.JSON(http.StatusOK, httputils.SuccessWithData(resp))
}
// 业务逻辑层
func HealthCheck(ctx context.Context) (resp interface{}, err error) {
    r := rand.Intn(1000)
    time.Sleep(time.Millisecond * time.Duration(r))
    logger.WithContext(ctx).Infof("service.HealthCheck ret:%v", r)
    return r, nil
}
```

最后，编译并运行项目，基于 ab 压测工具并发发起多个请求，如下所示：

```
$ ab -n 100 -c 10 http://127.0.0.1:9090/api/healthCheck
```

查看日志格式，你会发现每一条日志都携带了 traceId 和 duration 两个字段。这时候就可以很方便地根据 traceId 查询某一个 HTTP 请求的所有日志了，如下所示：

```
// 省略了日志部分字段
$cat logs/mall.log | grep 4c06c00d-bd0b-d4f0-2c8b-ffa3e0c31a42
{"content":"handle http request, healthCheck controller","duration":0,"traceId":
    "4c06c00d-bd0b-d4f0-2c8b-ffa3e0c31a42"}
{"content":"service.HealthCheck ret:843","duration":847,"traceId":"4c06c00d-bd0b-
    d4f0-2c8b-ffa3e0c31a42"}
{"content":"method:GET uri:/api/healthCheck req_body: status_code:200 latency:84
    7.347389ms","duration":847,"traceId":"4c06c00d-bd0b-d4f0-2c8b-ffa3e0c31a42"}
```

当然，有些时候排查某个客户反馈的问题时，你可能并不知道 traceId，这时候怎么办呢？你也可以在访问日志中记录一些用户的信息，比如用户 ID 等。当需要排查某个客户反馈的问题时，可以先根据用户 ID 以及请求 URI 搜索对应的访问日志，查找到访问日志之后再根据 traceId 搜索本次请求的所有日志。

### 6.3.3　基于协程 ID 的全链路追踪

6.3.2 小节介绍了基于上下文 Context 的全链路追踪，可以看到这一方案有一个硬性要求：所有的函数都必须有一个参数类型是 context.Context。你可能会说这还不简单，不就是一个参数么，但如果你接手的是一个老项目，并且这个项目之前完全没有考虑全链路追踪，这时候该怎么办？按照 6.3.2 小节的介绍，首先你需要改造项目内所有的函数声明以及函数调用，其次还需要改造记录日志的方式，这可是一个大工程。

如果你真的不幸接手了这么一个项目，可以退而求其次，采用基于协程 ID 的全链路追踪方案，也就是说，记录日志时携带协程 ID，通过协程 ID 串联同一个请求的所有日志。为什么说退而求其次呢，因为这一方案有两个缺点。

1）如果一个请求涉及多个 Web 服务，协程 ID 没法串联多个 Web 服务的日志。

2）即使在同一个 Web 服务，如果处理请求时创建了新的协程（协程 ID 不同），协程 ID 也没法串联当前请求的所有日志。

那如何获取当前协程的 ID 呢？首先需要声明的是，Go 语言官方并没有提供获取当前协程 ID 的 SDK（Software Development Kit，软件开发工具包），不过我们可以通过第三方框架（github.com/petermattis/goid）实现，代码如下所示：

```
import (
    "github.com/petermattis/goid"
)
var prefix int64 = 10000000000000000
func WithGoID() *zap.SugaredLogger {
    gid := goid.Get()
    return logging.With("goid", strconv.FormatInt(prefix+gid, 10))
}
```

在上面的代码中，函数 goid.Get 用于获取当前协程 ID，该函数返回的是整数类型。为了让协程 ID 更具有区分度（如果协程 ID 比较小，可能会和其他信息重复，就无法根据协程 ID 筛选日志了），记录协程 ID 时我们可以加一个前缀。

相应地，记录日志的代码也需要改造，代码如下所示：

```
// 表示层
func HealthCheckV1(c *gin.Context) {
    logger.WithGoID().Info("handle http request, healthCheck controller")
    resp, _ := service.HealthCheckV1()
    c.JSON(http.StatusOK, httputils.SuccessWithData(resp))
}
// 业务逻辑层
```

```
func HealthCheckV1() (resp interface{}, err error) {
    r := rand.Intn(1000)
    time.Sleep(time.Millisecond * time.Duration(r))
    logger.WithGoID().Infof("service.HealthCheck ret:%v", r)
    return r, nil
}
```

编译并运行项目，基于 ab 压测工具并发发起多个请求，查看日志格式，你会发现每一条日志都携带了 goid 字段。这时候就可以很方便地根据 goid 查询某一个 HTTP 请求的所有日志了，如下所示：

```
cat logs/mall.log | grep 10000000000000241
{"content":"handle http request, healthCheck controller","goid":"10000000000000241"}
{"content":"service.HealthCheck ret:843","goid":"10000000000000241"}
{"content":"method:GET uri:/api/healthCheck req_body: status_code:200 latency:845.
    203498ms","goid":"10000000000000241"}
```

可以看到，结果和我们的预期是一致的，也就是说，我们也可以通过协程 ID 实现简单的全链路追踪。

最后一个问题，既然 Go 语言官方并没有提供获取当前协程 ID 的 SDK，那么 goid 框架是如何获取到协程 ID 的呢？参见协程 g 结构体定义，如下所示：

```
type g struct {
    goid        int64    // 协程 ID
    ......
}
```

也就是说，想要获取协程 ID，第一步需要获取当前协程对象。那么如何获取协程对象呢？可以通过汇编程序实现，伪代码如下：

```
TEXT ·getg(SB),NOSPLIT,$0-8
    MOVQ (TLS), AX
    MOVQ AX, ret+0(FP)
```

在上面的代码中，Go 语言在调度协程时，会将当前协程存储在 TLS（Thread Local Storage，线程本地存储），所以我们可以从 TLS 获取到当前协程对象。获取到协程对象之后，获取协程 ID 的代码就非常简单了，如下所示：

```
func getg() *g
func Get() int64 {
    return getg().goid
}
```

细心的读者可能会发现，协程结构体定义在 runtime 包，g 是小写的，字段 goid 也是小写的，也就是说协程对象以及协程 ID 都无法在其他包访问，为什么上面的代码却能正确获取到协程 ID 呢？其实上面代码中的 g 并不是 runtime 包中定义的 g，goid 框架自己定义了一个结构体 g，如下所示：

```
package goid
type g struct {
    ......
    goid          int64 // Here it is!
}
```

在上面的代码中，虽然说结构体 g 是 goid 框架自己定义的，但是字段 goid 在结构体 goid.g 中的偏移量与在结构体 runtime.g 中是一致的，也就是注释提到的 "Here it is!"，所以我们才能通过 getg().goid 获取到正确的协程 ID。

## 6.4　访问数据库

数据库是 Web 服务不可缺少的依赖之一，数据库的常见操作包括创建（Create）、更新（Update）、读取（Read）和删除（Delete），也就是我们常说的 CURD。通常开发者都需要通过 SQL（专用于操作数据库的编程语言）来操作数据库，但是我们也可以有其他选择，比如使用成熟的 ORM 技术。ORM 是对象关系映射（Object Relational Mapping）的缩写，这是一种用于连接关系型数据库和面向对象编程的技术，使得开发者不用再关注 SQL 语句，可以将更多的精力放在业务逻辑上。在 Go 语言生态中，有多个框架都实现了 ORM，比如 Gorm 框架、XORM 框架等，本节将重点介绍 Gorm 框架的使用技巧。

### 6.4.1　引入 Gorm 框架

Gorm 是 Go 语言中最常用的 ORM 库之一，设计初衷就是对开发者友好（Developer Friendly），它使 Go 开发者可以通过 "操作" 结构体（对象）来实现操作数据表。Gorm 的功能非常完善，支持基本的增删改查操作、事务、批量操作、日志等。在介绍 Gorm 框架之前，我们需要安装数据库（MySQL）实例并创建数据表，这里选择通过 Docker 方式部署并启动 MySQL 实例。部署方式如下所示：

```
// 搜索 MySQL 镜像
docker search mysql
// 下载 8.0 版本 MySQL 镜像
docker pull mysql:8.0
// 启动 MySQL 实例
docker run --name mysql -e MYSQL_ROOT_PASSWORD=123456 -d -p 3306:3306 mysql:8.0
```

执行上述步骤之后，可以通过 docker ps 命令查看 MySQL 容器是否启动成功，并通过 docker exec 命令进入容器内部，如下所示：

```
// 查询容器
docker ps
// 进入容器内部
docker exec -it d2af497b293a sh
```

进入 MySQL 容器之后，可以通过客户端命令连接 MySQL 实例，并创建对应的数据库与数据表，如下所示：

```
# mysql -uroot -p123456 -h127.0.0.1 -P3306
// 查询已存在的数据库
mysql> show databases;
// 创建 mall 数据库
mysql> create database mall;
// 使用 mall 数据库
mysql> use mall;
mysql> create table mall_user (
    `id` int unsigned NOT NULL AUTO_INCREMENT COMMENT '用户自增 ID',
    `nick_name` varchar(64) not null default '' comment '昵称',
    `account` varchar(32) not null default '' comment '账号',
    `password` varchar(64) not null default '' comment '密码',
    `icon` varchar(256) not null default '' comment '头像',
    `gender` tinyint unsigned NOT NULL DEFAULT '0' COMMENT '1 男；2 女',
    `status` tinyint unsigned NOT NULL DEFAULT '1' COMMENT '状态：1 正常、2 冻结、3 注销',
    `created_at` timestamp NOT NULL DEFAULT CURRENT_TIMESTAMP,
    `updated_at` timestamp NOT NULL DEFAULT CURRENT_TIMESTAMP,
    PRIMARY KEY (`id`),
    KEY `idx_account` (`account`)
) ENGINE=InnoDB DEFAULT CHARSET=utf8mb4;
```

这里创建的是用户表，每个字段的含义都有注释说明，就不一一解释了。数据库与数据表已就位，如何基于 Gorm 框架操作用户表呢？第一步当然是初始化 Gorm 了，通常我们都会将数据库配置写在配置文件，程序启动之后再解析数据库配置并初始化 Gorm。数据库配置如下所示：

```
mysql:
  - instance: default
    dsn: root:123456@tcp(127.0.0.1:3306)/mall?charset=utf8mb4&loc=Local&parse-
        Time=True&timeout=3s
```

需要注意的是，数据库配置是一个列表。为什么呢？因为在实际项目中，一个 Go 项目可能会依赖多个数据库实例。基于这些配置初始化 Gorm 的代码如下：

```
// 全局 Gorm 实例
var dbInstance map[string]*gorm.DB
// 初始化全局 Gorm 实例
func initMysql() {
    mysqlConfig := core.GlobalConfig.Mysql
    // 临时存储 map
    tmpInstance := make(map[string]*gorm.DB, 0)
    for _, conf := range mysqlConfig {
        db, err := gorm.Open(mysql.Open(conf.Dsn))
        if err != nil {
            fmt.Println(err)
        }
        tmpInstance[conf.Instance] = db
    }
```

```
        dbInstance = tmpInstance
    }
```

在上面的代码中,变量 dbInstance 表示全局 Gorm 实例,这是一个只能在当前包使用的全局变量,类型是 map,其中键存储数据库实例名称,值存储 Gorm 实例。函数 initMysql 用于初始化全局 Gorm 实例,可以看到函数 initMysql 首字母小写,也就是说该函数只能在当前包内调用。所以,我们还需要提供一个函数用于获取对应的数据库实例,代码如下所示:

```go
// 单例对象
var once sync.Once
func GetDbInstance(db string) *gorm.DB {
    if db == "" {
        db = "default"                  // 默认返回 default 数据库实例
    }
    if dbInstance != nil {              // 说明已经初始化了数据库实例,直接返回
        return dbInstance[db]
    }
    once.Do(func() {                    // 单例模式初始化数据库实例
        initMysql()
    })
    return dbInstance[db]
}
```

在上面的代码中,函数 GetDbInstance 用于获取数据库实例。需要注意的是,数据库实例只需初始化一次,而该函数可能被并发调用,所以我们基于 sync.Once 实现了单例模式。

接下来就是操作用户表了,当然还需要创建对应的用户结构体,代码如下所示:

```go
type MallUser struct {
    ID         int       `gorm:"primaryKey;column:id"`
    NickName   string    `gorm:"column:nick_name"`
    Account    string    `gorm:"index:idx_account;column:account;"`
    Password   string    `gorm:"column:password"`
    Icon       string    `gorm:"column:icon"`
    Gender     int       `gorm:"column:gender"`
    Status     int       `gorm:"column:status;default:1"`
    CreatedAt  time.Time `gorm:"column:created_at"`
    UpdatedAt  time.Time `gorm:"column:updated_at"`
}
```

在上面的代码中,结构体 MallUser 的字段与用户表的字段一一对应。可以看到,每个字段都定义了标签。Gorm 框架支持多种类型的标签,比如 column 用于指定数据表列名称,default 用于指定数据表列的默认值等。详细介绍可以参考官方文档(https://gorm.io)。基于结构体 MallUser 实现的新增用户、查询用户伪代码如下所示:

```go
// 用户表常量
const TABLE_MALL_USER = "mall_user"
// 获取数据库实例
```

```
db := GetDbInstance("")
// 新增用户
db = db.Table(TABLE_MALL_USER).WithContext(ctx).Create(&mallUser)
// 根据账号密码查询用户
db = db.Table(TABLE_MALL_USER).WithContext(ctx).Where("account = ?", account).
    Where("password = ?", pwd).First(&mallUser)
```

在上面的代码中，方法 Create 用于新增一条用户记录；方法 Where 用于追加 WHERE 查询条件；方法 First 用于查询数据表中满足条件的第一条记录。需要特别注意的是，用户可以通过方法 WithContext 设置本次数据库操作的上下文。这有什么用呢？一方面，上下文可以控制超时，也就是说可以设置本次操作数据库的超时时间，当数据库响应变慢时，Gorm 会返回错误信息 context deadline exceeded。另一方面，上下文可以传值。6.4.4 小节在记录 Trace 日志时，就是通过上下文实现的全链路追踪。

看到了吧，我们并没有编写 SQL 语句。以方法 Create 为例，它会根据 mallUser 变量生成对应的 INSERT 语句并执行。那转化后的 SQL 语句是怎样的呢？可以通过下面的方式查看：

```
// 新建用户，不执行，只生成 SQL 语句
stmt := db.Session(&gorm.Session{DryRun: true}).Create(&mallUser).Statement
fmt.Println(stmt.SQL.String())
// 上述代码转化后的 SQL 语句如下：
// INSERT INTO `mall_users` (`nick_name`,`account`,`password`,`icon`,`gender`,`s
    tatus`) VALUES (?,?,?,?,?,?)
// 查询用户，不执行，只生成 SQL 语句
db = db.Table(TABLE_MALL_USER).WithContext(ctx).Where("account = ?",
account).Where("password = ?", pwd)
stmt := db.Session(&gorm.Session{DryRun: true}).First(&mallUser).Statement
fmt.Println(stmt.SQL.String())
// 上述代码转化后的 SQL 语句如下
// SELECT * FROM `mall_user` WHERE account = ? AND password = ? ORDER BY `mall_
    user`.`id` LIMIT 1
```

在上面的代码中，当参数 DryRun 为 true 时，Gorm 框架只会生成 SQL 语句，并不会执行该 SQL 语句。最终生成的 SQL 语句如上面所示。

接下来基于新增用户、查询用户的数据访问层代码，实现用户登录的业务逻辑，代码如下所示：

```
func APILogin(ctx context.Context, req entity.LoginReq) (resp entity.LoginResp,err
    error) {
    // 根据用户名密码查询用户
    user, err := repo.GetUserByAccount(ctx, req.Account, req.Password)
    // 没查到用户说明第一次登录，即属于新增用户
    if user.Id == 0 {
        user.Account = req.Account
        user.Password = req.Password
        user.NickName = "匿名用户" + strconv.Itoa(rand.Intn(10000))
        user.Id, err = repo.CreateUser(ctx, user)
```

```
    }
    // 生成 token 并返回
    token, _ := CreateAPIToken(user.Id, constant.LoginTokenExpireDefault)
}
```

在上面的代码中，函数 **APILogin** 实现了用户登录的业务逻辑。首先，我们根据用户名密码查询用户，当返回的用户数据为空时，说明当前用户是第一次登录系统，这时新增一条用户记录。也就是说，该登录接口还实现了自动注册的功能。

编译并运行项目，使用 curl 命令手动发起 HTTP 请求，结果如下所示：

```
$ curl --location --request POST 'http://127.0.0.1:9090/api/users/login' \
--header 'Content-Type: application/json' \
--data-raw '{"account":"zhangsan", "password":"123456"}'
// 返回结果
{
    "code": 0,
    "msg": "成功",
    "data": {
        "token": "xxxxxxx"
    }
}
```

再次进入 MySQL 容器，通过 MySQL 客户端命令连接 MySQL 实例，并查询用户表中的记录，结果如下所示：

```
mysql> select * from mall_user\G;
    id: 1
nick_name: 匿名用户 8081
    account: zhangsan
    password: 123456
```

可以看到，用户信息已经被添加到用户表中了。

最后需要补充的是，上述用户登录的逻辑其实是不完善的，存在漏洞。不知道你能不能看出来呢？我们将在 6.6.2 小节讲解单元测试时详细介绍。

## 6.4.2　CURD

6.4.1 节引入了 Gorm 框架，并基于 Gorm 实现了新增用户、查询用户的数据访问层代码。可以看到，我们可以通过"操作"结构体（对象）来实现操作数据表。数据表的常见操作包括创建（Create）、更新（Update）、读取（Read）和删除（Delete），也就是我们常说的CURD。本小节将以商品管理为例，逐个介绍如何基于 Gorm 实现基本的 CURD 操作。

首先，我们需要明确商品与商品 SKU（Stock Keeping Unit）的概念。商品表示某一个产品，商品 SKU 代表着同一种规格的商品（所有属性都相同，比如颜色、尺寸）。商品管理涉及两张数据表，商品表以及商品 SKU 表，定义如下所示：

```
// 商品表
create table mall_goods (
        `id` int unsigned NOT NULL AUTO_INCREMENT COMMENT '自增ID',
        `name` varchar(100) not null default '' comment '商品名称',
        `detail` TEXT not null  comment '商品详情',
        `category_id` int NOT NULL default 0 COMMENT '商品所在类别',
        ......
        PRIMARY KEY (`id`)
) ENGINE=InnoDB DEFAULT CHARSET=utf8mb4;
// 商品SKU表
CREATE TABLE `mall_goods_sku` (
    `id` int(11) unsigned NOT NULL AUTO_INCREMENT COMMENT '自增ID',
    `goods_id` int(11) unsigned NOT NULL DEFAULT '0' COMMENT '所属的商品ID',
    `attribute_ids` varchar(255) NOT NULL DEFAULT '' COMMENT 'sku属性ID列表',
    `spend_price` int(11) unsigned NOT NULL DEFAULT '0' COMMENT '成本价',
    `price` int(11) unsigned NOT NULL DEFAULT '0' COMMENT '售价',
    `left_store` int(11) unsigned NOT NULL DEFAULT '0' COMMENT '剩余库存',
    `all_store` int(11) unsigned NOT NULL DEFAULT '0' COMMENT '总库存',
......
) ENGINE=InnoDB DEFAULT CHARSET=utf8mb4;
```

接下来基于这两张表实现商品管理功能，也就是商品的创建、读取、更新以及删除。

### 1. 创建

创建商品需要同时操作商品表与商品 SKU 表，代码如下所示：

```
// 创建商品
var mallGoods MallGoods
db := dao.Db.Table(TABLE_MALL_GOODS).WithContext(ctx).Create(&mallGoods)
// 更新商品 SKU 关联的商品 ID
var mallSkus []MallGoodsSku
for idx, _ := range mallSkus {
    mallSkus[idx].GoodsID = mallGoods.ID
}
// 创建商品 SKU
db := dao.Db.Table(TABLE_MALL_GOODS_SKU).WithContext(ctx).Create(mallSkus)
```

在上面的代码中，第一步是新增商品记录。注意，在新增商品 SKU 记录之前，还需要更新商品 SKU 关联的商品 ID。想想为什么能通过变量 mallGoods.ID 获取到商品 ID 呢？这是因为 Gorm 在新增数据库记录之后会自动更新传入变量的 ID 字段（主键对应的字段）。而我们在创建商品时传递的参数是 &mallGoods，即商品对象的地址，所以才能通过变量 mallGoods.ID 获取到正确的商品 ID。另外可以看到，在新增商品 SKU 记录时，传递的是一个切片参数，这样 Gorm 会将本次操作转化为批量插入 SQL 语句。上述代码转化后的 SQL 语句如下所示：

```
// 批量插入商品
INSERT INTO `mall_goods` (`name`,`description`,`tags`,`detail`,`category_id`,`small_
    image`,`detail_image`,`price`,`status`) VALUES
```

```
(' 华为 Meta 50',' 华为手机 ','','',1,'xxx','xxx',0,1);
// 批量插入商品 SKU
INSERT INTO `mall_goods_sku` (`goods_id`,`attribute_ids`,`spend_price`,
`price`,`discount_price`,`left_store`,`all_store`,`status`) VALUES
(1,'1,2',6000,6500,6400,1000,1000,1),
(1,'1,3',5900,6400,6300,1000,1000,1),
(1,'1,4',6100,6600,6500,1000,1000,1)
```

说起批量操作，想想当需要创建的记录非常多时，也就是说一次可能需要 INSERT 非常多的记录，会不会有什么问题呢？众所周知数据库通常会成为服务的瓶颈（没办法随意扩容），当一次性 INSERT 非常多的记录时，可能会影响数据库性能（比如响应变慢、增加主从延迟等）。那怎么办呢？我们可以分批插入多条记录，比如通过下面的方式：

```
db := dao.Db.Table(TABLE_MALL_GOODS_SKU).WithContext(ctx).
CreateInBatches(mallSkus, 2)
```

可以看到，Gorm 框架支持分批操作。方法 CreateInBatches 包含两个输入参数，第一个参数可以传递需要创建的数据，第二个参数用于设置批量处理的数据量。经过这种方式改造之后，转化后的 SQL 语句如下所示：

```
// 第一次批量插入 2 条记录
INSERT INTO `mall_goods_sku` (`goods_id`,`attribute_ids`,`spend_price`,
`price`,`discount_price`,`left_store`,`all_store`,`status`) VALUES
(6,'1,2',6000,6500,6400,1000,1000,1),
(6,'1,3',5900,6400,6300,1000,1000,1);
// 第二次批量插入 1 条记录
INSERT INTO `mall_goods_sku` (`goods_id`,`attribute_ids`,`spend_price`,
`price`,`discount_price`,`left_store`,`all_store`,`status`) VALUES
(6,'1,4',6100,6600,6500,1000,1000,1);
```

在上面的 SQL 语句中，我们需要插入的数据有 3 条，并且批量处理的数据量设置为 2，所以本次操作被转化为了两条 SQL 语句，第一次批量插入 2 条记录，第二次批量插入 1 条记录。

### 2. 读取

读取就是从商品表与商品 SKU 表查询数据，代码如下所示：

```
// 根据商品分类 ID 查询商品列表
var mallGoods []MallGoods
db := dao.Db.Table(TABLE_MALL_GOODS).WithContext(ctx).Where("category_id = ?",
    cateId).Find(&mallGoods)
// 根据商品 ID 查询商品
var mallgoods MallGoods
mallgoods.ID = goodsId
db := dao.Db.Table(TABLE_MALL_GOODS).WithContext(ctx).First(&mallgoods)
```

在上面的代码中，方法 Where 用于追加 WHERE 查询条件，方法 Find 用于查询数据表中满足条件的记录，注意根据商品分类 ID 查询商品时应该返回多条商品数据，所以方法

Find 传递的是一个切片参数的地址。另外可以看到，根据商品 ID 查询商品时，我们只是赋值了变量 mallgoods.ID，并没有通过方法 Where 追加 WHERE 查询条件，这里 Gorm 框架会直接根据传入对象的主键字段生成对应的查询 SQL 语句。上述代码转化后的 SQL 语句如下所示：

```
// 根据商品分类 ID 查询商品列表
SELECT * FROM `mall_goods` WHERE category_id = 1;
// 根据商品 ID 查询商品
SELECT * FROM `mall_goods` WHERE `mall_goods`.`id` = 6 ORDER BY `mall_goods`.`id`
    LIMIT 1;
```

需要注意的是，当一次查询的数据量非常多时，也会影响性能，所以通常我们会选择批量查询，代码如下所示：

```
db := dao.Db.Table(TABLE_MALL_GOODS).WithContext(ctx).Where("category_id = ?",
cateId).FindInBatches(&mallGoods, 5, func(tx *gorm.DB, batch int) error {
    for _, goods := range mallGoods {
        fmt.Println("batch handle, goodId:", goods.ID)
    }
    return nil
})
```

在上面的代码中，方法 FindInBatches 用于批量查询数据，有三个参数：第一个参数是切片类型，用于存储查询到的数据；第二个参数用于设置批量查询的数据量；第三个参数是函数类型，通常用于处理查询到的数据。上述代码转化后的 SQL 语句如下所示：

```
SELECT * FROM `mall_goods` WHERE category_id = 1 ORDER BY `mall_goods`.`id`
LIMIT 5;
SELECT * FROM `mall_goods` WHERE category_id = 1 AND `mall_goods`.`id` > 5
ORDER BY `mall_goods`.`id` LIMIT 5;
......
```

可以看到，批量查询首先需要按照主键排序，其次需要在主键上增加筛选条件，最后基于 LIMIT 关键字实现，这与分页查询的逻辑非常类似。如果需要按照其他字段排序呢？比如数据的更新时间。这时候就无法使用默认的批量查询了，不过我们也可以自己实现批量查询功能，代码如下所示：

```
db := dao.Db.Table(TABLE_MALL_GOODS).WithContext(ctx).Where("category_id = ?",cateId).
    Order("updated_at desc").Limit(5).Offset(10).Find(&mallGoods)
```

在上面的代码中，方法 Order（对应 ORDER BY）用于设置排序字段与排序方式，方法 Limit（对应 LIMIT）用于设置返回数据量，方法 Offset（对应 OFFSET）用于设置偏移量。当然，基于这种方式实现批量查询时，通常外层还会有一个循环，每次循环都需要调整 OFFSET。上述代码转化后的 SQL 语句如下所示：

```
SELECT * FROM `mall_goods` WHERE category_id = 1 ORDER BY updated_at desc
LIMIT 5 OFFSET 10;
```

### 3. 更新

更新就是修改商品信息，可能涉及商品表与商品 SKU 表，以更新商品表记录为例，代码如下所示：

```
var mallGoods MallGoods
db := dao.Db.Table(TABLE_MALL_GOODS).WithContext(ctx).Updates(&mallGoods)
```

在上面的代码中，方法 Updates 用于更新数据表中的记录，那 WHERE 条件如何构造呢？默认是基于主键 ID 构造的 WHERE 条件。上述代码转化后的 SQL 语句如下所示：

```
UPDATE `mall_goods` SET `name`='华为 Meta 50',`description`='华为手机',
`category_id`=1,`small_image`='xxx',`detail_image`='xxx',`status`=1,
`updated_at`='2023-06-29 20:57:26.414' WHERE `id` = 6;
```

可以看到，我们传入的是一个商品对象，Gorm 框架根据对象中的主键字段（ID）构造了 WHERE 条件，其余字段都被更新了。需要注意的是，如果某一个字段为空值时，Gorm 框架是不会更新该字段的，如下所示：

```
// 商品对象
var mallGoods = MallGoods{
    ID:          6,
    Status:      0,
    Description: "测试修改",
    }
db := dao.Db.Table(TABLE_MALL_GOODS).WithContext(ctx).Updates(&mallGoods)
// 转化后的 SQL 语句
UPDATE `mall_goods` SET `description`='测试修改',`updated_at`='2023-06-29
21:08:08.561' WHERE `id` = 6
```

在上面的代码中，商品对象的 Status 字段为 0，也就是空值，这时候生成的 UPDATE 语句就没有更新 status 字段。那如果我们确实想将某一个字段更新为空值怎么办？这时候可以通过传递 map 参数实现，如下面代码所示：

```
var mallGoods = map[string]interface{}{
    "status": 0,
}
db := dao.Db.Table(TABLE_MALL_GOODS).WithContext(ctx).Where("id = ?", 6).Updates(mallGoods)
// 转化后的 SQL 语句
UPDATE `mall_goods` SET `status`=0 WHERE id = 6
```

在上面的代码中，这次我们往方法 Updates 传递的是一个 map 变量，并且 status 等于 0，仍然是空值，但是生成的 UPDATE 语句却更新了 status 字段。

另外，Gorm 默认会阻止全局更新，即默认不会执行没有 WHERE 条件的 UPDATE 语句。当然，如果你确实需要全局更新所有数据，可以添加永远为真的 WHERE 条件，比如"1 = 1"。

### 4. 删除

删除就是删除商品信息，可能涉及商品表与商品 SKU 表，以删除商品表记录为例，代码如下所示：

```
var mallGoods =  MallGoods {
    ID: 28,
}
db := dao.Db.Table(TABLE_MALL_GOODS).WithContext(ctx).Delete(&mallGoods)
// 转化后的 SQL 语句
DELETE FROM `mall_goods` WHERE `mall_goods`.`id` = 28
```

在上面的代码中，方法 Delete 用于删除数据库记录，默认也是根据主键 ID 构造的 WHERE 条件。当然，你也可以通过 Where 方法自定义 WHERE。

另外，Gorm 默认也会阻止全局删除，即默认不会执行没有 WHERE 条件的 DELETE 语句。当然，如果你确实需要删除所有数据，可以添加永远为真的 WHERE 条件，比如 "1 = 1"。

最后，如果某些查询语句比较复杂，以至于不太容易通过上面介绍的 4 种操作方式实现，这时候该怎么办呢？其实 Gorm 也可以执行原始 SQL 语句，如下所示：

```
var mallGoods []MallGoods
db.Raw("SELECT * from mall_goods WHERE category_id = ?", 1).Find(&mallGoods)
```

在上面的代码中，方法 db.Raw 用于执行原始 SQL 语句，这样不管查询语句多么复杂，理论上都可以实现了。

基于 Gorm 实现基本的 CURD 操作就介绍到这里了，由于篇幅限制，因此还有很多使用技巧我们没有介绍，有兴趣的读者可以查看官方文档。

### 6.4.3　事务

事务是由一组 SQL 语句组成的逻辑操作单元，同一个事务中的 SQL 语句要么全部执行成功，要么全部回滚（等价于这些 SQL 语句都没有执行）。事务具有四大特性：原子性（Atomicity）、一致性（Consistency）、隔离性（Isolation）、持久性（Durability），也就是大家熟知的 ACID。那如何基于 Gorm 框架实现事务呢？可以参考下面的伪代码：

```
tx := db.Begin()         // 开启事务
tx.Create(...)           // 执行基本的 CURD 操作
......
tx.Rollback()            // 如果发生错误，回滚事务
tx.Commit()              // 提交事务
```

在上面的代码中，方法 db.Begin 用于开启事务。注意，事务开启之后需要使用变量 tx 来执行 CURD 操作、事务提交与事务回滚操作。通过这种方式实现事务时，需要开发者手动提交事务（tx.Commit）或者回滚事务（tx.Rollback），即需要开发者自行判断是否发生了错误，以决定应该提交事务还是回滚事务。

当然，Gorm 框架还提供了另一种实现事务的方式。通过这种方式实现事务时，只要开发者返回了错误（error），Gorm 框架就会自动回滚事务；如果返回了 nil，Gorm 框架将会自

动提交事务。伪代码如下：

```
db.Transaction(func(tx *gorm.DB) error {
    if err := tx.Create(xxx).Error; err != nil {
        return err          // 如果返回错误，回滚事务
    }
    ......
    return nil              // 返回 nil，提交事务
})
```

以商品管理为例，创建商品时需要操作商品表与商品 SKU 表，涉及两次 INSERT 操作。如果没有使用事务，就可能出现新增商品成功，但是新增商品 SKU 失败，导致数据不一致的情况。因此，我们应该基于事务来实现创建商品的逻辑。代码如下所示：

```
func (repo GoodsRepositoryImpl) CreateGoods(ctx context.Context,
goods entity.GoodsInfo) (goodsId int, err error) {
    // 开启事务
    tx := db.GetDbInstance("").Begin()
        // 声明延迟调用 defer，判断函数是否返回错误：如果是，则回滚事务；否则提交事务
    defer func() {
        if err != nil {
            logger.WithContext(ctx).Errorf("return error, rollback")
            _ = tx.Rollback()
            return
        }
        _ = tx.Commit()
    }()
    // 新增商品
    repo.goodsDao.WithDBInstance(tx)
    goodsId, err = repo.goodsDao.CreateGoods(ctx, goods)
    if err != nil {
        return 0, err
    }
    // 更新关联商品 ID: sku.goodsid
    for idx, _ := range goods.SkuInfo {
        goods.SkuInfo[idx].GoodsId = goodsId
    }
    // 新增商品 SKU
    repo.goodskuDao.WithDBInstance(tx)
    _, err = repo.goodskuDao.CreateGoodsSku(ctx, goods.SkuInfo)
    if err != nil {
        return 0, err
    }
    return
}
```

在上面的代码中，在开启事务之后，我们声明了延迟调用 defer。当函数返回时，会自动执行 defer，这时候只需要判断是否返回了错误：如果是，则回滚事务；否则提交事务。另外，我们还对商品表和商品 SKU 表的操作进行了一些简单的封装，即针对商品表和商品

SKU 表，我们分别封装了对应的数据访问层代码。

最后补充一点，想要使用数据库事务，需要保证所有的 CURD 操作访问的都是同一个数据库实例。也就是说，当操作的两张数据表不在同一个数据库实例时，无法通过数据库事务保证一致性。举个例子，随着商城项目的发展，数据库压力过大，我们选择将商品表和订单表拆分到两个数据库实例。这样，当用户下单时，一方面需要扣减商品表的库存，另一方面需要创建订单记录，即需要访问两个数据库实例。这时候，无法通过数据库事务保证一致性。更甚者，如果某些业务场景既要操作数据库，又要访问第三方服务（非数据库），那么如何保证一致性呢？这两种情况只能通过分布式事务来实现。有兴趣的读者可以了解一下分布式事务的实现方式。

## 6.4.4 如何记录 Trace 日志

为什么要记录 Trace 日志呢？当然是帮助我们排查问题了。其实 Gorm 框架本身就可以记录 Trace 日志，我们可以很方便地通过配置打开 Trace 日志，配置如下：

```
type Config struct {
    SlowThreshold        time.Duration
    LogLevel             LogLevel
    ......
}
```

可以看到，我们可以通过该配置调整日志级别、慢响应阈值等。Gorm 框架在执行完数据库操作之后，会执行对应的回调函数。此时，如果日志级别满足条件，则记录对应的 Trace 日志（包含本次执行的 SQL 语句、执行耗时、影响行数）。那么，这能满足我们的需求吗？

需要注意的是，Gorm 框架默认记录的日志都没有 traceId 字段，即没办法实现全链路追踪功能。为了实现全链路追踪，就需要我们自定义日志库并替换 Gorm 框架默认的日志库。如何替换呢？幸运的是，Gorm 框架定义了一个接口，任何实现该接口的日志库都能替换 Gorm 框架默认的日志库，该接口定义如下所示：

```
type Interface interface {
    LogMode(LogLevel) Interface
    Info(context.Context, string, ...interface{})
    Warn(context.Context, string, ...interface{})
    Error(context.Context, string, ...interface{})
    Trace(ctx context.Context, beGin time.Time, fc func() (sql string, rowsAffected
        int64), err error)
}
```

参考上面的接口定义，自定义日志库需要实现上述 5 个方法，代码如下所示：

```
// 自定义日志库
type log struct {
}
```

```go
func NewGormLog() gormLogger.Interface {
    return &log{}
}
// 实现 gormLogger.Interface 接口的所有方法
func (l *log) LogMode(level gormLogger.LogLevel) gormLogger.Interface {
    return l
}
func (l log) Info(ctx context.Context, msg string, data ...interface{}) {
    WithContext(ctx).Infof(msg, data)
}
func (l log) Warn(ctx context.Context, msg string, data ...interface{}) {
    WithContext(ctx).Warnf(msg, data)
}
func (l log) Error(ctx context.Context, msg string, data ...interface{}) {
    WithContext(ctx).Errorf(msg, data)
}
func (l log) Trace(ctx context.Context, begin time.Time, fc func() (string,
int64), err error) {
    // 该方法的实现可以参考 Gorm 框架默认的日志库
}
```

在上面的代码中，最终我们使用的是业务日志库记录的数据库 Trace 日志。通过这种方式，我们自定义的日志库就能够支持全链路追踪功能了。另外，这里省略了 Trace 方法的实现代码，读者可以参考 Gorm 框架默认的日志库。

接下来就是在初始化 Gorm 的时候，用自定义日志库替换掉 Gorm 框架默认的日志库，代码如下所示：

```go
newLogger := logger.NewGormLog()          // 自定义日志库
gormConfig := gorm.Config{}
gormConfig.Logger = newLogger             // 替换默认日志库
// 初始化 gorm
db, err := gorm.Open(mysql.Open(conf.Dsn), &gormConfig)
```

经过替换，后续执行任何数据库操作都会记录 Trace 日志，并且该日志格式与我们的业务日志一致，如下所示：

```json
{"level":"INFO","ts":"xxx","file":"logger/gormLog.go:63",
"content":"gorm trace, sql=DELETE FROM `mall_goods` WHERE `mall_goods`.`id` = 28,
    affected_rows=1 duration=22.130162",
"traceId":"652927ce-7167-1abc-a692-31f4e9908b07"}
```

## 6.5　HTTP 调用

通常情况下，Web 服务可能会依赖一些第三方服务，并且这些第三方服务通过 HTTP 方式访问。这时候你可以使用 Go 语言原生的 HTTP 客户端，也可以使用成熟的开源框架，比如 go-resty。go-resty 是一款易用的、支持 RESTful 风格的 HTTP 客户端框架。本节将重点介绍 go-resty 框架的使用技巧，包括超时重试、客户端追踪、长连接与连接池和 Trace 日志等。

## 6.5.1 go-resty 框架概述

参考官方文档，go-resty 的使用非常简单，我们很容易就能基于它发起各种 HTTP 请求（GET、POST 等）。以 GET 请求为例，代码如下所示：

```
client := resty.New()
resp, err = client.R().SetQueryParams(map[string]string{
      "search": "kitchen papers",
      "size": "large",
    }).Get("xxx")
// 参数格式: search=kitchen%20papers&size=large
```

在上面的代码中，函数 resty.New 用于初始化 go-resty 客户端对象；方法 SetQueryParams 用于设置请求参数；方法 Get 用于发起一个 GET 请求。简单吧，POST 请求也比较类似，代码如下所示：

```
client := resty.New()
response := Response{}
_, err := client.R().
    SetHeader("Content-Type", "application/json").
    SetBody(Request{}).SetResult(&response).Post("xxx")
// 自定义响应结构体
type Response struct {
}
// 自定义请求结构体
type Request struct {
}
```

在上面的代码中，Request 是我们自定义的请求结构体，Response 是我们自定义的响应结构体，方法 SetHeader 用于设置请求头。注意，这里我们将内容格式设置为 application/json，这意味着请求体和响应体都将以 JSON 格式传输。方法 SetBody 用于设置请求体参数，该方法不仅支持结构体类型参数，也支持 map 类型参数和字符串类型参数。方法 SetResult 用于设置响应接收变量，go-resty 会自动将响应体数据反序列化到该变量。方法 Post 用于发起一个 POST 请求。

看到了吧，go-resty 是不是非常简单？但是在日常项目开发时，仍然需要注意一些使用细节。例如，在发起 HTTP 请求时，通常需要设置合理的超时时间。否则，如果依赖的第三方服务因某些原因变慢，会影响自身服务，极端情况下甚至可能会拖垮自身服务。go-resty 的超时控制逻辑也是基于上下文实现的。代码如下所示：

```
// 设置超时时间 1s
ctx, _ := context.WithTimeout(context.Background(), time.Second)
resp, err := client.R().SetContext(ctx)().Get("xxx")
// 报错信息: context deadline exceeded
```

在上面的代码中，我们设置的超时时间是 1s。当第三方服务的响应时间超过 1s 时，go-resty 就会返回错误，对应的错误信息是 context deadline exceeded。

另外，在某些业务场景下，当第三方服务因为某些原因返回某些错误时，可能需要重试。go-resty 也支持自动重试，同时还支持自定义重试条件，使用方式如下所示：

```
client := resty.New()
client.SetRetryCount(5)
// 设置重试等待时间初始值
client.SetRetryWaitTime(time.Second)
// 设置最大重试等待时间
client.SetRetryMaxWaitTime(time.Second * 10)
// 设置重试时的钩子函数
client.AddRetryHook(func(response *resty.Response, err error) {
    fmt.Println("http request retry:", response.Request.Attempt, "response:", response.
        String(), "time:", time.Now().String())
})
// 自定义重试策略
resp, err := client.R().AddRetryCondition(func(response *resty.Response, err
error) bool {
    var r Response
    _ = json.Unmarshal(response.Body(), &r)
    if r.Code != 0 {
        return true
    }
    return false
}).Get("xxx")
// 响应结构体
type Response struct {
    Code int     `json:"code"`
    ......
}
```

在上面的代码中，方法 SetRetryCount 用于设置最大重试次数，方法 SetRetryWaitTime 用于设置重试等待时间初始值（默认 100ms），方法 SetRetryMaxWaitTime 用于设置最大重试等待时间（默认 2s），方法 AddRetryCondition 用于设置重试策略（返回 true 表示需要重试）。此外，可以看到，我们自定义了响应结构体 Response，并且当返回的 Code 不等于 0 时自动重试。另外，方法 AddRetryHook 用于设置重试时的钩子函数，我们在每次重试时都会打印一条语句。

重试等待时间是什么？思考一下，当第三方服务返回错误时，如果我们立即重试，很有可能还会得到一个错误的响应，并且频繁地重试对第三方服务的压力也比较大，所以通常我们都会稍微等待一点时间再重试。go-resty 每次重试的等待时间并不是固定的，而是根据重试等待时间的初始值与最大值计算得到的。以上面的程序为例，重试的时间如下面所示：

```
http request retry: 1 response: {xxx} time: 2023-06-30 20:22:26.404515
```

```
http request retry: 2 response: {xxx} time: 2023-06-30 20:22:27.410005
http request retry: 3 response: {xxx} time: 2023-06-30 20:22:28.556152
http request retry: 4 response: {xxx} time: 2023-06-30 20:22:32.138481
http request retry: 5 response: {xxx} time: 2023-06-30 20:22:38.867804
http request retry: 6 response: {xxx} time: 2023-06-30 20:22:44.723141
```

参考上面的输出结果可以明显看到，go-resty 的重试等待时间是逐步增大的。这是因为 go-resty 采用的是指数退避算法。由于我们设置的重试等待时间初始值是 1s，按照指数计算的话，重试等待时间应该是 1s、2s、4s、8s、16s 等。go-resty 在此基础上还加入了随机值，所以整体来看，重试等待时间是逐步增大且随机的。当然，go-resty 也支持自定义重试等待策略，参考下面的代码：

```
client.SetRetryAfter(func(client *resty.Client, response *resty.Response)
    (time.Duration, error) {
        // 第 i 次重试时，重试等待时间 i 秒（不会超过最大重试等待时间）
    return time.Duration(response.Request.Attempt) * time.Second, nil
})
```

### 6.5.2 请求追踪

go-resty 支持请求追踪功能，什么是请求追踪呢？就是我们可以获取到本次请求的一些基本信息，包括 DNS（Domain Name System，域名系统）查询时间、连接基本信息（连接建立时间、是否复用等）、请求处理时间等。这些信息有什么用呢？当然是帮助我们排查问题了。举一个例子，我曾经遇到过这样一个问题：服务都是容器化部署，DNS 查询会偶现 5s 超时问题，表现就是 Web 服务偶现响应变慢，排查发现是访问第三方服务超时，但是第三方服务反馈自身服务的响应都是正常的。那这个问题该如何排查呢？想想如果有请求追踪功能，那是不是很容易就能确定是 DNS 查询超时导致的呢？

go-resty 打开请求追踪功能非常简单，参考下面的代码：

```
client := resty.New()
resp, err := client.R().EnableTrace().Get(xxx)
// 输出请求追踪数据
trace, _ = json.Marshal(resp.Request.TraceInfo())
fmt.Println(string(trace))
```

在上面的代码中，方法 EnableTrace 用于打开请求追踪功能，最终我们可以通过方法 TraceInfo 获取请求追踪相关的数据。输出结果如下面所示：

```
{"DNSLookup":0,"ConnTime":390617,"TCPConnTime":274291,"TLSHandshake":0,
"ServerTime":794590,"ResponseTime":60225,"TotalTime":1147696,
"IsConnReused":false,"IsConnWasIdle":false,"ConnIdleTime":0,
"RequestAttempt":1,"RemoteAddr":{"IP":"127.0.0.1","Port":8080,"Zone":""}}
```

参考上面的输出结果，DNSLookup 表示 DNS 查询时间，ConnTime 表示成功获取到一个可用连接的时间，TCPConnTime 表示 TCP 连接建立时间，其他参数这里就不一一赘述了。有兴趣的读者可以查看 go-resty 底层的结构体定义，每一个字段都有注释说明，如下所示：

```
type TraceInfo struct {
    // DNS 查询时间
    DNSLookup time.Duration
    // 成功获取到一个可用连接的时间
    ConnTime time.Duration
    ......
}
```

最后思考一下，go-resty 是如何实现的请求追踪呢？首先 go-resty 底层肯定也是基于 Go 语言原生的 HTTP 客户端实现的，那它是如何获取到这些非常底层的追踪数据的呢？比如 DNS 查询时间、连接建立时间等。只有一种可能，Go 语言原生就支持请求追踪。我们可以使用的 Go 语言原生 HTTP 客户端模拟实现的请求追踪，代码如下：

```
func httpTrace() {
    req, _ := http.NewRequest("GET", "xxx", nil)
    // 可设置 HTTP 请求各阶段的回调函数
    trace := &httptrace.ClientTrace{
        GotConn: func(connInfo httptrace.GotConnInfo) {
            fmt.Printf("Got Conn: %+v\n", connInfo)
        },
        GotFirstResponseByte: func() {
            fmt.Printf("Got GotFirstResponseByte: %+v\n", time.Now())
        },
    }
    // 设置到请求上下文
    req = req.WithContext(httptrace.WithClientTrace(req.Context(), trace))
    client := http.Client{}
    resp, err := client.Do(req)
    ......
}
```

参考上面的程序，结构体 httptrace.ClientTrace 用于实现请求追踪，该结构体有许多字段（都是函数类型），我们可以通过这些字段设置 HTTP 请求各阶段的回调函数。可以看到，我们设置了两个回调函数，这两个回调函数将分别在获取到 TCP 连接时和获取到第一个字节响应数据时执行。另外，我们将变量 trace（httptrace.ClientTrace）设置到了请求上下文，也就是说，Go 语言能随时获取到变量 trace。获取到之后呢？当然是执行对应的回调函数了。上述程序最终输出的结果如下所示：

```
Got Conn: {Conn:0xc000186000 Reused:false WasIdle:false IdleTime:0s}
Got GotFirstResponseByte: 2023-06-30 21:26:29.253939 +0800
```

可以看到，我们设置的回调函数确实执行了，也就是说我们可以通过这种方式记录整个 HTTP 请求期间的所有事件，包括查询 DNS 服务、建立连接、发送请求、读取响应等。基于此，实现类似于 go-resty 的请求追踪功能也就非常简单了。

### 6.5.3 长连接还是短连接

众所周知，HTTP 协议是基于 TCP 协议实现的，因此一个完整的 HTTP 请求流程通常需要建立 TCP 连接（三次握手）、传输数据（客户端发起 HTTP 请求与服务端返回响应）与关闭 TCP 连接（四次挥手）。这种方式被称为短连接。考虑到效率问题，人们提出了长连接的概念。长连接的含义是在处理完一个 HTTP 请求后，客户端与服务端都不关闭 TCP 连接。这样，当客户端再次发起 HTTP 请求时，可以复用该 TCP 连接，避免不必要的连接建立。那么，go-resty 发起 HTTP 请求时，是基于长连接还是短连接呢？我们可以进行简单的测试，代码如下：

```
func restyGet() {
    client := resty.New()
    // 第一次 HTTP 请求
    resp, _ := client.R().EnableTrace().Get(xxx)
    trace, _ := json.Marshal(resp.Request.TraceInfo())
    fmt.Println(string(trace))
    // 第二次 HTTP 请求
    resp, _ = client.R().EnableTrace().Get(xxx)
    trace, _ = json.Marshal(resp.Request.TraceInfo())
    fmt.Println(string(trace))
}
```

在上面的代码中，我们总共发起了两次 HTTP 请求，并且都输出了请求追踪数据。输出结果如下所示：

```
// 省略了部分字段
{"IsConnReused":false,"IsConnWasIdle":false,"ConnIdleTime":0}
{"IsConnReused":true,"IsConnWasIdle":true,"ConnIdleTime":256608}
```

参考上面的输出结果，字段 IsConnReused 表示是否复用连接。可以看到，第一次发起 HTTP 请求时，并没有复用连接。为什么呢？因为没有可用的 TCP 连接。而第二次发起 HTTP 请求时，因为存在一个 TCP 连接，所以复用了该连接。也就是说，go-resty 默认使用的是长连接。

根据之前的介绍，使用长连接的目的是提升效率。然而，一些 Go 初学者可能会误用长连接。参考下面的例子：

```
func testWithRestyNew() {
    for i := 0; i < 8; i++ {
        go func() {
            for j := 0; j < 10; j++ {
                client := resty.New()
                _, _ = client.R().Get("http://127.0.0.1:8888/get")
            }
        }()
    }
}
```

在上面的代码中，我们并发地发起了 80 个 HTTP 请求。由于存在连接复用的情况，因此理论上 TCP 连接数应该不是很多。运行上面的程序，并使用 netstat 命令查看 TCP 连接，结果如下：

```
$ netstat -ant | grep 8888
tcp4       0      0  127.0.0.1.8888          127.0.0.1.63221         ESTABLISHED
tcp4       0      0  127.0.0.1.63221         127.0.0.1.8888          ESTABLISHED
......
// 统计 TCP 连接数
$ netstat -ant | grep 8888 | wc -l
    161
```

参考上面的输出结果，总共有 161 个 TCP 连接。为什么会这么多呢？假设 80 个 HTTP 请求都没有复用连接，都是新建的 TCP 连接，那么 TCP 连接总数应该是 160（TCP 连接是双向的）。还有一个 TCP 连接是服务端用于监听客户端请求的（LISTEN），所以总共有 161 个 TCP 连接。这么看来，每次请求都没有复用连接，但是 go-resty 默认使用的是长连接，不是吗？

首先，go-resty 默认使用的确实是长连接，并且是基于 Go 语言连接池实现的连接复用，该连接池维护着所有不再使用的连接。当发起 HTTP 请求时，Go 语言也会优先从连接池获取连接，如果获取不到才会新建 TCP 连接。然而回顾上面的程序你会发现，每次发起 HTTP 请求时，我们都调用了函数 resty.New 来初始化 go-resty 客户端对象。这导致每一次请求底层都创建了新的连接池，而新的连接池肯定是没有可用连接的，所以每次请求都会新建 TCP 连接。修改上面的程序并重新测试，结果如下所示：

```
func testWithoutRestyNew() {
    // 初始化 go-resty 客户端对
    client = resty.New()
    for i := 0; i < 8; i++ {
        go func() {
            for j := 0; j < 10; j++ {
            _, _ = client.R().EnableTrace().Get("http://127.0.0.1:8888/get")
            }
        }()
    }
}
// 统计 TCP 连接数
$ netstat -ant | grep 8888 | wc -l
            17
```

可以看到，TCP 连接数大大减少，这是因为所有的 HTTP 请求都共用了同一个连接池，并且部分 HTTP 请求复用了连接。

最后总结一下，go-resty 默认会使用长连接，但是使用过程中一定要特别注意，千万不要每次都初始化 go-resty 客户端对象，这会导致 TCP 连接无法复用。

## 6.5.4　如何记录 Trace 日志

Trace 日志的重要性这里就不再赘述了，那么在使用 go-resty 时，我们又该如何记录 HTTP 调用的 Trace 日志呢？go-resty 其实也支持自定义日志库，只需要你的日志库实现对应的接口就行，接口定义如下所示：

```
// 替换日志库
client.SetLogger()
// 日志库接口定义
type Logger interface {
    Errorf(format string, v ...interface{})
    Warnf(format string, v ...interface{})
    Debugf(format string, v ...interface{})
}
```

在上面的代码中，使用自定义的日志库替换 go-resty 的默认日志库非常简单。但是，需要注意的是，日志库接口 Logger 定义的几个方法都没有上下文参数，也就是说通过这种方式记录的日志没办法实现全链路追踪功能。

go-resty 在发送请求之前、接收到响应之后也会执行两个回调函数，那我们能否通过回调函数实现 Trace 日志功能呢？我们先看一下这两个回调函数的定义，如下所示：

```
// 设置回调函数
client.OnRequestLog()
client.OnResponseLog()
// 回调函数的定义
RequestLogCallback func(*RequestLog) error
ResponseLogCallback func(*ResponseLog) error
```

参考回调函数的定义，同样都没有上下文参数，即通过这种方式记录的日志也没办法实现全链路追踪功能。那还有其他办法吗？

go-resty 还为我们提供了很多钩子函数，这些钩子函数将在发送请求之前、接收到响应之后执行，我们也可以通过这些钩子函数实现 Trace 日志功能。go-resty 支持的钩子函数的定义如下：

```
udBeforeRequest    []RequestMiddleware
afterResponse      []ResponseMiddleware
errorHooks         []ErrorHook
......
// 函数定义
RequestMiddleware func(*Client, *Request) error
ResponseMiddleware func(*Client, *Response) error
```

在上面的代码中，钩子函数 udBeforeRequest 在发送请求之前执行，钩子函数 afterResponse 在接收到响应之后执行，钩子函数 errorHooks 在请求发生错误时执行。基于钩子函数实现 Trace 日志功能的代码如下所示：

```
client.OnAfterResponse(func(client *resty.Client, response *resty.Response)
```

```
error {
    traceId := response.Request.Context().Value("traceId")
    traces, _ := json.Marshal(response.Request.TraceInfo())

    str:= fmt.Sprintf("http request:%v traceId:%v response:%v trace:%v", response.
        Request.URL, traceId, response.String(), string(traces))
    fmt.Println(str)
    return nil
})
// 发送请求，设置上下文 context 对象
ctx := context.WithValue(context.Background(), "traceId", "1234567890")
resp, err := client.R().SetContext(ctx).EnableTrace().Get(xxx)
```

在上面的代码中，我们通过方法 OnAfterResponse 设置了钩子函数，并且在发送请求时设置了 context 对象。这样当接收到响应后执行对应的钩子函数时，我们就能获取到 context 对象，进一步就能获取到 traceId。上述代码的输出结果如下所示：

```
http request:xxx traceId:1234567890 response:{"code":0,"msg":"success"}
trace:{"DNSLookup":0,"ConnTime":587848,"TCPConnTime":394050, ……}
```

可以看到，通过这种方式，我们既可以实现 Trace 日志功能，又能保证日志中包含 traceId，从而实现全链路追踪的功能。当然，钩子函数的作用远不止这些，我们可以在钩子函数中实现任何逻辑，比如熔断降级策略等。

## 6.6 单元测试

单元测试是指对程序中的最小可测试单元进行测试和验证，一个测试单元可以理解为一个函数、一个方法（或者一个类）等。日常项目开发过程中，单元测试是必不可少的。Go 语言提供了单元测试标准库，我们可以很方便地通过该标准库实现基础测试、性能测试、示例测试、模糊测试以及分析代码覆盖率等。本节主要介绍 Go 单元测试标准库的使用方式，以及如何在项目中应用单元测试。

### 6.6.1 Go 语言中的单元测试

首先需要强调一点，在 Go 语言中，单元测试文件必须以 x_test.go 格式命名，并且测试函数也必须以一定格式命名。go test 命令用于运行指定路径下的单元测试文件，该命令会编译单元测试文件，并运行对应的测试函数，以及输出测试结果。我们举一个简单的单元测试示例，验证绝对值函数的正确性，如下所示：

```
// 文件: mall/test/demo_test.go
func TestAbs(t *testing.T) {
    got := math.Abs(-1)
    if got != 1 {
        t.Errorf("Abs(-1) = %v; want 1", got)
```

```
        }
    }
```

通过 go test 命令执行上面的单元测试文件，结果如下所示：

```
go test test/demo_test.go
ok          command-line-arguments 0.687s
```

参考上面的输出结果，单元测试执行成功，总耗时 0.687s。那么，Go 语言都支持哪几种类型的单元测试呢？主要分为基础测试、性能测试、事例测试、模糊测试以及代码覆盖率测试，这几种测试类型的详细信息可以通过 help 命令查看，如下所示：

```
go help testfunc
// 基础测试
A test function is one named TestXxx (where Xxx does not start with a
lower case letter) and should have the signature,

    func TestXxx(t *testing.T) { ... }
// 性能测试
A benchmark function is one named BenchmarkXxx and should have the signature,

    func BenchmarkXxx(b *testing.B) { ... }
......
```

参考上面的输出结果，基础测试的测试函数命名格式为 TestXxx，这种类型的单元测试通常用来判断结果是否符合预期，如果不符合可以使用 t.Errorf 输出错误提示；性能测试的测试函数命名格式为 BenchmarkXxx，这种类型的单元测试通常用来分析程序性能，输出结果会包含程序的运行次数以及平均耗时。补充一下，性能测试的原理是多次执行一段程序，并计算程序的平均耗时，以此评估程序性能。性能测试的执行时间、执行次数等可以通过参数指定，支持的参数可以通过 help 命令查看，如下所示：

```
go help testflag
    // 性能测试执行时间，默认 1s；另外 Nx 可以设置测试的循环次数
    -benchtime t
    // 性能测试执行次数
    -count n
    // 设置逻辑处理器 P 的数目，默认等于 CPU 核数
    -cpu 1,2,4
    ......
```

参考上面的输出结果，参数 benchtime 可以设置单次性能测试的执行时间，默认为 1s，另外也可以通过 $Nx$（比如 -benchtime 100x）方式设置单次性能测试的循环次数；参数 count 用于设置性能测试的执行次数；参数 cpu 用户设置逻辑处理器 P 的数目，默认等于 CPU 核数。

接下来以性能测试为例，介绍如何通过性能测试分析对比程序性能。字符串应该是每一个 Go 开发者都比较熟悉的数据结构吧。在 Go 语言中，字符串是只读的，不能修改的，

我们常用的字符串相加操作底层其实是通过申请内存与数据复制方式实现的，这种方式的性能其实是比较差的。基于此，Go 语言在字符串库函数里为我们提供了 stringBuilder，我们可以通过它实现字符串相加操作，性能要比原始字符串相加操作好很多。我们可以通过性能测试验证一下这两者的性能差别，代码如下所示：

```
func BenchmarkStringPlus(b *testing.B) {
    s := ""
    for i := 0; i < b.N; i++ {
        s += "abc"
    }
}
func BenchmarkStringBuilder(b *testing.B) {
    build := strings.Builder{}
    for i := 0; i < b.N; i++ {
        build.WriteString("abc")
    }
}
```

在上面的代码中，函数 BenchmarkStringPlus 用于测试原始字符串相加操作的性能，函数 BenchmarkStringBuilder 测试基于 Go 语言字符串库实现的字符串相加操作的性能。运行上面的单元测试，结果如下所示：

```
$ go test test/demo_test.go  -benchtime 100000x  -count 2 -bench .
BenchmarkStringPlus-8                100000              16614 ns/op
BenchmarkStringPlus-8                100000              15138 ns/op
BenchmarkStringBuilder-8             100000              3.434 ns/op
BenchmarkStringBuilder-8             100000              4.791 ns/op
```

参考上面的输出结果，第一列表示测试函数（数字 8 表示执行当前测试函数时的逻辑处理器 P 的数目，本示例的结果理论上与逻辑处理器 P 的数目无关），第二列表示单次性能测试的循环次数，第三列表示每次循环的平均耗时。

当然还有其他类型的单元测试，比如示例测试、模糊测试等，这里就不一一介绍了，有兴趣的读者可以自己编写一个测试示例来实践一下。

## 6.6.2　引入单元测试

前面几个小节实现了用户登录、商品管理等功能，这里可以使用 Go 语言单元测试库验证一下这些功能。以用户登录为例（参考 6.4.1 小节），登录接口包含两个功能：①如果用户是第一次登录系统，则自动创建一条用户记录；②生成 Token 并返回给客户端。

6.4.1 小节提到，当前用户登录的逻辑其实是不完善的，存在漏洞。不知道你能不能看出来是什么漏洞？思考一下，如果同一个用户登录请求（首次登录）同时到达服务，这时候查询用户信息可能都会返回空，那接下来都会新增一条用户记录，最终用户表中将存在两条用户记录。也就是说，我们的登录接口存在并发漏洞。会出现这种情况吗？很简单，我们写一个单元测试验证一下就知道了。测试程序如下：

```
// 文件: test/userSvc_test.go
func TestUserLogin(t *testing.T) {
    login := entity.LoginReq{}
    var user1,user2 entity.LoginResp
    // 通过两个协程默认并发请求
    go func() {
        user1, err = service.APILogin(context.Background(), login)
    }()
    go func() {
        user2, err = service.APILogin(context.Background(), login)
    }()
    time.Sleep(time.Second * 1)          // 休眠等待两个协程实现结束
    if user1.UserId != user2.UserId {    // 如果用户ID不相等，说明出现异常
        t.Errorf("user1.UserId=%d not equal user2.UserId=%d", user1.UserId, user2.
            UserId)
    }
}
```

参考上面的测试用例，我们通过两个异步协程模拟并发登录请求的情况。函数 service. APILogin 会返回用户 ID，因此我们可以判断两次登录返回的用户 ID 是否相等。如果不相等，说明新建了两条用户记录。运行上面的单元测试，结果如下：

```
go test test/userSvc_test.go
--- FAIL: TestUserLogin (1.00s)
    userSvc_test.go:41: user1.UserId=12 not equal user2.UserId=10
```

参考上面的输出结果，两次登录返回的用户 ID 确实不相等。也就是说，当同一个用户的首次登录请求同时由服务端程序处理时，存在并发问题（用户表中插入了两条用户记录）。当然，你也可以基于日志排查这一并发问题，毕竟我们记录了所有的数据库操作的 Trace 日志。

那么如何解决这一并发问题呢？通常我们会通过分布式锁来解决并发问题。比如，在处理请求之前先抢占锁，只有抢占到锁之后才能处理用户登录请求。分布式锁有很多种实现方式，比如 Zookeeper、Redis 等。我们将在 7.2 节介绍如何基于 Redis 实现分布式锁。

## 6.7 本章小结

本章的主题是 Go 项目搭建。本章的内容非常多，因为一个完整的 Go 项目需要依赖很多组件，比如服务路由、数据库、日志、HTTP 客户端、单元测试等。每一个组件都值得详细讲解。这里需要说明的是，由于篇幅有限，本章的很多示例程序都只是摘抄了部分代码，完整的项目代码可以从 GitHub（github.com/lishuo0/go-book-mall）下载。本章主要介绍了以下几方面内容。

1）Go 项目的代码布局标准和三层架构思想。基于这些，我带领大家从 0 到 1 搭建了一个基本的商城项目。当然，在项目搭建过程中，还用到了一些第三方框架，如命令管理框架 cobra 和配置管理框架 Viper。

2）Go 语言最常用的 Gin 框架，包括路由分组与路由注册，中间件 middleware 的使用技巧等。我们还基于中间件实现了统一的登录状态校验功能，以及记录访问日志。

3）日志也是 Go 项目中不可缺少的组件。本章详细介绍了 Uber 技术团队开源的日志框架 Zap 的使用技巧，以及如何实现全链路追踪功能。我们分别基于 context 对象以及协程 ID 实现了两种方式的全链路追踪。

4）数据库是 Web 服务不可缺少的依赖之一。在 Go 语言中，我们通常会采用一些 ORM 框架来操作数据库。本章以用户登录以及商品管理为例，详细介绍了如何基于 Gorm 框架操作数据库，包括基于 CURD 操作和事务等。

5）HTTP 客户端框架 go-resty。这是一款易用的、支持 RESTful 风格的框架。本章我们重点介绍了 go-resty 框架的使用技巧，包括超时重试、客户端追踪、长连接与连接池等。

6）Go 语言单元测试标准库。我们通过两个具体的示例，讲解了如何实现基础测试以及性能测试。当然，还有其他类型的单元测试，比如示例测试和模糊测试等。有兴趣的读者可以自己实践一下。

# 高性能 Go 服务开发

在第 6 章，我们以经典的商城项目为例，逐步搭建了一个完整的 Go 项目，但是这个项目的性能怎样呢？能否应对高并发流量（比如秒杀活动）呢？如果不能，我们该如何优化系统性能呢？性能优化的前提是确定服务瓶颈，其实这个项目最大的瓶颈就在数据库，数据库的性能优化是有方案可循的：首先是分库分表；其次是缓存（Redis 缓存、本地缓存等）。本章将对这两种方案进行详细介绍。另外，本章还将讲解 Go 服务本身的性能优化方案，包括资源（协程、连接、对象等）复用、异步化处理、并发处理、无锁编程等。

## 7.1 分库分表

数据库通常是 Web 服务的性能瓶颈，为什么呢？因为一般情况下，单个数据库实例的 QPS（Queries-Per-Second，每秒查询次数）也就几千，这只能满足小型系统的需求，而某些中大型系统有可能需要承接数万甚至数十万的 QPS，单个数据库实例是绝对扛不住的。那么如何优化数据库性能呢？一方面，可以通过提升机器性能来优化数据库配置，同时通过优化表结构、查询语句等方式尽可能地提升单个数据库实例的 QPS；另一方面，也可以通过分库分表方式提升数据库的 QPS。本节将重点介绍如何通过分库分表优化数据库性能。

### 7.1.1 分库分表基本原理

分库的含义就是将一个数据库拆分成多个数据库，并部署到不同的机器。例如，我们可以将商城项目的用户表、商品表、订单表等分别拆分到 3 个数据库实例。这样一来，原本一个数据库实例的压力就分散到了 3 个数据库实例（用户库、商品库、订单库）。总体而言，数据库的性能得到了提升。分库示意如图 7-1 所示。

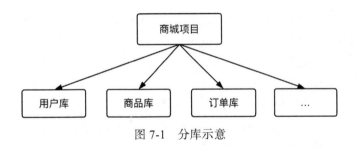

图 7-1　分库示意

通过这种方式优化之后就能万无一失了吗？举一个例子，假设商品模块的访问 QPS 在 1 万以上，而单个数据库实例的 QPS 在几千。也就是说，拆分数据库之后，商品库的性能依然无法满足条件。还有什么办法可以优化数据库性能呢？这时候我们通常会选择主从架构（读写分离）方案。首先，从数据库实例会实时同步主数据库实例的数据；其次，读请求可以由从数据库实例处理，写请求由主数据库实例处理。通过这种方式，数据库性能可以得到成倍的提升。读写分离方案示意如图 7-2 所示。

使用读写分离方案时，一定要注意：主数据库实例的数据同步到从数据库实例是有延迟的。也就是说，当执行了一条写请求（INSERT、UPDATE、DELETE）时，如果立即执行读请求（QUERY）查询对应的数据，结果可能不符合预期。因为这时候主数据库的数据修改可能还没有同步到从数据库。另外，使用读写分离方案时，项目中获取数据库实例的代码逻辑需要根据操作类型进行相应的调整，改造成本还是不小的。

那还有什么其他方案吗？我们也可以在业务代码和数据库实例之间加一层代理服务。代理服务将自己伪装成数据库实例，接收业务请求并转发给后端真正的数据库实例。这样就只需要在代理服务上实现读写分离逻辑即可。基于代理服务实现的读写分离方案示意如图 7-3 所示。

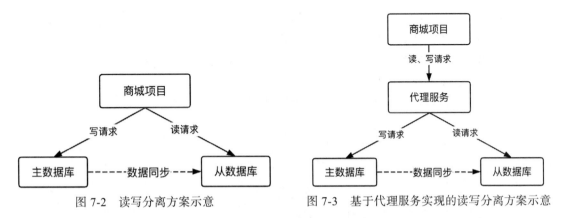

图 7-2　读写分离方案示意　　　　图 7-3　基于代理服务实现的读写分离方案示意

需要说明的是，我们不可能通过增加从数据库来无限制地提升数据库性能，毕竟主、从数据库实例之间的数据同步也是有开销的。另外，虽然可以部署多个从数据库实例，但是主数据库实例只有一个，也就是说通过这种方式无法提升写请求的 QPS。

还有什么方案能优化数据库性能吗？分表。分表就是将一张数据表拆分为多张数据表，这些数据表可以在一个数据库实例中，也可以在多个数据库实例中。众所周知，当一张数据表的数据量过大时，即使命中了索引查询也会变慢（如果没有命中索引，查询将会非常慢），这是因为 MySQL 数据库（以 InnoDB 引擎为例）的索引基于 B+ 树实现，查询耗时与 B+ 树的高度有关，当数据量过大时，B+ 树的高度增加，查询耗时将会随之增加。所以，分表可以在一定程度上提升数据库性能，即使这些拆分后的数据表都在同一个数据库实例中。当然，如果我们将这些拆分后的数据表分布在多个数据库实例中，数据库性能还可以得到大幅度提升。

分表有两种实现方式。

1）垂直分表：这种方式适用于列非常多的数据表，这时候我们可以将一些不常用的、数据量较大的列拆分到其他数据表。

2）水平分表：这种方式适用于数据量非常大（行记录非常多）的数据表。这里以订单表为例，介绍如何实现水平分表。水平分表的核心在于，以什么维度拆分数据表，比如我们可以按照时间拆分，可以按照订单 ID 拆分，也可以按照用户 ID 拆分。其中，按照时间分表的示意如图 7-4 所示。

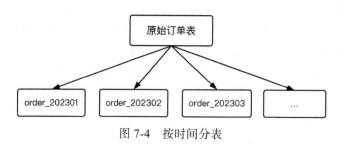

图 7-4　按时间分表

图 7-4 中是按照月份分表的，这种分表方式的好处是数据表会随着时间自动水平扩展。可以看到，同一个月的订单将分布在同一张数据表上，也就是说这种方式特别适用于按照时间范围查询订单。按照订单 ID 或者用户 ID 分表的示意如图 7-5 所示。

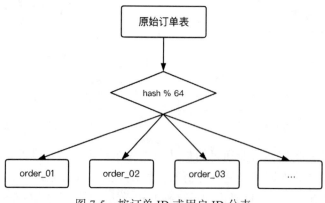

图 7-5　按订单 ID 或用户 ID 分表

参考图 7-5，按照订单 ID 或者用户 ID 分表时，需要预先确定好分表规模（将订单表拆分成多少张表，根据自身业务评估），因为我们需要根据订单 ID 或者用户 ID 的散列值以及表规模计算当前数据属于哪一张数据表。

那到底应该按照哪种方式水平分表呢？这取决于查询需求。设想一下，如果将订单表按照订单 ID 拆分为 64 张表，那么当用户查询自己的订单列表时，该如何实现呢？这时候你可能会说，将订单表按照用户 ID 拆分不就可以了，这样是能满足用户查询订单列表的需求，但是如果我们还需要根据订单 ID 查询订单数据呢？

当然，由于订单查询的维度通常比较多，但是水平拆分订单表的维度只能有一个，为了解决这一问题，我们可以通过二级索引建立其他维度与拆分维度之间的映射关系。比如，当以用户 ID 拆分订单表时，如果我们能够通过二级索引查询订单 ID 与用户 ID 的映射关系，那就能实现根据订单 ID 查询订单数据的需求。

最后，没有绝对完美的方案，分库分表确实能在一定程度上优化数据库性能，但是存在一些缺点，比如增加了系统复杂度⊖。另外，分库分表之后的一些复杂查询（比如部分分页查询）的实现成本将会非常高，数据库事务可能也无法使用。

## 7.1.2　基于 Gorm 的分表

分库分表能在一定程度上优化数据库性能，但是为了实现分库分表，我们可能需要改造业务代码。当然，我们也可以尝试在框架层实现，这样就不需要大量改造业务代码了。

查看 Gorm 官方文档，可以看到 Gorm 框架本身就支持分表（基于一个插件实现），只是需要注意的是，通过这种方式实现的分表，要求拆分后的数据表都在同一个数据库实例。

基于 Gorm 框架实现分表非常简单，只需要在初始化 Gorm 实例的时候引入分表插件，并声明需要拆分的数据表、拆分维度、拆分数据表数目等就可以了，代码如下所示：

```
tx := db.GetDbInstance("")
_ = tx.Use(sharding.Register(sharding.Config{
    ShardingKey:        "user_id",
    NumberOfShards:     4,
    PrimaryKeyGenerator: sharding.PKSnowflake,
}, "mall_order"))
```

在上面的代码中，方法 tx.Use 用于注册插件，可以看到，我们将在订单表 mall_order 上使用分表插件，分表维度使用的是用户 ID（数据列 user_id），订单表将被拆分为 4 张子表。引入分表插件之后，当我们再次操作订单表时，分表插件将会改写 SQL 语句，转化为操作拆分后的订单子表。以创建订单的代码为例：

```
orderDao := db.NewOrderDbDao().WithDBInstance(tx)
_, err := orderDao.CreateOrder(context.Background(), entity.OrderInfo{
```

---

⊖ 可能需要改造业务代码，当然也可以通过代理服务解决，但是代理服务又会在一定程度上增加耗时，并且代理服务的稳定性至关重要。

```
            OrderId:     uuids,
            UserId:      125404,
            TotalAmount: 100,
            GoodsNum:    1,
        })
```

执行上述代码后，你会发现创建订单的逻辑返回了错误，错误信息如下：

```
INSERT INTO `mall_order` (`user_id`,`order_id`,……) VALUES
(125404,'2ac46bad-54bc-ccc9-0b45-609522f37b0c-125404',……)
Error 1146 (42S02): Table 'mall.mall_order_0' doesn't exist
```

可以看到，错误信息显示表 mall.mall_order_0 不存在，这是因为我们还没有创建拆分后的 4 张订单子表。但是输出的 SQL 语句仍然向原始订单表 mall_order 插入数据，这是因为分表插件只是在 Gorm 执行 SQL 时修改了 SQL 语句，而 Gorm 框架在记录日志时仍然使用原始 SQL 语句。手动创建 4 张订单子表，重新执行上述程序，执行成功后查询订单子表，结果如下所示：

```
select * from mall_order_0\G;
*************************** 1. row ***************************
        id: 1698918360051351552
   user_id: 125404
  order_id: 05895688-79cb-e91a-c672-ab24334568ec
            ......
```

最后补充一点，上述分表插件实际上存在一个小问题，在某些业务场景下可能会导致分表逻辑异常，从而引发一些奇怪的 SQL 错误。举一个例子，订单表对应的结构体定义如下：

```
type MallOrder struct {
    gorm.Model
    UserID    int       `gorm:"index:idx_user_id;column:user_id"`
    OrderID   string    `gorm:"index:idx_orderid;column:order_id"`
        ......
}
type Model struct {
    ID        uint `gorm:"primarykey"`
    CreatedAt time.Time
    UpdatedAt time.Time
    DeletedAt DeletedAt `gorm:"index"`
}
```

在上面的代码中，gorm.Model 是 Gorm 框架自定义的公共结构体，包含主键 ID、创建时间、更新时间以及删除时间。基于此，我们编写一个查询订单的测试程序，查询订单的代码如下：

```
dao.Db.Table(TABLE_MALL_ORDER).WithContext(ctx).Where("user_id = ?",
    125404).Find(&mallOrder)
```

执行上述代码后，你会发现查询订单的逻辑返回了错误，错误信息如下：

```
// 错误信息
Error 1054 (42S22): Unknown column 'deleted_at' in 'field list'
// 输出的 SQL 语句
SELECT * FROM `mall_order` WHERE user_id = 125404 AND `mall_order`.`deleted_at`
    IS NULL
```

可以看到，错误信息显示数据列 deleted_at 不存在，但是数据表确实定义了该字段。那为什么会返回这样的错误信息呢？仔细查看输出的 SQL 语句，根据数据列 deleted_at 构造查询条件时，使用的列名称是 mall_order.deleted_at，但是这时候实际上操作的数据表应该是 mall_order_0。也就是说，根据数据列 deleted_at 构造查询条件时并没有执行分表逻辑，使用的表名称还是原始订单表。为什么呢？

这与订单结构体的字段 DeletedAt 有关，该字段的类型是 gorm.DeletedAt，并且自定义了构造 SQL 查询条件的逻辑。不幸的是，分表插件没有机会修改这一逻辑，所以才会导致根据数据列 deleted_at 构造的查询条件异常。怎么解决这一问题呢？只需要修改订单结构体的定义即可，如下所示：

```
type MallOrder struct {
    ID            int          `gorm:"autoIncrement:true;primaryKey;column:id"`
    ......
    DeletedAt     time.Time `gorm:"column:deleted_at"`
}
```

参考上述代码，我们修改了字段 DeletedAt 的类型，这样一来，Gorm 框架就不会使用数据列 deleted_at 构造查询条件了。但是，需要说明的是，这可能会导致删除订单以及查询订单的默认逻辑存在异常，也就是说开发者需要自己实现删除订单以及查询订单逻辑了。

## 7.2　使用 Redis 缓存

7.1 节提到，数据库通常是 Web 服务的性能瓶颈，所以我们提出了分库分表。那如果分库分表之后，数据库仍然无法满足业务的性能要求，该怎么办？这时候我们可以加一层缓存来解决。Redis 是目前非常常用的缓存数据库之一，官方显示 Redis 单实例就可以提供 10 万的 QPS。本节主要介绍 go-redis 框架的使用技巧，以及如何基于 Redis 缓存优化 Go 服务性能。

### 7.2.1　go-redis 的基本操作

go-redis 是一款常用的 Redis 客户端框架，支持多种类型的 Redis 客户端，包括单节点客户端、集群客户端、哨兵客户端等。go-redis 实现了 Redis 客户端的所有命令，包括字符串命令、散列表命令、发布 - 订阅等，因此基于 go-redis 操作 Redis 客户端非常方便。想要使用 go-redis，第一步当然是初始化 Redis 客户端对象了，代码如下所示：

```
// 全局 Redis 客户端对象
var rdb *redis.Client
func initRedis() {
    // 初始化 Redis 客户端对象
    rdb = redis.NewClient(&redis.Options{
        Addr:         "127.0.0.1:6379",
        DialTimeout:  time.Millisecond * 100,
        ReadTimeout:  time.Millisecond * 100,
        WriteTimeout: time.Millisecond * 100,
    })
}
```

在上面的代码中，全局变量 rdb 表示 Redis 客户端对象，函数 initRedis 用于初始化 Redis 客户端对象。可以看到，我们自定义了 Redis 服务的地址、建立连接的超时时间以及读写请求的超时时间。Redis 支持多种数据类型，包括字符串、散列表、列表、集合、有序集合等。接下来以字符串与散列表为例，介绍如何基于 go-redis 操作 Redis。代码如下所示：

```
ctx := context.Background()
// 方法 rdb.Set 实现了字符串 SET 命令: SET key value [expiration]
result, err := rdb.Set(ctx, "go-redis-string", time.Now().String(), time.Hour).Result()
fmt.Println(result, err)
result, err = rdb.Get(ctx, "go-redis-string").Result()
fmt.Println(result, err)
// 方法 rdb.HSet 的使用方式如下面注释:
// - HSet("myhash", []string{"key1", "value1", "key2", "value2"})
// - HSet("myhash", map[string]interface{}{"key1": "value1", "key2": "value2"})
intr, err := rdb.HSet(ctx, "go-redis-hash", "key1", "value1", "key2", "value2").Result()
fmt.Println(intr, err)
boolr, err := rdb.HExists(ctx, "go-redis-hash", "key1").Result()
fmt.Println(boolr, err)
slicer, err := rdb.HMGet(ctx, "go-redis-hash", "key1", "key2").Result()
fmt.Println(slicer, err)
```

在上面的代码中，方法 Set 用于设置字符串的值，方法 Get 用于获取字符串的值，方法 HSet 用于向散列表中添加键 – 值对，方法 HExists 用于判断散列表中是否存在键，方法 HMGet 用于获取散列表中的键 – 值对。可以看到，针对 Redis 的每一个命令，go-redis 都提供了对应的方法，这使我们操作 Redis 变得异常简单。

再举一个例子，6.4.1 小节提到，用户登录的逻辑其实是不完善的，存在并发问题，并且我们在 6.6.2 小节也证实了这一问题，当时还提到可以通过分布式锁解决并发问题。这里我们可以通过 Redis 的 SET 命令实现分布式锁，该命令可以添加 NX 选项，该选项表示只有当该字符串键不存在时才设置字符串的值。也就是说，当我们并发地执行 SET key value NX 命令时，最终只有一个请求能执行成功，其他请求都会执行失败。基于 Redis 实现分布式锁的代码如下所示：

```go
// 抢占锁
func Lock(ctx context.Context, suffix string, expire time.Duration) bool {
    key := fmt.Sprintf(constant.RedisDistributeLockKeyPrefix, suffix)
    result, err := dao.redisCli.SetNX(ctx, key, 1, expire).Result()
    return result
}
// 释放锁
func UnLock(ctx context.Context, suffix string) bool {
    key := fmt.Sprintf(constant.RedisDistributeLockKeyPrefix, suffix)
    result, err := dao.redisCli.Del(ctx, key).Result()
    return result == 1
}
```

在上面的代码中，方法 SetNX 底层是基于 SET 命令实现的。需要特别注意的是，Redis 还有一个命令叫 SETNX，该命令等价于 SET key value NX。那为什么不能基于 SETNX 命令实现抢占锁的逻辑呢？因为该命令不支持过期时间，而 SET 命令还可以通过 EX 选项设置过期时间。基于 Redis 分布式锁改造的用户登录逻辑的代码如下所示：

```go
func APILogin(ctx context.Context, req entity.LoginReq) {
    lockRepo := repo.NewDistributeLockRepository()
    // 抢占锁
    suc := lockRepo.Lock(ctx, req.Account, constant.RedisDistributeLockExpire)
    if !suc {   // 抢占锁失败，返回错误
        return resp, httputils.UserLoginError
    }
    // 执行原有的登录注册逻辑
    ......
    // 释放锁
    lockRepo.UnLock(ctx, req.Account)
}
```

在上面的代码中，第一步先抢占分布式锁，如果抢占锁失败则直接返回错误，抢占锁成功之后才会执行原有的登录注册逻辑，最后当然别忘了释放分布式锁。这样一来，并发的用户登录请求只会有一个被成功执行，用户表中当然也就只有一条用户记录了。

最后再补充一点，上面我们基于 Redis 实现的分布式锁其实是非常简陋的，有兴趣的读者可以搜索 RedLock，这是 Redis 作者给出的基于 Redis 的分布式锁实现方案。

## 7.2.2 基于 Redis 的性能优化

众所周知，用户从浏览商品到下订单通常涉及几个接口：①搜索商品，比如按照类别或名称搜索商品；②查看商品详情；③创建订单；④支付。本小节以商品详情与创建订单接口为例，介绍如何基于 Redis 缓存优化 Go 服务性能。

商品详情的接口非常简单，就是根据商品 ID 查询商品数据表和商品 SKU 数据表，代码逻辑如下所示：

```
func (repo *GoodsRepositoryImpl) GetGoodsDetailById(ctx context.Context, goodsId int)
    (goods entity.GoodsInfo, err error) {
    // 查询商品数据表
    goods, err = repo.goodsDao.GetGoodsInfoById(ctx, goodsId)
    // 查询商品 SKU 数据表
    skuList, err := repo.goodskuDao.FindGoodsSkuByGoodId(ctx, goods.Id)
    goods.SkuInfo = skuList
    return
}
```

那么商品详情接口的性能如何呢？我们通过 ab 压测工具压测一下就知道了，结果如下所示：

```
$ ab -n 5000 -c 500 -p test/goods_detail.text -T "application/json; charset=utf-8"
    http://127.0.0.1:9090/api/goods/detail
Requests per second:    286.82 [#/sec]
Time per request:     1743.267 [ms]
```

参考上面的输出结果，ab 压测结果显示，商品详情接口的 QPS 只能达到 286.82，并且平均请求耗时达到了 1743.267ms，这可以说性能非常差了（当然这也与我的本地环境有关）。

思考一下，商品详情很少改变（也就是读多写少，这种业务比较适合使用缓存），所以我们可以将商品详情缓存在 Redis。这时候商品详情的接口逻辑应该是这样的：首先查询 Redis 缓存，如果存在则直接返回商品详情；如果不存在，再查询数据库，注意查询到商品详情之后还需要缓存在 Redis。代码如下所示：

```
func (repo *GoodsRepositoryImpl) GetGoodsDetailById(ctx context.Context, goodsId
    int) (goods entity.GoodsInfo, err error) {
    goods, _ = repo.goodsRedisDao.GetGoodsInfo(ctx, goodsId)
    // 从 Redis 缓存查询到商品详情，直接返回
    if goods.Id > 0 {
        return
    }
    // 查询商品表、商品 SKU 表
    ......
    // 将商品详情添加到 Redis 缓存
    _ = repo.goodsRedisDao.SetGoodsInfo(ctx, goods, constant.RedisCacheGoods-
        InfoExpire)
    return
}
```

这时候商品详情接口的性能怎样呢？我们可以通过 ab 压测工具压测一下，结果如下所示：

```
$ ab -n 5000 -c 500 -p test/goods_detail.text -T "application/json; charset=utf-8"
    http://127.0.0.1:9090/api/goods/detail
Requests per second:    3678.72 [#/sec] (mean)
Time per request:      135.917 [ms] (mean)
```

参考上面的输出结果，ab 压测结果显示，商品详情接口的 QPS 增加到了 3678.72，平

均请求耗时降到了 135.917ms。可以看到，在使用了 Redis 缓存之后，商品详情接口的性能提升了 10 倍以上。

最后，再看一下创建订单的接口。创建订单的流程可以分为几个步骤：①查询商品详情；②校验商品库存；③更新商品库存；④创建订单。注意，涉及数据库的操作都必须在同一个事务中，另外校验商品库存与更新商品库存的流程还存在并发问题。思考一下，假设两个用户同时购买同一个商品（购买商品数量都是 1，并且该商品的库存为 1），同时查询商品详情并校验商品库存（库存足够），最后同时扣减库存并创建订单，是不是就会出现库存为负的情况？可以通过数据库锁解决该并发问题，代码如下所示：

```
db := db.Table(TABLE_MALL_GOODS_SKU).WithContext(ctx).
Clauses(clause.Locking{Strength: "UPDATE"}).Where("id in ?", skuIds).
Find(&mallSkus)
```

上述代码转化后的 SQL 语句是 SELECT xxx FOR UPDATE，意思是查询这条数据记录是为了后续的更新，所以数据库执行这条 SQL 语句时会加互斥锁（避免数据冲突）。那么当两个并发请求同时执行这条 SQL 语句时，只能有一个请求执行成功，另一个请求会被阻塞，所以我们才能通过这种方式解决上述并发问题。

根据上面的描述，创建订单接口的性能肯定比较差，因为这个接口涉及了大量数据库操作。如何优化该接口的性能呢？同样，商品详情可以缓存在 Redis，那如何解决校验商品库存与更新商品库存的并发问题呢？一方面可以通过分布式锁解决，另一方面可以将商品库存单独存储在 Redis，并且采用字符串类型，这样就可以使用 Redis 原生的命令 DECR 来实现校验库存的逻辑了。代码如下所示：

```
func (dao GoodsRedisDao) CheckSkuLeftStore(ctx context.Context, skuId int) bool {
    key := fmt.Sprintf(constant.RedisCacheGoodsSkuLeftStore, skuId)
    // decr : 减1；
    result, err := dao.redisCli.Decr(ctx, key).Result()
    if result < 0 {
        return false
    }
    return true
}
```

在上面的代码中，命令 DECR 会将字符串对应的值减 1，并返回执行 DECR 命令之后字符串的值，所以我们才可以通过结果判断是否还有库存。

可以看到，在使用了 Redis 缓存之后，查询商品详情、校验库存的逻辑操作的都是 Redis，而官方显示 Redis 单实例就可以提供 10 万的 QPS，这样前两个步骤就完全不用担心性能问题了。当然，创建订单还是需要操作数据库，只是真正能执行到这一步骤的请求并不多，特别是面对秒杀活动等场景时，大部分请求都在校验库存步骤被拦截了。需要注意的是，在使用 Redis 缓存之后，校验库存操作的是 Redis，创建订单操作的是数据库，所以我们无法通过数据库事务保证数据一致性。

最后补充一下，缓存确实可以解决一些性能问题，但是缓存通常又会引入一些其他问题，比如数据一致性问题。什么是数据一致性问题呢？举一个例子，订单详情同时存储在 Redis 与数据库，这两份数据其实是很难保持一致性的，也就是说可能出现 Redis 中的订单详情与数据库中的订单详情不一致的情况。当然这种不一致往往是偶然的、瞬时的，我们还是可以通过一些手段保证数据的最终一致性的。

## 7.3  使用本地缓存

7.2 节讲解了基于 Redis 的 Go 服务性能优化方案，可以看到，在使用 Redis 缓存之后，服务性能提升了 10 倍以上。当然，Redis 的 QPS 也是有上限的，官方显示 Redis 单实例的 QPS 可以达到 10 万，那如果某些热点数据的访问 QPS 超过了 10 万呢？这时候 Redis 也难以满足性能要求，针对这种情况，我们还可以使用本地缓存，即将热点数据直接缓存在 Go 服务内存。本节首先讲解如何实现一个本地 LRU 缓存，接着介绍如何基于本地缓存框架 bigcache 优化 Go 服务性能。

### 7.3.1  自己实现一个 LRU 缓存

LRU（Least Recently Used，最近最少使用）是一种常见的缓存淘汰算法（也是非常常见的一道面试题），为什么需要缓存淘汰呢？因为 Go 服务内存是有限的，所以我们能缓存的热点数据量是有限的。假设我们缓存新的热点数据时内存使用量已经超过使用阈值，该怎么办？直接丢弃该数据吗？当然不是，通常我们会从缓存中删除不再使用的数据，再将当前数据写入缓存。如何确定哪些数据不会再被使用呢？未来的事情谁也无法确定，所以我们只能尽量淘汰那些大概率不会再使用的数据。这就是 LRU 算法的由来，该算法认为最近最少使用的数据，未来也大概率不会再被使用。

如何实现 LRU 缓存淘汰算法呢？思考一下，既然是缓存，首先，肯定需要一个数据结构来存储缓存数据（键 - 值对），这里可以使用散列表；其次，为了维护缓存数据的使用情况，我们可以使用链表，每次访问缓存数据时，将其移动到链表首部，这样链表尾部的缓存数据就是最近最少使用的。完整的数据结构定义如下所示：

```
type Lru struct {
    max       int
    dataList  *list.List
    dataMap   map[interface{}]*list.Element
    rwlock    sync.RWMutex
}
```

在上面的代码中，max 表示最多能存储的缓存数据量，相当于内存阈值；dataList 是一个链表，用于维护缓存数据的使用情况；dataMap 是一个散列表，用于存储缓存数据；

rwlock 表示读写锁，用于解决并发问题。

接下来将分析添加键 – 值对以及查询键 – 值对的函数实现。思考一下，向 LRU 缓存中添加键 – 值对的流程应该是怎样的呢？第一步当然是加写锁；第二步是判断散列表 dataMap 中是否存在当前键，如果存在则修改该键对应的值，并将该键 – 值对移动到链表首部，如果不存在，则新增键 – 值对并将其插入到散列表以及链表首部；第三步是判断键 – 值对数量是否超过最大限制，如果超过，则删除链表尾部节点以及删除散列表中对应的键 – 值对。这一流程对应的代码逻辑如下所示：

```go
func (l *Lru) Add(key interface{}, val interface{}) error {
    // 加写锁
    l.rwlock.Lock()
    defer l.rwlock.Unlock()
    // 散列表中存在键，修改对应的值，并将键 – 值对移动到链表首部
    if e, ok := l.data[key]; ok {
        e.Value.(*node).value = val
        l.list.MoveToFront(e)
        return nil
    }
    // 散列表中不存在键，向链表首部插入节点，向散列表中新增键 – 值对
    ele := l.list.PushFront(&node{key: key, value: val})
    l.data[key] = ele
    // 如果链表长度超过限制，删除链表尾部节点，删除散列表中的键 – 值对
    if l.max != 0 && l.list.Len() > l.max {
        if e := l.list.Back(); e != nil {
            l.list.Remove(e)
            delete(l.data, e.Value.(*node).key)
        }
    }
    return nil
}
```

可以看到，向 LRU 缓存中添加键 – 值对的流程还是比较复杂的，那么从 LRU 缓存中查询键 – 值对的流程应该是怎样的呢？第一步当然也是加锁，只是这里我们可以加读锁（读锁只会阻塞写锁，不会阻塞读锁；写锁既阻塞读锁也阻塞写锁，在读多写少的场景中，读写锁可以提升代码执行效率）；第二步是判断散列表 dataMap 中是否存在当前键，如果存在则返回对应的值，并将该键 – 值对移动到链表首部。这一流程对应的代码逻辑如下所示：

```go
func (l *Lru) Get(key interface{}) (val interface{}, ok bool) {
    // 加读锁
    l.rwlock.RLock()
    defer l.rwlock.RUnlock()
    // 散列表中存在键，返回对应的值，并将键 – 值对移动到链表首部
    if ele, ok := l.data[key]; ok {
        l.list.MoveToFront(ele)
        return ele.Value.(*node).value, true
    }
```

```
        return nil, false
    }
```

添加键 – 值对以及查询键 – 值对的函数都已经实现了，接下来可以编写一个测试程序验证一下这两个函数的功能，代码如下所示：

```go
func main() {
    lru := NewLru(3)
    lru.Add("key1", "value1")
    lru.Add("key2", "value2")
    lru.Add("key3", "value3")
    lru.Add("key4", "value4")

    v, ok := lru.Get("key1")
    fmt.Println(v, ok)
    v, ok = lru.Get("key3")
    fmt.Println(v, ok)
}
```

在上面的代码中，可以看到，我们依次新增了 4 个键 – 值对数据，但是我们在声明时限制了最大键 – 值对数目为 3，所以当我们新增第 4 个键 – 值对时，理论上会删除一个最近最少使用的键 – 值对（第一个键 – 值对）。在新增了 4 个键 – 值对数据之后，我们又执行了两次查询操作，结果如下所示：

```
<nil> false
value3 true
```

参考上面的输出结果，查找 key1 键返回空，也就是说 key1 键 – 值对已经被删除了；查找 key3 键正确返回了 value3。可以看到，两次查询操作的结果都符合预期。

## 7.3.2 基于 bigcache 的性能优化

7.3.1 小节介绍了如何实现一个本地 LRU 缓存，可以看到它能满足基本的键 – 值对新增、查询等操作。当然在实际项目开发过程中，我们并不会自己去实现一个本地缓存，通常会选择一些成熟的开源框架，这些框架的功能更完善，性能也更高。我们曾在 5.4.3 小节简单介绍过一款本地缓存框架 bigcache，本小节将介绍如何基于 bigcache 框架优化 Go 服务性能。

bigcache 的使用非常简单，参考官方示例，代码如下所示：

```go
cache, _ := bigcache.New(context.Background(), bigcache.Config{})
// 新增键 – 值对
cache.Set("my-unique-key", []byte("value"))
// 查询键 – 值对
entry, _ := cache.Get("my-unique-key")
fmt.Println(string(entry))
```

在上面的代码中，函数 bigcache.New 用于初始化缓存对象，方法 cache.Set 用于添加

键 - 值对，方法 cache.Get 用于查询键 - 值对。可以看到，初始化缓存对象时，需要传入一个 bigcache.Config 类型的参数，这是一个结构体，定义了很多配置参数，如下所示：

```
type Config struct {
    // 分片数目
    Shards int
    // 键 - 值对过期时间
    LifeWindow time.Duration
    // 扫描清理过期键的周期
    CleanWindow time.Duration
    // 每个分片的最大内存，单位为 MB
    HardMaxCacheSize int
    // 删除过期键 - 值对的回调函数
    OnRemove func(key string, entry []byte)
        ......
}
```

在上面的代码中，Shards 表示分片数目，默认是 1024 个分片。为什么存储在分片中呢？思考一下，并发操作 bigcache 缓存是需要加锁的，但是加锁必然会影响效率。所以 bigcache 将键 - 值对分散存储在多个分片中，只有操作同一个分片才需要加锁，这样就大大降低了锁的开销。LifeWindow 表示键 - 值对的过期时间，超过 LifeWindow 时间没有访问的键 - 值对将会做过期处理。CleanWindow 表示扫描清理过期键的周期，默认是 1s。HardMaxCacheSize 表示每个分片的最大内存，当分片的内存使用量超过该限制时，无法写入键 - 值对（需要淘汰旧键 - 值对），这样就能保证 bigcache 不会消耗过量的内存。OnRemove 用于设置删除过期键 - 值对的回调函数。

bigcache 的实现原理比较简单，这里就不进行过多介绍了。接下来以商品详情接口为例，介绍如何基于 bigcache 缓存优化 Go 服务性能。

引入 bigcache 缓存之后，商品详情的接口逻辑应该先查询 bigcache 缓存进行判断：如果存在，则直接返回商品详情；如果不存在，再查询 Redis 缓存或者数据库等。注意，查询到商品详情之后还需要将其添加到 bigcache 缓存。代码如下所示：

```
func (repo *GoodsRepositoryImpl) GetGoodsDetailById(ctx context.Context, goodsId int)
    (goods entity.GoodsInfo, err error) {
    // 从 bigcahce 缓存中查询商品详情
    goods, _ = repo.goodsCacheDao.GetGoodsInfo(ctx, goodsId)
    if goods.Id > 0 {
        return
    }
    // 从 Redis 或者数据库查询商品详情
    ......
    // 将商品详情添加到 bigcache 缓存
    _ = repo.goodsCacheDao.SetGoodsInfo(ctx, goods)
    return
}
```

那么，引入 bigcache 缓存之后，商品详情接口的性能如何？同样，我们使用 ab 压测工具进行了压测，结果如下所示：

```
$ ab -n 5000 -c 200 -p test/goods_detail.text -T "application/json; charset=utf-8"
   http://127.0.0.1:9090/api/goods/detail
Requests per second:    12834.66 [#/sec] (mean)
Time per request:       15.583 [ms] (mean)
```

参考上面的输出结果，ab 压测结果显示，商品详情接口的 QPS 增加到了 1 万多，平均请求耗时降到了 15.583ms。与上一小节使用 Redis 缓存后的压测结果相比，商品详情接口的性能又进一步提升了 3~4 倍。

## 7.4 资源复用

数据库通常是 Web 服务的性能瓶颈，所以前三节我们讲解了如何通过分库分表、缓存方案优化服务性能，接下来将重点介绍 Go 服务本身的性能优化方案，以资源复用为例，合理地复用资源甚至能数倍地提升 Go 服务本身的性能。本节主要介绍常见的资源复用方案，包括协程复用、连接复用以及对象复用。

### 7.4.1 协程复用之 fasthttp

Go 语言天然具备并发特性，基于 go 关键字就能很方便地创建一个可以并发执行的协程，并且协程占用的资源非常少，协程切换的开销也非常小，所以日常项目开发过程中我们会大量使用协程。以 Go 语言原生的 HTTP 框架为例，它针对每一个客户端连接都会创建一个新的协程，该协程用于处理当前客户端连接接收到的所有 HTTP 请求（直到连接关闭，当然如果客户端使用的是短连接，只会处理一个 HTTP 请求），如下面代码所示：

```go
func (srv *Server) Serve(l net.Listener) error {
    // 循环等待客户端连接
    for {
        rw, err := l.Accept()
        // 创建新的协程处理客户端请求
        c := srv.newConn(rw)
        go c.serve(connCtx)
    }
}
```

在上面的代码中，Go 语言 HTTP 服务的核心流程就是：循环等待客户端建立连接，并为每一个客户端连接创建新的处理协程。思考一下，如果 Go 服务突然接收到高并发请求，那么协程数也会瞬间增加；如果客户端使用的是短连接，那么每一个协程只会处理一个 HTTP 请求，处理完就退出。也就是说，我们的 Go 服务一直在频繁地创建协程、频繁地销毁协程。

虽然我们一直说协程是轻量级的线程，开销非常小，但是开销小不代表没有开销，频繁地创建协程、销毁协程也会影响 Go 服务的性能。如果我们能实现协程的复用，理论上也可以提升 Go 服务的性能。开源框架 fasthttp 就是这么做的，官方文档显示，fasthttp 的性能比 Go 语言原生 HTTP 框架的性能高出近 10 倍。fasthttp 官方测试结果如下：

```
// 基于 Go 语言原生 HTTP 框架实现的 HTTP Server 压测结果
$ GOMAXPROCS=4 go test -bench=NetHTTPServerGet -benchmem -benchtime=10s
Get1ReqPerConn-4                3000000     4529 ns/op  2389 B/op  29 allocs/op
Get10ReqPerConn-4               5000000     3145 ns/op  2160 B/op  19 allocs/op
Get1ReqPerConn10KClients-4      1000000    10321 ns/op  3710 B/op  30 allocs/op
Get10ReqPerConn10KClients-4     5000000     3905 ns/op  2349 B/op  19 allocs/op
// 基于 fasthttp 实现的 HTTP Server 压测结果
$ GOMAXPROCS=4 go test -bench=kServerGet -benchmem -benchtime=10s
Get1ReqPerConn-4               10000000     1141 ns/op     0 B/op   0 allocs/op
Get10ReqPerConn-4              30000000      341 ns/op     0 B/op   0 allocs/op
Get1ReqPerConn10KClients-4    10000000     1119 ns/op     0 B/op   0 allocs/op
Get10ReqPerConn10KClients-4   30000000      346 ns/op     0 B/op   0 allocs/op
```

参考上面的压测结果，可以看到，同样的条件下，fasthttp 的性能要比 Go 语言原生 HTTP 框架的性能高出好几倍，最高甚至达到 10 倍以上。那么 fasthttp 的性能为什么这么高呢？其中有一点就是因为 fasthttp 实现了协程的复用，即它并没有为每一个客户端连接都创建新的协程，而是维护了一个工作协程池。当接收到新的客户端连接时，fasthttp 会从协程池中查找一个可用的协程，该协程会处理当前客户端连接接收到的所有 HTTP 请求（直到连接关闭）。fasthttp 维护的工作协程池定义如下所示：

```
type workerPool struct {
    // 最大工作协程数
    MaxWorkersCount int
    // 当前工作协程数
    workersCount int
    // 切片，用于存储处于空闲状态的工作管道
    ready []*workerChan
    // 工作管道池
    workerChanPool sync.Pool
}
```

需要说明的是，fasthttp 中的每一个工作协程都对应一个工作管道（workerChan），主协程通过这个管道将客户端连接发送到工作协程，工作协程的核心流程是循环地从客户端连接接收并处理 HTTP 请求。在上面的代码中，MaxWorkersCount 表示最大工作协程数；workersCount 表示当前工作协程数；ready 的类型是切片，用于存储处于空闲状态的工作管道（该管道对应的工作协程当前处于空闲状态）；workerChanPool 表示工作管道池。fasthttp 主协程获取可用工作管道的流程如下面代码所示：

```
func (wp *workerPool) getCh() *workerChan {
    ready := wp.ready
    n := len(ready) - 1
    if n < 0 {                          // 空闲状态的工作管道不足，需要新创建工作协程
```

```
        // 当前工作协程数没有超过限制，可以新创建工作协程
        if wp.workersCount < wp.MaxWorkersCount {
            createWorker = true
            wp.workersCount++
        }
    } else {                        // 直接获取工作管道并返回
        ch = ready[n]
        ready[n] = nil
        wp.ready = ready[:n]
    }
    if ch == nil {                  // 没有获取到工作管道
        if !createWorker {          // 当前工作协程数超过限制，返回 nil
            return nil
        }
        vch := wp.workerChanPool.Get()   // 从池子获取新的工作管道
        ch = vch.(*workerChan)
        go func() {                 // 创建新的工作协程
            wp.workerFunc(ch)
            wp.workerChanPool.Put(vch)   // 工作协程退出，将工作管道放回池子
        }()
    }
    return ch
}
```

在上面的代码中，fasthttp 首先尝试获取处于空闲状态的工作管道。如果获取到，直接返回该管道即可。如果处于空闲状态的工作管道不足，说明需要创建新的工作协程以及工作管道。注意，如果当前工作协程数超过最大工作协程数的限制，并且获取不到处于空闲状态的工作管道，fasthttp 会直接返回 503 状态码（表示服务不可用）。针对这种情况，可以评估是否最大工作协程数配置得过小，或者适当增加 Go 服务的副本数。

看到这里不知道你有没有疑问，我们只看到了创建新的工作协程以及获取新的工作管道逻辑，那什么时候将工作管道添加到 ready 切片呢？当然是在工作协程处理完某一个客户端连接的所有 HTTP 请求时，因为这时候工作协程才可以认为是空闲的，它才能处理其他客户端连接的请求。参考下面的代码：

```
func (wp *workerPool) workerFunc(ch *workerChan) {
    for c = range ch.ch {           // 从管道获取客户端连接
        // 处理当前客户端连接的请求
        if err = wp.WorkerFunc(c); err != nil && err != errHijacked {
        }
        if !wp.release(ch) {        // 释放该工作管道（添加到 ready 切片）
            break
        }
    }
    wp.workersCount--               // 工作协程退出，工作协程数减 1
}
```

在上面的代码中，可以看到，工作协程的核心流程就是循环地（读管道会阻塞工作协

程）从工作管道获取客户端连接，并处理当前客户端连接的所有请求，直到客户端关闭连接或者 Go 服务主动关闭连接。需要注意，处理完客户端连接的请求之后，需要释放当前工作管道，也就是将工作管道添加到 ready 切片，这样主协程就能获取到该工作管道，从而将新的客户端连接通过管道发送给当前工作协程。

最后补充一下，fasthttp 完全重写了 HTTP 请求的处理流程，也就是说 fasthttp 和 Go 语言原生 HTTP 框架是完全不兼容的，这可能会导致一些问题，比如 6.2 节介绍的 Gin 框架无法接入 fasthttp，当然我们也可以选择其他 Web 框架，如 Fiber。

## 7.4.2　连接复用之连接池

本小节将以 Go 语言原生的 HTTP 客户端为例，讲解连接池的设计思路。当我们使用 Go 语言原生的 HTTP 客户端 http.Client 发起 HTTP 请求时，默认使用的就是长连接，并且底层维护了一个连接池。连接池的含义是，当一个 TCP 连接不再使用时，可以将其放回连接池（注意不是关闭连接，此时认为该 TCP 连接处于空闲状态）。当需要获取新的 TCP 连接时，只需要从连接池中获取即可。当然，连接池并不止这么简单。例如，连接池中最多能存储多少个空闲连接？如果某个 TCP 连接长期处于空闲状态，我们是任由该 TCP 连接一直存在还是主动关闭它呢？当需要获取空闲的 TCP 连接时，如果没有空闲连接怎么办？要新建连接吗？如果遇到突发流量，能无限制地新建连接吗？这些问题都可以在结构体 http. Transport 的定义中找到答案，参考下面的代码：

```
type Transport struct {
    // 空闲连接池（key 为协议类型、目标地址等组合）
    idleConn        map[connectMethodKey][]*persistConn
    // 等待空闲连接的队列
    idleConnWait map[connectMethodKey]wantConnQueue
    // 连接数（key 为协议类型、目标地址等组合）
    connsPerHost        map[connectMethodKey]int
    // 等待建立连接的队列
    connsPerHostWait map[connectMethodKey]wantConnQueue
    // 禁用 HTTP 长连接
    DisableKeepAlives bool
    // 最大空闲连接数，0 表示无限制
    MaxIdleConns int
    // 每个 Host 的最大空闲连接数，默认为 2
    MaxIdleConnsPerHost int
    // 每个 Host 的最大连接数，0 表示无限制
    MaxConnsPerHost int
    // 空闲连接超时时间，默认为 90s
    IdleConnTimeout time.Duration
    ......
}
```

在上面的代码中，可以看到，空闲连接池 idleConn 是一个散列表，其中键的类型是协

议类型（HTTP/HTTPS）、目标地址等基本信息的组合（可以理解为 Host），值表示空闲连接队列。字段 MaxIdleConns 定义了全局最大空闲连接数，字段 MaxIdleConnsPerHost 定义了每个 Host 的最大空闲连接数。思考一下，如果这两个字段配置得不合理（过少）会怎么样？当遇到突发流量时，由于空闲连接数较少，只能临时新建 TCP 连接，回收时又由于空闲连接数限制，无法将这些连接放到连接池，只能关闭这些连接，那这和短连接又有什么区别呢？

字段 MaxConnsPerHost 定义了每个 Host 可建立的最大连接数，也就是说 HTTP 客户端与服务端建立的长连接数也是有限制的。空闲连接数有限制，可建立的连接数也有限制，那如果获取不到可用的空闲连接，也无法新建连接，这时候该怎么办？只能排队等待了，其中字段 idleConnWait 表示等待空闲连接的队列；字段 connsPerHostWait 表示等待新建连接的队列。思考一下，如果字段 MaxConnsPerHost 设置得不合理（过少）会怎么样？当遇到突发流量并且需要新建连接时，由于最大连接数的限制，只能排队等待，因此极端情况下请求可能直到超时都获取不到可用的连接。

字段 IdleConnTimeout 表示空闲长连接的超时时间（默认为 90s），这是什么意思呢？如果某个 TCP 连接长期处于空闲状态，甚至超过了 IdleConnTimeout 设置的时间，Go 语言将主动关闭该连接。

连接池最重要的便是获取可用连接与回收空闲连接了，我们以获取可用连接为例，简单看一下 Go 语言的实现逻辑，代码如下所示：

```
func (t *Transport) getConn(treq *transportRequest, cm connectMethod)
        (pc *persistConn, err error) {
    // 获取到空闲连接，返回
    if delivered := t.queueForIdleConn(w); delivered {
        return pc, nil
    }
    t.queueForDial(w)              // 新建连接或者排队等待
    select {
    case <-w.ready:                // 成功分配到连接
        return w.pc, w.err
    // 其他情况，如超时等
    }
}

// 请求处理完毕，回收空闲连接
func (t *Transport) tryPutIdleConn(pconn *persistConn) error
```

在上面的代码中，方法 queueForIdleConn 用于从空闲连接池获取可用连接，注意此时还会检测该连接的空闲时间是否超过 IdleConnTimeout。如果没有获取到可用连接，则只能新建连接（会校验连接数是否超过限制），或者排队等待可用连接（等待空闲连接或等待新建连接）。当其他请求处理完毕，Go 语言将连接放回到空闲连接池或者关闭连接时，如果发现有协程在等待可用连接，则关闭管道 w.ready，以此唤醒因为等待可用连接而阻塞的协程。另外，回收空闲连接的逻辑由方法 tryPutIdleConn 实现，有兴趣的读者可以自行学习。

最后补充一下，当我们使用 Go 语言原生的 HTTP 客户端发起 HTTP 请求时，Go 语言会为每个 TCP 连接创建两个子协程，用于发送请求与读取响应，如下所示：

```
func (t *Transport) dialConn(ctx context.Context, cm connectMethod)
            (pconn *persistConn, err error) {
    go pconn.readLoop()
    go pconn.writeLoop()
    return pconn, nil
}
```

注意，这两个协程的主体都是死循环，只有当连接关闭或者遇到错误时，这两个协程才会结束。

当然，不仅是 Go 语言的 HTTP 客户端在使用连接池，很多开源框架，比如 go-redis、Gorm 等，底层都会使用连接池，毕竟长连接在性能上要高于短连接。

## 7.4.3　对象复用之对象池

并发对象池 sync.Pool 我们已经在 4.6 节讲解了，这里不再赘述，本小节以 Go 语言创建协程的流程为例，讲解对象复用的实现思路。

一般来说，创建协程都需要初始化协程对象 g、申请协程栈内存、初始化协程栈等，那如果能够复用协程对象 g（包括协程栈内存），是不是创建协程的流程就能简化不少？ Go 语言在每个逻辑处理器 P 以及全局分别维护了一个空闲协程池（已经执行结束的协程），定义如下所示：

```
// 逻辑处理器 P 上的空闲协程池
type p struct {
    gFree struct {
        gList
        n int32
    }
}
// 全局空闲协程池
type schedt struct {
    gFree struct {
        lock    mutex
        stack   gList
        noStack gList
        n       int32
    }
}
```

在上面的代码中，逻辑处理器 P 上的空闲协程池 p.gFree 包含两个字段：gList 是一个链表，用于存储空闲协程链表；n 表示空闲协程数量。全局空闲协程池 schedt.gFree 包含 4 个字段：lock 表示互斥锁（因为 Go 语言是多线程程序，所以访问全局空闲协程池需要加锁）；stack 是一个链表，用于存储包含栈内存的空闲协程链表；noStack 也是一个链表，用于存储不包含协程栈内存的空闲协程链表；n 表示空闲协程数量。从空闲协程池中获取协程的逻辑如下所示：

```go
func gfget(_p_ *p) *g {
retry:
    // 当前逻辑处理器 P 上的空闲协程池为空，从全局空闲协程池中迁移协程
    if _p_.gFree.empty() && (!sched.gFree.stack.empty()
                             || !sched.gFree.noStack.empty()) {
        lock(&sched.gFree.lock)
        // 迁移空闲协程
        unlock(&sched.gFree.lock)
        goto retry
    }
    // 从当前逻辑处理器 P 上的空闲协程池获取协程
    gp := _p_.gFree.pop()
    if gp == nil {
        return nil
    }
    _p_.gFree.n--
    if gp.stack.lo == 0 {
        // 如果当前协程 g 不包含协程栈内存，则申请协程栈内存
    }
    return gp
}
```

在上面的代码中，第一步是逻辑处理器 P 上的空闲协程池为空时，首先从全局空闲协程池中迁移协程到逻辑处理器 P 的空闲协程池，注意这一步操作是需要加锁的。第二步是直接从逻辑处理器 P 的空闲协程池获取协程。当然，如果获取到的协程不包含栈内存，还需要申请协程栈内存。最后，如果没有获取到空闲协程，就只能重新申请协程对象 g，并重新申请协程栈内存。

那什么时候将协程添加到空闲协程池呢？当然是在协程结束时。参考 2.2.5 小节，当协程执行结束时，最终会调用函数 runtime.goexit0，该函数又会调用函数 runtime.gfput 将协程添加到空闲协程池。代码如下所示：

```go
func gfput(_p_ *p, gp *g) {
    // 非标准协程栈，释放栈内存
    if stksize != _FixedStack {
    }
    // 添加到逻辑处理器 P 上的空闲协程池
    _p_.gFree.push(gp)
    _p_.gFree.n++
    // 逻辑处理器 P 上的空闲协程较多时，迁移到全局空闲协程池
    if _p_.gFree.n >= 64 {
        ......
    }
}
```

在上面的代码中，当协程栈不是标准的协程栈（比如协程栈经历了扩容）时，需要释放栈内存。另外，当逻辑处理器 P 上的空闲协程数比较多时，还需要批量迁移一部分空闲协程到全局空闲协程池。这一步只是为了使空闲协程在各逻辑处理器 P 之间更加均衡。

看到了吧，Go 语言底层也在使用对象复用技术。因为这样确实能提升创建对象的性能，并降低垃圾回收的成本。

## 7.5　其他

除了资源复用之外，还有一些方案可以提升 Go 服务本身的性能，比如并发编程、异步化处理、无锁编程等，参见第 4 章。本节主要讲解如何通过异步化处理以及无锁编程方式提升 Go 服务本身的性能。

### 7.5.1　异步化处理

本小节以创建订单接口为例，介绍如何通过异步化提升接口性能。参考 7.2.2 小节，在使用 Redis 缓存优化之后，创建订单接口的压测结果如下所示：

```
$ ab -n 1000 -c 50 -p test/create_order.txt -T "application/json; charset=utf-8"
    http://127.0.0.1:9090/api/order/v1
Requests per second:    105.93 [#/sec] (mean)
Time per request:       472.017 [ms] (mean)
```

参考上面的压测结果，创建订单接口的性能还是比较差的。这是因为创建订单记录还需要操作数据表。那么如何优化该接口的性能呢？思考一下，如果我们在校验商品库存之后，直接向客户端返回成功，将后续创建订单的逻辑异步化处理，是不是就能提升该接口的性能呢？参考下面的代码：

```
func CreateOrderV2(ctx context.Context, req entity.CreateOrderReq)
                (resp entity.CreateOrderResp, err error) {
    // 省略了校验商品库存

    // 添加到异步队列
    job := NewOrderCreateJob(req)
    _ = NewAsyncQueue(1000, 10).PushJob(ctx, job)
    return
}
```

在上面的代码中，在商品库存校验通过之后，我们将创建订单的请求添加到了异步队列，随后立即向客户端返回结果（这时候还没有真正创建订单）。注意，上述异步队列是基于管道与协程模拟的，在实际项目中，我们往往采取其他方案，比如消息队列 Kafka 等。

创建订单接口经过异步化处理后，压测结果如下：

```
$ ab -n 1000 -c 50 -p test/create_order.txt -T "application/json; charset=utf-8"
```

```
http://127.0.0.1:9090/api/order/v2
Requests per second:    2360.04 [#/sec] (mean)
Time per request:       21.186 [ms] (mean)
```

参考上面的输出结果，ab 压测结果显示，在相同条件下，异步化处理后创建订单接口的性能提升了至少 20 倍。

另外，异步消费脚本在消费消息时，为了避免消费速率过高导致数据库压力过大，也可以添加一些限流逻辑。以我们模拟的异步队列为例，其定义如下所示：

```
type AsyncQueue struct {
    Queue chan entity.AsyncQueueJob      // 管道
    Bucket chan struct{}                 // 令牌桶，可以存储多余的令牌
}
```

在上面的代码中，管道 Queue 表示队列，用于存储消息；Bucket 表示令牌桶，用于存储令牌。什么是令牌？什么是令牌桶呢？有一种限流算法叫令牌桶，其基本思想是：系统定时生成令牌，异步消费脚本只有获取到令牌才能消费消息，所以理论上消费速率一般等于令牌产生速率。令牌桶可以缓存暂时不用的令牌，这样后续异步脚本就能立即获取到令牌，从而立即消费消息。也就是说，令牌桶可以短暂地处理一些突发流量。令牌桶算法的代码如下所示：

```
// 模拟系统定时生成令牌
ticker := time.NewTicker(time.Second / time.Duration(limit))
go func() {
    for {
        <-ticker.C                 // 定时触发，生成令牌
        select {
        case queue.Bucket <- struct{}{}:
        default:
        }
    }
}()
// 模拟异步消费脚本
for i := 0; i < 10; i++ {
    go func() {
        for {
            <-queue.Bucket          // 获取令牌才能处理请求
        job := <-queue.Queue        // 获取消息
            // 消费逻辑
        }
    }()
}
```

在上面的代码中，我们通过 Go 语言中的定时器模拟系统定时生成令牌的逻辑，定时器每触发一次，我们就向令牌桶中放入一个令牌。而异步消费脚本在从队列中获取消息之前，首先需要从令牌桶中获取一个令牌。通过这种方式，我们可以限制异步消费脚本消费消息的速率。

最后，创建订单的请求是非常重要的消息，绝对不允许消息的丢失。因此，异步队列的可靠性、发送消息的可靠性以及消费消息的可靠性都至关重要（可以通过重试、确认等手段保障）。

## 7.5.2　无锁编程

什么是无锁编程呢？回顾第 4 章介绍的并发编程，在遇到并发问题时，我们通常通过锁（互斥锁）解决：操作数据之前加锁，操作完数据之后再释放锁。但是这样的话，每次操作数据都需要额外的两个步骤——加锁与释放锁，这可能会影响程序性能。所以我们又提出了乐观锁，参考 4.3.1 小节的介绍，乐观锁本质上是通过比较 – 交换（CAS）操作解决并发问题的。无锁编程其实并不是真正的无锁，本质上也是通过乐观锁实现并发编程的。

那么，通过乐观锁实现的并发计数器与基于互斥锁实现的并发计数器，哪种性能更好呢？我们可以使用 Go 语言自带的单元测试（性能测试）验证一下，代码如下所示：

```
// 基于互斥锁实现的并发计数器
func BenchmarkMutex(b *testing.B) {
    var count int32
    var lock sync.Mutex
    b.RunParallel(func(pb *testing.PB) {
        for pb.Next() {
            lock.Lock()
            count++
            lock.Unlock()
        }
    })
}
// 基于 CAS 实现的并发计数器
func BenchmarkCas(b *testing.B) {
    var count int32
    b.RunParallel(func(pb *testing.PB) {
        for pb.Next() {
            for !atomic.CompareAndSwapInt32(&count, count, count+1) {
            }
        }
    })
}
```

接下来通过 go test 命令执行上面的单元测试文件，结果如下所示：

```
$ go test main_test.go -benchtime 1000000x -cpu 1,4,8,16,32,48 -count 1 -bench .
BenchmarkCas             1000000               15.98 ns/op
BenchmarkCas-4           1000000              100.3 ns/op
BenchmarkCas-8           1000000               87.91 ns/op
BenchmarkCas-16          1000000              101.8 ns/op
BenchmarkCas-32          1000000              121.1 ns/op
BenchmarkCas-48          1000000              226.1 ns/op
BenchmarkMutex           1000000               24.15 ns/op
```

```
BenchmarkMutex-4          1000000                104.4 ns/op
BenchmarkMutex-8          1000000                194.3 ns/op
BenchmarkMutex-16         1000000                225.0 ns/op
BenchmarkMutex-32         1000000                244.3 ns/op
BenchmarkMutex-48         1000000                262.1 ns/op
```

参考上面的输出结果，BenchmarkCas-n 表示当前 CPU 核数为 $n$ 的情况下，基于 CAS 实现的并发计数器平均耗时；BenchmarkMutex-n 表示当前 CPU 核数为 $n$ 的情况下，基于互斥锁实现的并发计数器平均耗时。可以看到，基于 CAS 实现的并发计数器平均耗时低于基于互斥锁实现的并发计数器平均耗时。也就是说，在某些场景下，乐观锁（无锁编程）确实能提升程序性能。

最后补充一下，Go 语言对互斥锁其实也做了很多优化，而且互斥锁与乐观锁的性能孰优孰劣，不能一概而论，需要具体场景具体分析，本小节只是给出了并发编程的一种优化思路。当然还有其他手段可以优化程序因互斥锁导致的性能问题，比如本地缓存 bigcache 就是通过分片方式大幅减少了锁的冲突。

## 7.6　本章小结

本章的主题是高性能 Go 服务开发，主要讲解了 Go 服务性能优化的几种常用手段。性能优化的前提是确定服务瓶颈，而我们这个项目最大的瓶颈就在数据库，所以首先介绍了数据库的优化方案，如分库分表，以及如何通过 Gorm 框架实现分表。

分库分表之后数据库可能还是无法满足业务的性能要求，这时通常使用缓存来解决，比如使用 Redis 缓存、本地缓存 bigcache 等。此外，本章以商品详情与创建订单接口为例，讲解了如何基于 Redis 缓存与 bigcache 本地缓存优化 Go 服务性能。

最后，重点介绍了 Go 服务本身的性能优化方案，包括资源复用、异步化处理以及无锁编程，其中资源复用部分又详细介绍了协程、连接、对象的复用场景。

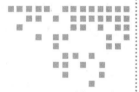

第 8 章 *Chapter 8*

# 高可用 Go 服务开发

高可用的含义是尽量减少服务的不可用（日常维护或者突发系统故障）时长，提升服务的可用时长。如何衡量一个服务的可用性呢？或许你也听说过，通常企业可能会要求服务的可用性能够达到三个 9（也就是 99.9%）或者 4 个 9（也就是 99.99%），可是你知道这是如何计算的吗？需要重点强调的是，可用性是每一个 Go 开发者都必须关注的事情，本章的主题是高可用 Go 服务开发，接下来首先会讲解可用性的基本概念，其次重点介绍如何保障 Go 服务的高可用。

## 8.1 可用性定义与高可用三板斧

我们的目标是构建高可用的 Go 服务，那如何定义服务的可用性呢？我们又该如何提升服务的可用性呢？其实这些都是有固定套路的。本节将为大家介绍如何定义服务的可用性指标，以及常用的可用性提升方案。

### 8.1.1 可用性定义

我们总说提升服务的可用性，可是如何衡量服务的可用性呢？如果没有一个量化的指标，你又怎么知道服务的可用性是提升了还是降低了。我们可以按照下面的方式定义服务的可用性：

$$可用性 = \frac{MTTF}{(MTTF + MTTR)}$$

其中 MTTF（Mean Time To Failure）指的是服务的平均无故障时间，即服务从正常运行到出现故障的平均时间；MTTR（Mean Time To Repair）指的是服务的平均修复时间（故障时间），即服务从出现故障到修复成功的平均时间。根据这个定义，我们可以计算出在不同的可用性目标下，全年服务可以接受的最长故障时间，如表 8-1 所示。

表 8-1 可用性目标与故障时间表

| 可用性级别 | 可用性目标 | 全年故障时间 | 每天故障时间 |
| --- | --- | --- | --- |
| 1 | 90% | 36.5 天 | 2.4h |
| 2 | 99% | 3.65 天 | 14min |
| 3 | 99.9% | 8.76h | 86s |
| 4 | 99.99% | 53min | 8.6s |

参考表 8-1，当我们的可用性目标是 4 个 9（也就是 99.99%）时，全年故障时间为 53min，每天故障时间为 8.6s。也就是说，如果全年的故障时间超过 53min，那么当年的可用性指标肯定就无法达到 99.99% 了。

根据上述可用性的定义，提升服务可用性最直观的方式就是减少故障时长。如何减少呢？我们可以从两方面入手：

1）预防：尽可能避免服务发生故障。

2）故障处理：当服务发生故障时，尽可能快速地恢复服务的正常运行。当然，这样的描述还是过于泛化，具体的可用性提升方案还需要进一步细化，可以参考表 8-2。

表 8-2 可用性提升方案

| 预防 | 故障处理 |
| --- | --- |
| 质量提升 | 1. 研发质量提升：比如技术方案评审，代码评审，单元测试等<br>2. 测试质量提升：比如白盒测试，自动化测试，仿真环境建设等 |
| 变更管控 | 1. 变更窗口：比如业务高峰期禁止线上变更<br>2. 任何变更都需要有双重检查，都需要有回滚方案，都需要有检查清单<br>3. 灰度发布，小流量发布 |
| 容错设计 | 1. 资源隔离：比如服务部署隔离、网关侧隔离、数据库隔离等<br>2. 错误隔离：比如请求级的错误隔离、进程级的错误隔离、服务级的错误隔离等<br>3. 限流、熔断与降级：非核心功能可降级，非核心依赖可熔断<br>4. 故障演练 |
| 冗余设计 | 1. 避免单点：主备 / 集群化部署，服务可快速扩容<br>2. 容量冗余：性能评估与性能压测<br>3. 异地多活 |
| 发现 | 1. 核心业务监控与报警：比如订单服务、支付服务<br>2. 服务可用性监控与报警：比如服务错误日志、网关侧异常状态码等<br>3. 基本指标的监控与报警：比如 CPU、内存、网络等 |
| 定位 | 1. 日志与全链路追踪：业务日志、网关侧访问日志、全链路日志<br>2. 监控：多维度多特征监控、容量监控、基本指标监控、端到端监控 |
| 止损 | 1. 流量调度：主要针对集群故障、机房故障<br>2. 限流、熔断与降级：紧急限流、非核心功能降级、非核心依赖熔断<br>3. 变更回滚：针对变更引起的异常<br>4. 快速扩容：针对容量不足的情况<br>5. 服务重启 |
| 恢复 | 1. 复原：问题修复，数据修复，执行过的止损操作还原<br>2. 复盘：分析根本原因，制订改进计划 |

参考表 8-2，预防的常规手段包括质量提升、变更管控、容错设计与冗余设计等；故障处理流程可以从发现、定位、止损与恢复四个方面来开展。表 8-2 第三列列举的是一些具体的事项，比如质量提升如何实现呢？可以通过技术方案评审、代码评审等方式提升代码质量，也可以通过白盒测试、自动化测试等方式提升测试质量。当然，可用性提升涉及的事项非常多，这里就不一一介绍了。

最后我们再介绍一种提升可用性的思路，FMEA（Failure Mode and Effects Analysis，故障模式与影响分析），这是一种在各行各业都有广泛应用的可用性分析方法，其通过对系统范围内潜在的故障模式加以分析，并按照严重程度进行分类，以确定失效对系统的最终影响。FMEA 方法的实施也非常简单，可以按照如下思路执行。

1）给出初始的架构设计图。

2）假设架构中某个组件发生故障。

3）分析此故障对系统功能造成的影响。

4）根据分析结果，判断架构是否需要进行优化。

通过这 4 个步骤，我们就能够发现系统中潜在的隐患并加以优化，系统的可用性自然也能够得到提升。

## 8.1.2　高可用三板斧

高可用三板斧指的是限流、熔断与降级。限流是通过对并发请求进行限速来保护自身服务；熔断是为了避免依赖的第三方服务影响自身服务；降级是通过牺牲非核心功能来保障核心功能。为什么要单独介绍限流、熔断与降级呢？因为这是构建高可用服务不可缺少的三种手段。下面将分别介绍限流、熔断与降级的基本原理。

### 1. 限流

首先来说限流，限流是通过对并发请求进行限速来保护自身服务。当请求速率超过限制速率时，服务端可以直接拒绝请求（返回固定的错误，或者定向到错误页面），或者将请求排队等待后续处理（比如 12306 火车票购票系统）。常见的限流方式有：限制瞬时并发数，限制单位时间窗口内的平均速率。当然，也可以根据网络连接数、网络流量、CPU 和内存负载等进行限流。

以限制单位时间窗口内的平均速率为例，常用的限流算法有计数器算法、漏桶算法、令牌桶算法。下面我们详细介绍这几种限流算法。

（1）计数器算法

计数器算法是限流算法中最简单且最容易实现的一种算法。例如，假设我们规定某个接口的平均每秒访问速率不能超过 1000 次，为了实现这个限制，我们可以为该接口维护一个计数器，其有效时间为 1s。每当有请求到达时，计数器就会加 1，如果计数器的值超过了 1000，就表示请求速率超过了限制值。

需要说明的是，尽管这个算法很简单，但准确度却很差。我们将 1s 的时间段划分为 1000ms。假设在第 999ms 时，有 1000 个请求到达，显然不会触发限流（0~1000ms 是一个计数周期）。而在第 1001ms 时，又有 1000 个请求到达，同样不会触发限流（1000~2000ms 是一个计数周期）。但是你会发现，瞬时的请求速率非常高。在从 999ms 到 1001ms 这 2ms 内，就需要处理 2000 个请求，这可能已经超过了服务的处理能力。

（2）漏桶算法

漏桶算法的基本原理可以参考图 8-1，有一个固定容量的漏桶，该漏桶可以按照固定速率流出水滴，如果漏桶是空的，则不会流出水滴。流入漏桶的水流速度（请求速率）是随意的，如果流入的水（请求）超出了漏桶的容量，则会溢出（请求被丢弃）。可以看到，漏桶算法的最大请求速率是恒定的。

（3）令牌桶算法

令牌桶算法在 7.5.1 小节已经介绍过，示意图如图 8-2 所示。

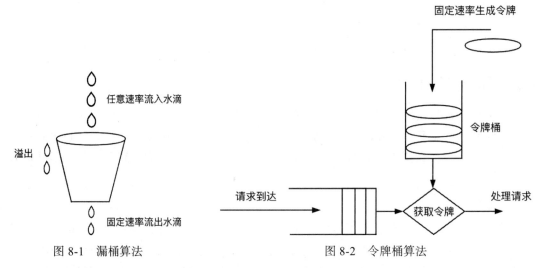

图 8-1　漏桶算法　　　　　　　　图 8-2　令牌桶算法

参考图 8-2，思考一下，如果令牌桶的容量是 0，并且排队等待的请求队列长度是有限制的，这时候令牌桶算法是不是和漏桶算法非常类似呢？

### 2. 熔断与降级

接下来介绍熔断，熔断是为了避免依赖的第三方服务影响自身服务，如何避免呢？当然是不再依赖异常的第三方服务了，比如当需要请求第三方服务时，直接返回默认的数据即可。为什么需要熔断呢？假设有这么一个业务场景：A 服务依赖了 B 服务，B 服务的平均响应时间是 100ms，此时 A 服务的 QPS 可以达到 1 万；某一个业务高峰，B 服务突然变慢了，平均响应时间变成了 500ms，此时 A 服务的平均响应时间肯定也会变长，那么其 QPS 还能达到 1 万吗？通常情况下是远远达不到的。

这还不是最糟糕的，要知道这可是处于业务高峰时期，A 服务的性能变差之后，大量的业务请求将会失败，而通常请求失败时还会有一些重试（用户重试或者自动重试），这就导致 A 服务需要承担更大的请求压力，极端情况下甚至可能会压垮 A 服务，进而拖垮 B 服务。

当然，如果 B 服务是 A 服务的弱依赖（也就是说，即使没有 B 服务，A 服务也可以正常运行），当 B 服务出现异常（比如变慢）时，A 服务可以采取熔断策略，不再依赖 B 服务，以此保证自身服务的正常运行。

最后说一下降级，降级的目的是降低系统压力，保障核心服务的正常运行。比如每年的双 11、618 等购物节，你会发现当天这些电商平台的部分功能是不可用的（被降级了），而这些功能基本上是不会影响用户的购物体验的。通常什么场景下需要降级呢？比如业务高峰期，机器资源不足时，可以将非核心服务降级，以保障核心服务的资源充足；比如系统出现异常并且无法快速定位时，同样可以将非核心服务降级，以避免非核心服务影响核心服务。

## 8.2　流量治理组件 Sentinel

Sentinel 是阿里技术团队开源的流量治理组件，其主要以流量为切入点，从流量控制、流量整形、熔断降级、系统自适应过载保护等多个维度来帮助开发者保障服务的稳定性。2012 年 Sentinel 就诞生了，只是这时候只有 Java 版本，直到 2020 年阿里技术团队才推出了 Go 版本。本小节主要介绍如何基于 Sentinel 实现流量治理。

### 8.2.1　Sentinel 快速入门

在讲解 Sentinel 的使用之前，先介绍一个基本概念：资源（resource），这是 Sentinel 中的最核心概念之一。Sentinel 中所有的限流熔断机制都是基于资源生效的，不同资源的限流熔断规则互相隔离互不影响。在 Sentinel 中，用户可以灵活地定义资源，比如可以将应用、接口、函数，甚至是一段代码等定义为一种资源，而流量治理的目的就是保护资源如预期一样运行。

用户可以通过 Sentinel 提供的接口将资源访问包装起来，这一步称为"埋点"。每个埋点都有一个资源名称（resource），代表触发了这个资源的调用或访问，有了资源埋点之后，我们就可以针对资源埋点配置流量治理规则。Sentinel 支持多种类型的流量治理规则，如流量控制规则、流量隔离规则、熔断降级规则、自适应过载保护规则以及热点参数流量控制规则。

那么如何使用 Sentinel 呢？可以参考 Sentinel 官方给出的基于 QPS 限流示例，代码如下所示：

```
func main() {
    // 务必先进行初始化
```

```
err := sentinel.InitDefault()
// 配置一条限流规则
_, err = flow.LoadRules([]*flow.Rule{{
                    Resource:              "some-test",
                    Threshold:             10,
                    ……},})
// 模拟并发访问
for i := 0; i < 10; i++ {
    go func() {
        for {
            // 埋点逻辑, 埋点资源名称为 some-test
            e, b := sentinel.Entry("some-test")
            if b != nil {
                // 请求被拒绝, 在此处进行处理
            } else {
                // 请求允许通过, 此处编写业务逻辑
                fmt.Println(util.CurrentTimeMillis(), "Passed")
                e.Exit()   // 务必保证业务结束后调用 Exit
            }
        }
    }()
}
……
}
```

参考上面的程序，在使用 Sentinel 之前，记得一定要先进行初始化。这一步主要用于初始化日志和各种类型的流量治理组件。函数 sentinel.Entry 用于将资源访问包装起来，也就是我们所说的埋点，该函数会返回是否允许请求通过。需要特别注意的是，当允许请求通过并且执行完业务逻辑时，一定要调用 Exit 方法，该方法会执行一些收尾工作。执行上面的程序，可以看到控制台平均每秒都会输出 10 次 Passed，和限流规则中设置的阈值是一致的。另外，Sentinel 本身也会记录监控日志，包括每一种资源每秒的请求通过数、请求拒绝数、错误数、平均响应时长等。日志示例如下所示：

```
1529573107000|2018-06-21 17:25:07|foo-service|10|3601|10|0|27|0|5|1
```

参考上面的示例，竖线将监控日志分为了 11 列，其中第 1 列是时间戳，第 2 列是格式化的时间，第 3 列是资源名称，第 4 列是这一秒通过的请求数，第 5 列是这一秒被拒绝的请求数，第 6 列是这一秒完成调用的请求数（包括正常结束和异常结束的请求），第 7 列是这一秒出现异常的请求数，第 8 列是请求的平均响应时间，第 9 列是预留字段，第 10 列是这一秒的最大并发，第 11 列是资源分类。说起资源分类，就不得不提一下埋点 API（sentinel.Entry）了，其定义如下所示：

```
Entry(resource string, opts ...Option) (*base.SentinelEntry, *base.BlockError)
```

参考上面的函数定义，参数 resource 表示资源名称，参数 opts 表示埋点配置，我们可以通过 opts 参数标记资源的流量类型、资源类型等，代码如下所示：

```
// 标记流量类型为入口流量
e, b := sentinel.Entry("resource-name", sentinel.WithTrafficType(base.Inbound))
// 标记资源类型为 Web 类型
e, b := sentinel.Entry("some-test", sentinel.WithResourceType(base.ResTypeWeb))
```

最后再补充一下，官方给出的示例程序中是通过函数 flow.LoadRules 设置的限流规则，但是在实际项目开发过程中，我们通常都会使用动态数据源配置规则，比如 etcd。etcd 的部署方式可以参考官方文档，当然官方也提供了可执行程序，只需要下载执行即可，如下所示：

```
// 官方文档
https://etcd.io/docs/v3.5/
// 可执行程序下载地址
https://github.com/etcd-io/etcd/releases/tag/v3.5.0
// 运行 etcd
$ ./etcd
```

那么我们该如何使用 etcd 动态数据源呢？可以参考 Sentinel 官方给出的动态数据源使用示例，代码如下所示：

```
func startEtcdv3FlowRulesDatasource() datasource.DataSource {
    // 初始化 etcd 客户端
    cli, err := clientv3.New(clientv3.Config{
        Endpoints:   []string{"localhost:2379"},
        DialTimeout: 5 * time.Second,
    })
    // 创建限流规则处理器
    h := datasource.NewFlowRulesHandler(datasource.FlowRuleJsonArrayParser)
    // 创建动态数据源
    ds, err := etcdv3.NewDataSource(cli, "/flow-test", h)
    // 初始化动态数据源
    err = ds.Initialize()
    return ds
}
```

在上面的代码中，etcd 默认监听的端口是 2379，函数 clientv3.New 用于初始化 etcd 客户端；函数 datasource.NewFlowRulesHandler 用于创建限流规则处理器，该处理器用于将 etcd 的数据转化为限流规则并更新限流配置规则；函数 etcdv3.NewDataSource 用于创建动态数据源，注意该函数的第二个参数表示 etcd 数据源的键；方法 ds.Initialize 用于初始化动态数据源，该方法用于从 etcd 获取限流配置数据，并监听 etcd 的数据变更。最后，别忘了在限流示例代码中引入函数 startEtcdv3FlowRulesDatasource，另外之前写死的一条限流配置规则也可以删除了，代码如下所示：

```
func main() {
    // 初始化 Sentinel
    err := sentinel.InitDefault()
    // 初始化限流动态数据源
```

```
    startEtcdv3FlowRulesDatasource()
    // 模拟并发访问
    ......
}
```

接下来可以通过 etcdctl 命令（这是 etcd 官方提供的客户端命令）手动更新 etcd 数据，验证 Sentinel 是否能够成功加载限流配置规则，以及限流配置规则是否能够生效，如下所示：

```
// 手动更新 etcd 数据
$ ./etcdctl put /flow-test '[{"resource":"some-test","threshold":10}]'
OK
```

手动执行上述命令之后，可以在控制台看到如下输出日志：

```
{"msg":"Get the newest data for key","propertyKey":"/flow-test"}
{"msg":"Flow rules were loaded","rules":[{"resource":"some-test"}]}
xxx Passed
......
```

可以看到，Sentinel 成功加载了限流配置规则。另外，控制台还会每秒输出 10 次 Passed，这说明限流配置规则已经生效了。

## 8.2.2　流量控制

流量控制的目的是避免服务被瞬时的流量高峰冲垮，其原理是根据令牌计算策略来计算可用令牌的资源，并根据流量控制策略对请求进行控制（拒绝或者排队等待）。Sentinel 的流量控制规则定义如下所示：

```
type Rule struct {
    ID string                                      // 规则 ID
    Resource string                                // 资源名称
    TokenCalculateStrategy TokenCalculateStrategy   // 令牌计算策略
    ControlBehavior        ControlBehavior          // 流量控制行为
    Threshold             float64                   // 限流阈值
    MaxQueueingTimeMs uint32                        // 请求排队的最长等待时间
    WarmUpPeriodSec   uint32                        // 预热的时间长度
    WarmUpColdFactor  uint32                        // 预热因子，该值会影响预热速度
    StatIntervalInMs uint32                         // 流量控制器的统计周期，单位是 ms
    LowMemUsageThreshold   int64                    // 内存使用小于低水位时的限流阈值
    HighMemUsageThreshold int64                     // 内存使用大于高水位时的限流阈值
    MemLowWaterMarkBytes   int64                    // 内存低水位
    MemHighWaterMarkBytes int64                     // 内存高水位
}
```

流量控制规则的字段还是比较多的，这里就不一一介绍了。我们主要介绍一下令牌计算策略、流量控制行为以及内存自适应流量控制。

Sentinel 支持两种类型的令牌计算策略。① Direct：直接使用流量控制规则中的阈值作

为当前统计周期内的最大令牌数量。② WarmUp：通过预热的方式计算当前统计周期内的最大令牌数量。第一种策略还比较容易理解，第二种策略是什么意思呢？为什么需要预热呢？想象一下，假设系统长时间处于空闲状态，当流量突然增大时，如果系统瞬间切换到繁忙状态处理这么多请求，可能会导致系统崩溃。所以我们通常希望系统从空闲状态到繁忙状态的切换时间长一些，让系统逐步适应大流量请求。

流量控制行为同样分为两种。① Reject：如果当前统计周期内的请求数超过了限流阈值，则直接拒绝请求。② Throttling：匀速排队方式，其基本思路是以固定的间隔时间让请求通过，当请求到达时，Sentinel 会根据上一个请求通过的时间，计算当前请求预期的通过时间，这时候请求可能直接通过，也可能需要排队等待。当然，如果需要等待的时间超过了 MaxQueueingTimeMs，则直接拒绝请求。

那么什么是内存自适应流量控制呢？参考流量控制规则的定义，我们可以定义内存低水位以及内存高水位。当内存使用情况低于低水位、高于高水位或者介于低水位和高水位之间时，限流阈值都是不同的（根据 LowMemUsageThreshold、HighMemUsageThreshold 计算得到）。也就是说，限流阈值与内存使用情况有关，所以才称之为内存自适应流量控制。

基于上述介绍，令牌计算策略 / 内存自适应流量控制与流量控制行为结合后，总共有 6 种类型的流量控制策略，例如 Direct 与 Reject、Direct 与 Throttling 等，这里就不一一介绍了，有兴趣的读者可以自行查看 Sentinel 源码学习，参考文件与代码如下所示：

```
// 参考源码文件
github.com/alibaba/sentinel-golang/core/flow/rule_manager.go
// 令牌计算策略接口定义
type TrafficShapingCalculator interface {
    BoundOwner() *TrafficShapingController
    CalculateAllowedTokens(batchCount uint32, flag int32) float64
}
// 流量控制行为接口定义
type TrafficShapingChecker interface {
    BoundOwner() *TrafficShapingController
    DoCheck(resStat base.StatNode, batchCount uint32, threshold float64) *base.
        TokenResult
}
```

参考上述代码，接口 TrafficShapingCalculator 用于计算当前限流阈值（内存自适应流量控制也实现了该接口），接口 TrafficShapingChecker 用于根据流量阈值执行相应的检查与控制策略。

通过上述介绍，我们对 Sentinel 的流量控制也有了一定了解，那么流量控制如何使用呢？实际上，在 8.2.1 小节已经演示过流量控制，不过在实际项目开发过程中，我们可以基于 Gin 框架的中间件实现流量控制，代码如下所示：

```
func SentinelMiddleware() gin.HandlerFunc {
```

```
    return func(c *gin.Context) {
        // 资源名称: 根据请求方法 + 请求 url 拼接
        resourceName := c.Request.Method + ":" + c.FullPath()
        entry, err := sentinel.Entry(
            resourceName,
            sentinel.WithResourceType(base.ResTypeWeb),
            sentinel.WithTrafficType(base.Inbound),
        )
        // 拒绝请求
        if err != nil {
            c.AbortWithStatus(http.StatusTooManyRequests)
            return
        }
        defer entry.Exit()
        c.Next()
    }
}
```

最后再思考一下，Sentinel 是如何实现限流算法的呢？例如，当我们采用 Direct 与
Reject 的组合方式，并且流量控制器统计周期是 1000ms，限流阈值是 1000 时，Sentinel 是
如何保证每秒只处理 1000 个请求呢？其采用的是计数器算法还是令牌桶算法或者漏桶算法
呢？都不是。

Sentinel 采用滑动窗口方案来统计请求的指标，并与限流阈值进行比较，从而决定请求
是否应该通过。具体的实现方案是，Sentinel 默认会为每个资源创建一个全局的滑动窗口统
计结构，这个全局的统计结构默认一个统计周期为 10s，并且包含 20 个格子的滑动窗口，
也就是每个统计窗口长度是 500ms；每个统计窗口单独计算其对应时间范围内的请求数（即
计数器算法），当需要计算当前统计周期内的请求数时，只需要将若干个统计窗口的请求数
加起来即可。

可以看到，Sentinel 通过将统计周期拆分为多个统计窗口，在一定程度上提高了计数器
算法的准确性。当然，统计窗口的数目越多，流量控制的准确性就越高，但同时也会增加
维护成本。

## 8.2.3　系统自适应流量控制

Sentinel 支持系统自适应流量控制，什么意思呢？就是结合系统的负载、CPU 利用率、
服务的入口 QPS、服务的平均响应时间、并发数等几个维度的监控指标，通过自适应的方
式进行流量控制。系统自适应流量控制的目的是平衡入口流量与系统负载，在保障系统稳
定性的前提下使得系统尽可能地对外提供服务。需要注意的是，系统自适应流量控制是面
向整个服务的，而不是单个接口的，并且仅对入口流量生效。

Sentinel 系统自适应流量控制目前支持 5 种类型的流量控制方式，定义如下。

1）负载：负载是对 CPU 工作量的度量，指的是单位时间内系统中的平均活跃进程数；
负载可以用 3 个指标衡量，load1、load5 与 load15，分别表示过去 1min、5min 与 15min 的

平均负载，Sentinel 使用的是 load1 来进行系统自适应流量控制。

2）CPU 利用率：CPU 利用率用于衡量 CPU 的繁忙程度，其定义是除了空闲时间外的其他时间占总 CPU 时间的百分比。

3）平均响应时间：Sentinel 会统计所有入口流量总的响应时间，总响应时间除以总的请求数就是平均响应时间。

4）并发数：当请求通过时并发数加 1，当请求执行结束时并发数减 1。

5）入口 QPS：参考 8.2.2 小节的介绍，入口 QPS 的统计同样是基于滑动窗口实现的。

Sentinel 系统自适应流量控制的规则定义如下所示：

```go
type Rule struct {
    ID string                        // 规则 ID
    MetricType MetricType            // 流量控制指标类型
    TriggerCount float64             // 流量控制触发阈值
    Strategy AdaptiveStrategy        // 自适应流量控制策略
}
```

在上面的代码中，字段 MetricType 就是我们介绍的流量控制指标类型，字段 Strategy 表示自适应流量控制策略。Sentinel 提供了两种类型的自适应流量控制策略：NoAdaptive 与 BBR。NoAdaptive 类型的自适应流量控制策略非常简单，只需要对应的指标，如负载大于阈值就拒绝请求。那什么是 BBR 呢？思考一下，仅仅根据系统负载或者 CPU 利用率进行流量控制合适吗？换一个思路，系统负载或者 CPU 利用率其实是结果，是系统容量无法支持高并发请求的结果。如果我们仅仅根据系统负载或者 CPU 利用率进行流量控制，就始终存在一定的延迟。

为了解决上面的问题，Sentinel 参考了 TCP 拥塞控制算法（BBR）。TCP 拥塞控制算法的初衷同样是在保证通信质量的前提下尽可能提升链路带宽利用率。该算法认为当同时满足最大带宽和最小时延时，整个网络处于最优工作状态，此时网络中的数据包总量等于最大带宽乘最小时延。参考 TCP 拥塞控制算法，Sentinel 实现的 BBR 自适应流量控制策略如下所示：

```go
func checkBbrSimple() bool {
    concurrency := stat.InboundNode().CurrentConcurrency()
    minRt := stat.InboundNode().MinRT()
    maxComplete := stat.InboundNode().GetMaxAvg(base.MetricEventComplete)
    if concurrency > 1 && float64(concurrency) > maxComplete*minRt/1000.0 {
        return false
    }
    return true
}
```

在上面的代码中，变量 concurrency 表示当前系统处理的并发请求数，minRt 表示最小时延，maxComplete 表示每秒最大处理的请求数。这一逻辑与 TCP 拥塞控制算法是一致的。

系统自适应流量控制的使用还是比较简单的，只需要定义好流量控制规则就可以了，只是别忘了在请求入口将所有资源的访问包起来。

### 8.2.4 熔断降级

熔断与降级其实是非常类似的，本质上都是切断不稳定的弱依赖服务调用（只是熔断是从服务消费者视角出发的，降级是从服务提供者视角出发的），所以 Sentinel 将熔断降级合成了一种规则。本小节主要介绍 Sentinel 中的熔断降级策略。

Sentinel 的熔断降级基于熔断器模式实现，内部维护了一个熔断器的状态机，状态机的转换关系如图 8-3 所示。

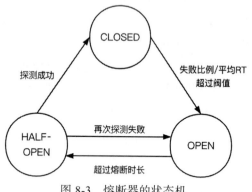

图 8-3 熔断器的状态机

参考图 8-3，熔断器有 3 种状态。3 种状态含义如下。

1）CLOSED：关闭状态，这也是初始状态，当熔断器处于这一状态时，所有请求都会通过。

2）OPEN：断开状态，当熔断器统计的指标数据，比如失败比例、平均响应时间（RT，response time）、异常请求数等超过阈值时，熔断器将从 CLOSED 状态转移到 OPEN 状态。当熔断器处于 OPEN 状态时，所有请求都会被拒绝。

3）HALF-OPEN：半断开状态，处于 OPEN 状态的熔断器有一个熔断超时时间，超过熔断时长之后熔断器将转移到 HALF-OPEN 状态。这时候熔断器会周期性地允许一些探测请求通过，如果探测请求能够成功返回，则熔断器转移到 CLOSED 状态，如果探测失败，则熔断器转移到 OPEN 状态。

接下来看一下熔断降级规则的定义，如下所示：

```
type Rule struct {
    Id string                                    // 规则 ID
    Resource string                              // 资源名称
    Strategy Strategy                            // 熔断降级策略
    RetryTimeoutMs uint32                        // 熔断超时时间，单位是 ms
    MinRequestAmount uint64                      // 最小请求数
    StatIntervalMs uint32                        // 熔断器的统计周期，单位是 ms
    StatSlidingWindowBucketCount uint32          // 熔断器滑动窗口数目
    MaxAllowedRtMs uint64                        // 最大允许的响应时间，超过该时间的请求认为是慢请求
    Threshold float64                            // 熔断阈值
    ProbeNum uint64                              // 探测请求数
}
```

熔断降级规则的字段还是比较多的，这里就不一一介绍了，我们主要介绍一下熔断降级策略。Sentinel 支持 3 种类型的熔断降级策略，慢调用比例熔断、异常比例熔断以及异常

数量熔断,这也是衡量服务质量的常用指标。需要注意的是,Sentinel 熔断器的 3 种熔断降级策略都支持静默期,静默期指的是最小静默请求数(MinRequestAmount),在一个熔断器的统计周期内,当总的请求数小于最小静默请求数时,熔断器将不会根据统计指标去修改熔断器状态。这很容易理解,举一个例子,在一个熔断器的统计周期刚开始时,如果第一个请求恰好是慢请求,那么这个时候的慢调用比例将会是 100%,这时候打开熔断器显然是不合理的。另外,从熔断降级规则的定义可以看到,Sentinel 熔断器统计请求指标数据同样是基于滑动窗口实现的。

Sentinel 熔断器的使用非常简单,只是需要注意的是,在实际项目开发过程中,我们最好在 HTTP 调用的底层 SDK 中引入 Sentinel 熔断器,这样就不需要改造上层业务代码了。以 go-resty 框架为例,我们可以基于其回调函数引入 Sentinel 熔断器,代码如下所示:

```
// 发起 HTTP 请求前的回调函数
client.OnBeforeRequest(func(client *resty.Client, request *resty.Request) error {
    e, b := sentinel.Entry(request.URL)
    if b != nil {                                          // 拦截了请求
        return errors.New("sentinel circuitbreaker blocked")
    }
    request.SetContext(context.WithValue(request.Context(), "sentinelEntry", e))
    return nil
})
// 接收到请求响应后的回调函数
client.OnAfterResponse(func(client *resty.Client, response *resty.Response) error
{
    e := response.Request.Context().Value("sentinelEntry")
    if en, ok := e.(*base.SentinelEntry); ok {
        if rand.Uint64()%20 > 9 {                          // 模拟请求异常
            sentinel.TraceError(en, errors.New("has error"))   // 标记请求异常
        }
        en.Exit()                                // 务必保证业务结束后调用方法 Exit
    }
    return nil
})
```

在上面的代码中,函数 client.OnBeforeRequest 用于设置发起 HTTP 请求前的回调函数。当该回调函数返回 error 时,go-resty 框架会立即返回,不再发起 HTTP 请求,通过这种方式,我们可以实现 HTTP 调用的熔断降级能力。函数 client.OnAfterResponse 用于设置接收到请求响应后的回调函数。注意,我们可以使用函数 sentinel.TraceError 标记当前请求发生异常,也就是说我们可以自定义请求异常的判断逻辑。最后,别忘了调用方法 Exit。

接下来,我们自定义一条熔断降级规则,并模拟发起 HTTP 请求。当然,该请求会以一定比例超时。代码如下所示:

```
// 熔断降级规则
_, err = circuitbreaker.LoadRules([]*circuitbreaker.Rule{
    {
```

```
        Resource:                    "http://127.0.0.1:8080/get",
        Strategy:                    circuitbreaker.SlowRequestRatio,
        MaxAllowedRtMs:              500,
        Threshold:                   0.3,
        ......
    },
})
```

在上面的代码中，我们自定义的熔断降级规则采用的是慢调用比例熔断策略。当请求响应时间超过 500ms 时，认为本次请求超时。另外，当慢调用比例超过 30% 时，触发熔断降级。

最后，在实际项目开发过程中，除了 HTTP 调用之外，访问其他资源也需要引入熔断降级保护措施，比如微服务之间的调用、访问数据库等。

## 8.2.5　Sentinel 原理浅析

Sentinel 为我们提供了多种流量治理策略，如流量控制、系统自适应流量控制、熔断降级等。但是，如果 Sentinel 原生的流量治理策略无法满足业务需求，该怎么办呢？这时候可能就需要我们自定义流量治理策略了，如何自定义呢？这就需要我们对 Sentinel 的原理有一定了解。

Sentinel 的主框架是基于责任链模式实现的，每一个请求都需要经过多个请求处理器，理论上每一个请求处理器都会根据自身的流量治理策略以及流量治理规则判断是否允许请求通过。当然，Sentinel 其实提供了三种类型的请求处理器：第一种请求处理器主要用于执行一些初始化操作；第二种请求处理器就是 Sentinel 提供的各种类型的流量治理策略；第三种请求处理器主要用于统计指标。这三种类型的请求处理器接口定义如下：

```
// 执行一些初始化工作
type StatPrepareSlot interface {
    Prepare(ctx *EntryContext)
}
// 流量治理策略，方法 Check 返回是否允许请求通过
type RuleCheckSlot interface {
    Check(ctx *EntryContext) *TokenResult
}
// 统计指标
type StatSlot interface {
    OnEntryPassed(ctx *EntryContext)
    OnEntryBlocked(ctx *EntryContext, blockError *BlockError)
    OnCompleted(ctx *EntryContext)
}
```

在上面的代码中，如果你想自定义流量治理策略，其实只需要实现接口 RuleCheckSlot 就可以了，当然如果你的流量治理策略还依赖于一些特殊的指标，那么你还需要实现接口 StatSlot。Sentinel 默认初始化的请求处理链如下所示：

```go
func BuildDefaultSlotChain() *base.SlotChain {
    sc := base.NewSlotChain()
    sc.AddStatPrepareSlot(stat.DefaultResourceNodePrepareSlot)
    // 流量治理策略
    sc.AddRuleCheckSlot(system.DefaultAdaptiveSlot)
    sc.AddRuleCheckSlot(flow.DefaultSlot)
    sc.AddRuleCheckSlot(isolation.DefaultSlot)
    sc.AddRuleCheckSlot(hotspot.DefaultSlot)
    sc.AddRuleCheckSlot(circuitbreaker.DefaultSlot)
    // 统计指标
    sc.AddStatSlot(stat.DefaultSlot)
    sc.AddStatSlot(log.DefaultSlot)
    sc.AddStatSlot(flow.DefaultStandaloneStatSlot)
    sc.AddStatSlot(hotspot.DefaultConcurrencyStatSlot)
    sc.AddStatSlot(circuitbreaker.DefaultMetricStatSlot)
    return sc
}
```

在上面的代码中，我们可以看到前面几个小节介绍的几种流量治理策略，其中 system. DefaultAdaptiveSlot 表示系统自适应流量控制策略，flow.DefaultSlot 表示流量控制策略，circuitbreaker.DefaultSlot 表示熔断降级策略等。

总的来说，Sentinel 的原理其实就是遍历上述请求处理链，执行每一个请求处理器罢了。自定义流量治理策略也非常简单，一来只需要实现自定义的请求处理器（也就是实现接口 RuleCheckSlot 与 StatSlot），二来将自定义的请求处理器添加到全局请求处理链就可以了。

## 8.3　Go 服务监控

在故障处理时，完善的监控与报警体系可以帮助我们快速地发现问题与定位问题。对 Go 服务而言，如何监控 Go 服务的核心指标呢？比如协程数、内存使用量、线程数等。本节将介绍如何基于 Prometheus 构建 Go 服务监控系统。

### 8.3.1　运行时监控

如何监控 Go 服务的运行时指标呢？

第一步，当然是采集 Go 服务的运行时指标了，常用的运行时指标包括线程数、协程数、内存使用量、GC 耗时等。如何采集呢？幸运的是，Go 语言为我们提供了 SDK，通过这些 SDK 我们可以很方便地获取到这些运行时指标，如下面代码所示：

```go
// 获取线程数
runtime.ThreadCreateProfile(nil)
// 获取协程数
runtime.NumGoroutine()
// 获取 GC 统计指标
debug.ReadGCStats(&stats)
```

```
// 该结构体定义了内存统计指标
type MemStats struct {
    Alloc uint64   // 已分配堆内存字节数
    ......
}
```

在上面的代码中，我们可以通过这几个函数或者结构体获取到 Go 服务常用的运行时指标。

第二步，如何导出与查看这些运行时指标呢？我们可以借助 Prometheus，这是一款开源的监控与报警系统，并且提供了多种语言的客户端库，其中就包括 Go 语言。Prometheus 客户端库使用方式如下：

```
package main
import (
        "net/http"
        "github.com/prometheus/client_golang/prometheus/promhttp"
)

func main() {
    // 注册路由
        http.Handle("/metrics", promhttp.Handler())
        http.ListenAndServe(":2112", nil)
}
```

在上面的代码中，只需要一行代码就能引入 Prometheus 客户端库。通过这种方式，我们对外暴露了一个接口，只需要调用该接口就能获取到 Go 服务的运行时指标。当然，在实际项目开发过程中，我们通常会使用一些 Web 框架，比如 Gin 框架。这时候就不能使用上述代码引入 Prometheus 客户端库了。我们以 Gin 框架为例，引入 Prometheus 客户端库的代码如下：

```
// 注册路由
router.GET("/metrics", controller.Metrics)
// 请求处理方法
func Metrics(c *gin.Context) {
    handler := promhttp.Handler()
    handler.ServeHTTP(c.Writer, c.Request)
}
```

在上面的代码中，我们引入了 Prometheus 客户端库，编译并运行项目，使用 curl 命令手动发起 HTTP 请求，结果如下所示：

```
$ http://127.0.0.1:9090/metrics
# HELP go_goroutines Number of goroutines that currently exist
go_goroutines 12
# HELP go_memstats_alloc_bytes Number of bytes allocated and still in use.
go_memstats_alloc_bytes 7.3335512e+08
......
```

参考上面的输出结果，以"#"开始的描述是对后续指标的解释。指标 go_goroutines

表示当前的协程数，指标 go_memstats_alloc_bytes 表示已申请并在使用的堆内存量。当然，我们这里省略了很多 Go 服务运行时指标。

通过这种方式，我们可以导出 Go 服务的运行时指标，只是这些指标都是以文本方式呈现的，可观测性不太好，我们希望能够可视化展示这些指标。这就需要用到 Prometheus 了：一方面，它可以帮助我们定时收集监控指标；另一方面，它还支持可视化展示监控指标。当然，在使用 Prometheus 时，首先需要配置需要采集指标的目标服务地址与访问接口。参考下面的配置：

```
// Prometheus 下载地址
https://prometheus.io/download/
// 配置采集任务，配置文件是 prometheus.yml
- job_name: "go-mall"
    scrape_interval: 10s
    metrics_path: "/metrics"
    static_configs:
        - targets: ["xxxx:9090"]
// Prometheus 启动命令
./prometheus --config.file=prometheus.yml --web.listen-address=:9094 --web.enable-
    lifecycle --storage.tsdb.retention=7d --web.enable-admin-api
```

可以看到，我们启动 Prometheus 时监听的端口号是 9094，即我们可以通过该端口访问 Prometheus 提供的 Web 系统。打开系统之后，依次单击 Status → Targets 菜单项，可以查看目标服务状态，之后单击 Graph 菜单项，可以配置监控指标的可视化看板。Prometheus 支持通过表达式配置可视化看板，我们不仅可以配置具体的指标，也可以配置复杂的表达式，表达式支持一些常用的运算符、聚合函数等（有兴趣的读者可以研究一下 PromQL，这是 Prometheus 内置的数据查询语言）。我们以协程数与内存使用量指标为例，配置好的可视化看板如图 8-4 和图 8-5 所示。

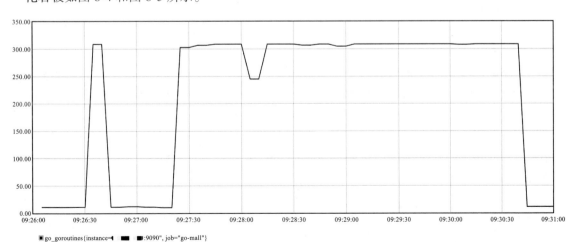

图 8-4　协程数可视化看板

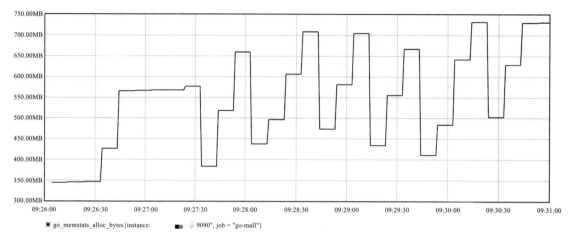

图 8-5　堆内存使用量可视化看板

参考图 8-4 和图 8-5，我们通过 ab 压测工具分别在 9 点 26 分 30 秒时刻、9 点 27 分 30 秒时刻发起了一些请求，可以明显看到这时候的协程数、堆内存使用量都有明显变化。

## 8.3.2　自定义监控

8.3.1 小节讲解了如何监控 Go 服务的运行时指标，那如果我们想自定义一些监控指标该如何实现呢？比如服务或者接口的访问 QPS、响应时间等。这就需要我们对 Prometheus 的几种指标类型以及 Prometheus 客户端库的使用有一些了解。

Prometheus 支持 4 种类型的指标，分别为 Counter、Gauge、Histograms 与 Summary，各类型指标含义如下。

1）Counter：计数器类型指标，可以用来统计请求数、错误数等。

2）Gauge：计量器类型指标，可以用来统计内存使用量、CPU 使用率等。

3）Histograms：直方图，可以用来统计请求延迟落在哪一个区间，比如服务或者接口的访问时间 P99。

4）Summary：与 Histograms 类型指标比较类似，也可以用来统计服务或者接口的响应时间 P50、P90、P99 等，只是 Summary 是在 Go 服务侧计算的，Histograms 是在 Prometheus 侧计算的。

通过上面的解释，我们可以了解到，服务或者接口的访问 QPS 可以基于 Counter 实现，访问时间 P50、P90、P99 等可以基于 Histograms 或者 Summary 实现。基于 Counter 实现 QPS 监控指标的代码如下所示：

```
// 定义 Counter 指标采集器
var counter = prometheus.NewCounterVec(
    prometheus.CounterOpts{
        Name: "http_request_total",
        Help: "The total number of HTTP request",
    },
```

```
        []string{"uri"},
)
// 注册 Counter 指标采集器
func init() {
        prometheus.MustRegister(counter)
}
// 声明 Gin 框架中间件
func Qps(c *gin.Context) {
        counter.WithLabelValues(c.Request.RequestURI).Inc()
}
// 使用中间件
router.Use(middleware.Qps)
```

在上面的代码中，函数 prometheus.NewCounterVec 用于创建一个 Counter 类型的指标采集器，该指标的名称为 http_request_total，表示 HTTP 请求的总访问量。可以看到，我们还声明了一个名为 uri 的标签。另外，在累加 Counter 指标时，我们还携带了标签的值，也就是请求地址。那么，标签是用来干什么的呢？因为我们的需求不仅仅是统计整个服务的 QPS，还需要统计每个接口的 QPS，标签可以用来过滤监控指标，进而统计整个服务以及每个接口的访问 QPS。

编译并运行项目，使用 curl 命令手动访问 metrics 接口查看服务的监控指标，结果如下所示：

```
$ http://127.0.0.1:9090/metrics
http_request_total{uri="/api/goods/detail"} 10000
http_request_total{uri="/metrics"} 3
......
```

参考上面的输出结果，我们可以看到每一个接口累计的访问量。但是，我们需要的监控指标不是 QPS 吗？那么，如何根据该访问量计算 QPS 呢？ Prometheus 有一个内置函数 irate，可以用来计算平均 QPS。基于该函数与访问量指标配置的 QPS 监控看板如图 8-6 和图 8-7 所示。

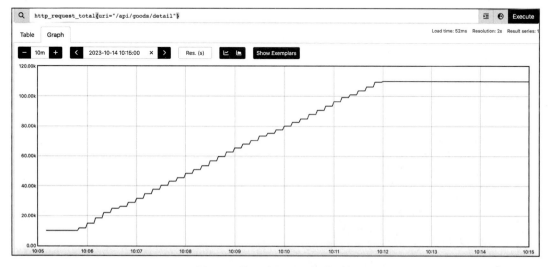

图 8-6　接口访问量可视化看板

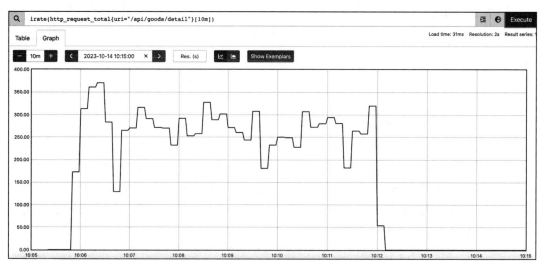

图 8-7　接口 QPS 可视化看板

参考图 8-6 和图 8-7，我们在 10 点 06 分左右通过 ab 压测工具发起了一些请求，10 点 12 分左右请求完成，可以看到接口访问量与接口 QPS 的曲线还是比较吻合的。

接下来将讲解如何基于 Prometheus 统计服务或者接口的响应时间，比如 P50、P90、P99 等。我们先解释一下 P50、P90、P99 等的概念，以 P99 为例，这意味着 99% 的请求的响应时间都小于给定时间，只有 1% 的请求的响应时间大于该时间。基于 Summary 实现 P99 监控指标的代码如下所示：

```go
// 定义 Summary 指标采集器
var summary = prometheus.NewSummaryVec(
    prometheus.SummaryOpts{
        Name:       "http_request_delay",
        Objectives: map[float64]float64{0.5: 0.05, 0.9: 0.01, 0.99: 0.001},
    },
    []string{"uri"},
)
// 注册 Summary 指标采集器
func init() {
    prometheus.MustRegister(summary)
}
// 声明 Gin 框架中间件
func Delay(c *gin.Context) {
    startTime := time.Now()
    // 执行下一个中间件
    c.Next()
    latency := time.Now().Sub(startTime)
    summary.WithLabelValues(c.Request.RequestURI).
    Observe(float64(latency.Milliseconds()))
}
// 使用中间件
router.Use(middleware.Delay)
```

在上面的代码中，函数 prometheus.NewSummaryVec 用于创建一个 Summary 类型的指标采集器，该指标的名称为“http_request_delay”。字段 Objectives 是一个散列表，键和值都是浮点数，键表示计算的分位数，如 P50、P90、P99，值表示允许的误差（通过误差换取时间空间）。

编译并运行项目，手动通过 ab 压测工具发起请求，并通过 Prometheus 平台查看 P99 监控指标，如图 8-8 所示。

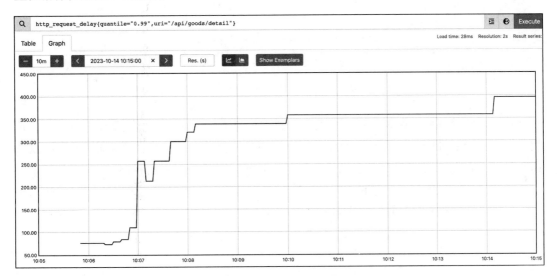

图 8-8　接口 P99 可视化看板

参考图 8-8 所示，可以看到 99% 请求的响应时间都小于 350ms。另外我们还可以将 P50、P90、P99 这三个指标和 ab 压测工具统计的指标做一个对比，验证我们采集的监控指标是否合理。

## 8.4　其他

在 Go 项目开发过程中，有两个细节特别容易被忽视：超时控制与错误处理。不合理的超时时间与错误处理可能导致服务因为一些轻微的异常而崩溃。因此，在依赖第三方资源时一定要注意设置合理的超时时间，并且在项目开发过程中要有完善的错误处理机制。

### 8.4.1　超时控制

大部分 Web 服务通常都会依赖 HTTP 服务、数据库以及 Redis 等。本小节将分别介绍在依赖这三种类型的资源时，如何设置合理的超时时间。

#### 1. HTTP 服务

当我们使用 Go 语言原生的 HTTP 客户端访问第三方服务时，可以通过两种方式设置超时时间。第一种方式是基于 HTTP 客户端的 Timeout 字段实现的，第二种方式是基于上下文 context 实现的。两种方式的代码如下所示：

```
// 基于 HTTP 客户端的 Timeout 实现
client := &http.Client{}
client.Timeout = time.Second
// 错误信息
// context deadline exceeded (Client.Timeout exceeded while awaiting headers)

// 基于上下文 context 实现
req, err := http.NewRequest("GET", uri, nil)
ctx, _ := context.WithTimeout(req.Context(), time.Second)
req = req.WithContext(ctx)
// 错误信息
// context deadline exceeded
```

在上面的代码中，两种实现方式的超时错误信息有一些区别，但还是比较类似的，都提示 context deadline exceeded。为什么呢？因为当我们基于 HTTP 客户端的 Timeout 设置超时时间之后，Go 语言底层其实也是基于上下文 context 实现的超时控制。

当然，在实际项目开发过程中，你可能会使用一些第三方框架，比如 6.5 节介绍的 go-resty。这时候设置超时时间的代码如下所示：

```
ctx, _ := context.WithTimeout(context.Background(), time.Second)
resp, err := client.R().SetContext(ctx).Get("xxx")
// 错误信息
// context deadline exceeded
```

在上面的代码中，go-resty 框架其实也是基于上下文 context 实现的超时控制。那依赖第三方 HTTP 服务时，超时时间一般设置多长时间呢？这其实也没有标准，我们可以结合具体的业务场景，以及依赖服务的响应时间 P99 等分析，最终的超时时间可能是几十毫秒，也可能是好几秒。

### 2. 数据库

Go 服务操作数据库通常都是基于长连接，因此数据库的超时时间可以分为建立连接的超时时间与处理请求的超时时间。数据库的连接配置通常如下所示：

```
dsn := "root:123456@tcp(10.90.73.43:3306)/mall?charset=utf8mb4"
```

如果你按照上述配置初始化数据库客户端，并且数据库实例所在主机不可达，你会发现程序将长时间阻塞在初始化数据库客户端这一过程。注意，这里描述的是长时间阻塞，并不是一直阻塞，那阻塞时间与什么有关呢？毕竟我没有设置建立连接的超时时间。其实这与 TCP 传输层有关，假设当前的场景是数据库实例所在主机不可达，那么当客户端发送 SYN 数据包请求建立连接时，就一定不会接收到服务端回复的 ACK 数据包，所以客户端会重新发送 SYN 数据包（这就是 TCP 的超时重传），当重传次数（或总的重传时间）超过一定阈值时，就会返回错误，其中重传次数以及总的重传时间与系统内核配置有关。这一现象对应的抓包结果如下所示：

```
$ sudo tcpdump -i en0 host xxxx -S
20:04:40.496822 IP xxxx.58693 > xxxx.mysql: Flags [S], seq 1211382710, win 65535
20:04:41.504710 IP xxxx.58693 > xxxx.mysql: Flags [S], seq 1211382710, win 65535
20:04:42.512878 IP xxxx.58693 > xxxx.mysql: Flags [S], seq 1211382710, win 65535
......
```

以上述数据库的连接配置为例，我们输出初始化数据库客户端的开始时间，错误提示以及返回错误时间，结果如下所示：

```
// 开始初始化数据库客户端
2023-10-16 20:04:40.496475 +0800
// 初始化数据库客户端完成（返回错误）
2023-10-16 20:05:56.150318 +0800
// 错误信息
dial tcp xxxx:3306: connect: operation timed out
```

参考上面的输出结果，可以看到初始化数据库客户端耗时 1min16s（程序阻塞时间），时间还是比较长的。那如何设置建立数据库连接的超时时间呢？当然是修改数据库的连接配置了，如下所示：

```
dsn := "root:123456@tcp(xxxx:3306)/mall?charset=utf8mb4&timeout=1s"
// 输出：
2023-10-16 20:27:52.483193 +0800          // 开始初始化数据库客户
2023-10-16 20:27:53.485076 +0800          // 初始化数据库客户端完成（返回错误）
dial tcp xxxx:3306: i/o timeout           // 错误信息
```

通过上面的介绍，我们知道了如何设置建立数据库连接的超时时间，那如何设置处理请求的超时时间呢？我们以 Gorm 框架为例，其支持通过 context 设置处理请求的超时时间，代码如下所示：

```
ctx, _ := context.WithTimeout(context.Background(), time.Second)
db = db.WithContext(ctx).First(xxx)
// 错误信息
// context deadline exceeded
```

数据库请求的超时时间一般设置多长时间呢？这其实需要结合具体的业务场景分析，如果是 C 端业务，通常都是一些简单的查询语句，这时候通常数据库响应较快，甚至只需要几毫秒；如果是 B 端业务，可能会存在一些复杂的查询语句（业务场景复杂），这时候通常数据库响应较慢，甚至可能会达到秒级别。

### 3. Redis

Go 服务操作 Redis 通常是基于长连接，因此 Redis 的超时时间也分为建立连接的超时时间与处理请求的超时时间。但是 go-redis 框架比较简单，初始化 Redis 客户端时可以设置所有的超时时间，代码如下所示：

```
rdb = redis.NewClient(&redis.Options{
        Addr:        "127.0.0.1:6379",
        DialTimeout:  time.Millisecond * 100,
        ReadTimeout:  time.Millisecond * 100,
        WriteTimeout: time.Millisecond * 100,
    })
```

在上面的代码中，DialTimeout 用来设置建立连接的超时时间，WriteTimeout 用来设置写请求（客户端发送请求）的超时时间，ReadTimeout 用来设置读请求（Redis 返回请求结果）的超时时间。这 3 种类型的超时时间对应的错误信息如下所示：

```
dial tcp xxxx:6379: i/o timeout
write tcp 127.0.0.1:51118->127.0.0.1:6379: i/o timeout
read tcp 127.0.0.1:51192->127.0.0.1:6379: i/o timeout
```

注意的是，通过这种方式设置的读、写请求超时时间是全局的，也就是说所有请求的超时时间都是一样的。当然，go-redis 框架也支持设置单个请求的超时时间，代码如下所示：

```
ctx, _ := context.WithTimeout(context.Background(), time.Millisecond*10)
result, err := rdb.Set(ctx, "go-redis-string", time.Now().String(), time.Hour).
    Result()
```

在上面的代码中，go-redis 框架其实也是基于上下文 context 实现的超时控制。那 Redis 请求的超时时间一般设置多长时间呢？一般情况下 Redis 的响应都是比较快的，大部分可能在毫秒级别，慢一点的可能会达到数十毫秒，所以 Redis 的超时时间通常都会配置得比较小。

## 8.4.2 错误处理

Go 语言将错误分为两种类型：一种是普通错误，也就是我们常用的类型 error；一种是严重错误，通常我们用关键字 panic 声明发生了严重错误。下面分别介绍这两种类型的错误。

### 1. error

在实际项目开发过程中，你会发现很多函数都会有多个返回值，通常第一个返回值用于返回真正的结果，第二个返回值是类型 error，表示是否发生了错误。代码如下所示：

```
resp, err := client.Do(req)
if err != nil {
    fmt.Println(fmt.Sprintf("client error:%v", err))
    return
}
```

在上面的代码中，我们在调用一些函数之后通常都会判断返回值 error 是否为空：如果不为空，则说明发生了错误，此时需要执行一些错误处理操作，比如记录错误日志等；如果为空，说明函数调用成功，则继续执行后续流程。

## 2. panic

关键字 panic 通常用于声明发生了严重错误，需要特别注意的是，panic 会导致程序异常退出。以下面程序为例：

```
package main
import "fmt"
func main() {
    fmt.Println("test1 start")
    panic("this is a panic")
    fmt.Println("panic 1")
}
```

执行上面的程序之后，控制台会输出如下信息：

```
test1 start
panic: this is a panic
// 协程栈帧
goroutine 1 [running]:
main.main()
    /main.go:5
// 程序异常退出
Process finished with the exit code 2
```

参考上面的输出结果，当我们通过 panic 声明错误之后，程序直接异常退出了，panic 语句之后的输出语句并没有执行。幸运的是，当程序因为 panic 异常退出时，会输出异常信息以及协程栈帧，通过这些信息我们基本上就能排查出问题所在了。当然，在实际项目开发过程中，我们可能需要避免程序因为 panic 异常退出，毕竟不能因为一个请求的异常影响整个服务，这时候可以使用延迟调用 defer 捕获异常，代码如下所示：

```
// 该语句在调用函数 test 之前
defer func() {
    fmt.Println("defer 1")
    if rec := recover(); rec != nil {
        fmt.Println(rec)
    }
    fmt.Println("defer 2")
}()
// 输出
test1 start
defer 1
this is a panic
defer 1
// 程序正常退出
Process finished with the exit code 0
```

在上面的代码中，当我们使用延迟调用 defer 捕获异常之后，程序就能够从 defer 语句开始恢复执行，最终程序也会正常退出。

最后补充一下，在一些业务场景中，当发生错误时，可能会进行重试（重试可以在一定程度上解决部分问题），以 go-resty 框架为例，其支持自动重试，并且采用的是指数退避算法，重试逻辑如下所示：

```
func Backoff(operation func() (*Response, error), options ...Option) error {
    // 重试
    for attempt := 0; attempt <= opts.maxRetries; attempt++ {
        resp, err = operation()  // 发起 HTTP 调用
        // 不需要重试，直接返回
        // 需要重试，指数退避
        waitTime, err2 := sleepDuration(resp, opts.waitTime, opts.maxWaitTime, attempt)
        select {
        case <-time.After(waitTime):
        case <-ctx.Done():
            return ctx.Err()
        }
    }
    return err
}
```

思考一下，为什么需要采用指数退避算法进行重试呢？因为当第三方服务返回错误时，如果我们立即重试，很有可能还会得到一个错误的响应，并且频繁地重试对第三方服务的压力也比较大，所以可以稍微等待一段时间再重试。

另外需要注意的是，重试需谨慎，不合理的重试可能会导致服务的雪崩。为什么呢？这里举两个具体的例子。

第一个例子，假设 A 服务依赖了 B 服务，在某个业务高峰期间，B 服务出现了异常（大量返回错误或者大量超时），此时 A 服务在调用 B 服务时，发现返回了错误，于是又进行重试。这会导致什么呢？A 服务的重试会进一步增加 B 服务的负载，甚至导致 B 服务的崩溃。

第二个例子，整个请求的链路其实是非常复杂的，一个客户端请求到达 A 服务可能需要经过全站加速，接入层网关，容器 Ingress 等，A 服务可能依赖 B 服务，B 服务还有可能依赖 C 服务等。注意，每一条链路都有可能配置重试，那么客户端的一次重试请求，C 服务可能会收到多个请求（甚至数十个）。可以看到，这存在明显的请求放大情况，极端情况下，C 服务需要承载的负载可能被放大了数十倍。

看到了吧，不合理的重试在某些情况下可能会导致非常严重的影响，一定要考虑哪些情况可以重试，哪些情况不能重试；另外在制定重试策略时，应该从全局去分析考虑，不能局限于局部的调用链路。

## 8.5 本章小结

本章的主题是高可用 Go 服务开发。首先，我们介绍了可用性的定义，其含义是服务的不可用时长除以总时长（服务的不可用时长与服务的可用时长之和）。其次，我们还介绍

了高可用三板斧：限流、熔断与降级。限流是通过对并发请求进行限速来保护自身服务，熔断是为了避免依赖的第三方服务影响自身服务，降级是通过牺牲非核心功能来保障核心功能。

如何实现高可用三板斧呢？本章以阿里开源的流量治理组件 Sentinel 为例，介绍了如何通过流量控制、熔断降级、系统自适应过载保护等提升系统可用性。

另外，在故障处理时，完善的监控与报警体系可以帮助我们快速地发现问题与定位问题，本章详细介绍了如何基于 Prometheus 构建 Go 服务监控系统。

最后，超时控制与错误处理也不容忽视，在依赖第三方资源时一定要注意设置合理的超时时间，在项目开发过程中一定要有完善的错误处理机制。

Chapter 9 | 第 9 章

# Go 语言微服务入门

微服务是一种非常热门的架构设计理念，其主张将单个应用程序拆分为一组小型服务，每个服务都单独部署运行，并且这些服务之间通过轻量级的方式进行通信。本章首先以 Go 语言原生的 RPC 标准库为例，介绍如何实现客户端程序与服务端程序，最后选取目前比较流行的一款微服务框架 kitex，并讲解其是如何实现微服务架构以及服务治理的。

## 9.1　Go 语言 RPC 标准库

Go 语言自带一个 RPC 标准库，通过该标准库，我们可以很方便地实现 RPC 服务端与客户端程序。本节主要介绍 Go 语言 RPC 标准库的使用方式以及实现原理。

### 9.1.1　使用入门

Go 语言原生的 RPC 标准库在 rpc 包中，该包定义了 RPC 相关的结构体。其中，rpc.Server 表示 RPC 服务端，rpc.Client 表示 RPC 客户端。我们基于这两个结构体实现一个 RPC 服务。不过，Go 语言对自定义的 RPC 服务有一些约束，其要求 RPC 服务提供的每一个方法都必须满足一定条件，参考 Go 语言源码中的注释：

```
- the method's type is exported.
- the method is exported.
- the method has two arguments, both exported (or builtin) types.
- the method's second argument is a pointer.
- the method has return type error.
In effect, the method must look schematically like
    func (t *T) MethodName(argType T1, replyType *T2) error
```

参考上面的注释，RPC 服务提供的每一个方法都必须满足上述 5 个条件：①方法的类型必须是可导出的，即方法接收者的名称必须首字母大写；②方法必须是可导出的，即方法名称必须首字母大写；③方法必须有两个输入参数，并且这两个参数的类型必须是可导出的，或者是 Go 语言内置类型；④方法的第二个参数必须是指针类型，这是因为第二个参数实际上是作为 RPC 请求的返回值使用的；⑤方法必须返回一个 error 类型的返回值。接下来看一下 Go 语言官方给出的 RPC 服务测试用例，代码如下所示：

```
// RPC 请求参数
type Args struct {
    A, B int
}
// RPC 请求返回值
type Reply struct {
    C int
}
// 自定义类型，用于定义 RPC 服务
type Arith int
// RPC 方法
func (t *Arith) Div(args *Args, reply *Reply) error {
    if args.B == 0 {
        return errors.New("divide by zero")
    }
    reply.C = args.A / args.B
    return nil
}
// 省略了其他三个 RPC 方法定义
```

在上面的代码中，结构体 Args 定义了 RPC 请求的参数，结构体 Reply 定义了 RPC 请求的返回值。Arith 是自定义类型，用于定义 RPC 服务，它声明了多个方法，分别用于计算两个数的加减乘除。定义好 RPC 服务之后，接下来就可以注册并启动 RPC 服务了，代码如下所示：

```
err := rpc.Register(new(Arith))
l, e := net.Listen("tcp", "127.0.0.1:9090")
for {
    conn, err := l.Accept()
    // 使用 JSON 实现序列化
    go jsonrpc.ServeConn(conn)
}
```

在上面的代码中，函数 rpc.Register 用于注册 RPC 服务。需要说明的是，这里只是将该 RPC 服务的相关数据存储在本地内存，并没有注册到远端注册中心。接下来就是创建并监听套接字，等待客户端建立 TCP 连接，并处理客户端发起的 RPC 请求。另外可以看到，这里使用 JSON（可读性更好）实现 RPC 请求与响应的序列化。

那么，如何访问上述 RPC 服务呢？需要说明的是，普通的工具如 curl 是无法访问上述

RPC 服务的，这是因为 curl 命令是基于 HTTP 协议发起的请求，而上述 RPC 服务使用的是私有协议。我们可以使用 Go 语言提供的 rpc.Client 访问上述 RPC 服务，代码如下所示：

```
// 建立 TCP 连接
client, err := jsonrpc.Dial("tcp", "127.0.0.1:9090")
// 构造请求参数与返回值
args := &Args{80, 10}
reply := new(Reply)
// 发起 RPC 请求
err = client.Call("Arith.Div", args, reply)
fmt.Println(reply)            // &{8}
// 以协程方式发起 RPC 请求
mulCall := client.Go("Arith.Mul", args, reply, nil)
<-mulCall.Done
fmt.Println(reply)            // &{800}
```

在上面的代码中，首先客户端需要与 RPC 服务端建立 TCP 连接，接下来就能够通过方法 client.Call 发起 RPC 请求。可以看到我们传递了三个参数，第一个参数表示需要访问的 RPC 方法，第二个参数是请求参数，第三个参数用于接收 RPC 返回值。另外，我们还可以通过方法 client.Go 以协程方式发起 RPC 请求，该方法的返回值是一个自定义结构体，其中字段 mulCall.Done 的类型是管道，我们可以通过该管道监听 RPC 请求的处理结果。

最后，我们可以通过 tcpdump 工具抓包，查看 RPC 请求与响应的数据格式，如下所示：

```
{"method":"Arith.Div","params":[{"A":80,"B":10}],"id":0}     // 请求 1
{"id":0,"result":{"C":8},"error":null}                        // 响应 1
{"method":"Arith.Mul","params":[{"A":80,"B":10}],"id":1}     // 请求 2
{"id":1,"result":{"C":800},"error":null}                      // 响应 2
```

参考上面的输出结果，在 RPC 请求中，字段 method 表示请求方法，字段 params 表示请求参数，字段 id 表示请求序列号。在 RPC 响应中，字段 id 表示响应序列号，字段 result 表示返回值，字段 error 用于存储错误信息。

## 9.1.2 原理浅析

当客户端发起一个 RPC 请求时，底层是如何将该请求发送到服务端呢？服务端又是如何解析并处理该请求呢？首先客户端需要将本次请求进行序列化，包括请求方法名称、请求参数等，接着再通过 TCP 连接将该请求发送到服务端。当服务端接收到请求时，首先需要将请求进行反序列化，解析出请求方法名称、请求参数，接着查找并调用该请求对应的实现方法，最后再将返回值进行序列化并通过 TCP 连接返回给客户端。

上述流程涉及两个核心点：

1）序列化与反序列化，上一个小节的演示事例是基于 JSON 实现的序列化与反序列化。

2）服务端需要查找并调用该请求对应的实现方法，也就是说服务端需要存储每一个请求方法名称对应的实现方法，只是如何调用对应的实现方法呢？这就不得不提一下 Go 语言中的反射了，RPC 标准库在注册服务以及调用请求对应的实现方法时，都用到了反射。我们先看一下注册服务的逻辑，代码如下所示：

```go
func (server *Server) register(rcvr any, name string, useName bool) error {
    s := new(service)                               // 结构体 service 定义了一个 RPC 服务
    s.typ = reflect.TypeOf(rcvr)                    // 反射获取对象类型
    s.rcvr = reflect.ValueOf(rcvr)                  // 反射获取对象
    sname := reflect.Indirect(s.rcvr).Type().Name() // 反射获取对象类型名称
    // 判断对象类型是否可导出 (首字母大写)
    if !token.IsExported(sname) && !useName {
        s := "rpc.Register: type " + sname + " is not exported"
        return errors.New(s)
    }
    s.name = sname                                  // 以对象类型名称作为 RPC 服务名称
    // 校验所有的 RPC 方法，并存储在 method 字段，该字段的类型是散列表
    s.method = suitableMethods(s.typ, logRegisterError)
    // 将对象 s 存储在本地散列表
    server.serviceMap.LoadOrStore(sname, s)
    return nil
}
```

在上面的代码中，结构体 service 定义了一个 RPC 服务，其中包含多个字段，用于存储该 RPC 服务的相关信息。函数 reflect.TypeOf 的返回值类型是 reflect.Type，这是一个接口，表示 Go 语言类型，该接口定义了很多方法，可以帮助我们获取到任意数据类型的所有信息，包括结构体类型的方法、字段，函数类型的输入参数、返回值等。前面提到，RPC 服务提供的每一个方法都必须满足一定条件，这些条件都是基于 reflect.Type 判断的，参考函数 suitableMethods 的代码逻辑，如下所示：

```go
func suitableMethods(typ reflect.Type, logErr bool) map[string]*methodType {
    methods := make(map[string]*methodType)
    for m := 0; m < typ.NumMethod(); m++ {
        method := typ.Method(m)
        mtype := method.Type
        mname := method.Name
        // 校验方法是否可导出
        if !method.IsExported() {
            continue
        }
        // 校验方法是否包含 3 个输入参数 (方法接收者是第 0 个输入参数,)
        if mtype.NumIn() != 3 {
            continue
        }
        // 第一个参数的类型必须是可导出的或者内置类型
        argType := mtype.In(1)
        if !isExportedOrBuiltinType(argType) {
            continue
        }
        ......           // 省略了很多校验逻辑
```

```
        // 校验通过，将该方法保存在散列表
        methods[mname] = &methodType{method: method, ArgType: argType, ReplyType:
            replyType}
    }
    return methods
}
```

在上面的代码中，for 循环用于遍历 RPC 服务对象的所有方法，其中 typ.Method 可以按照索引下标获取方法。另外，变量 mtype 表示方法类型，我们通过该变量可以校验每一个输入参数、返回值的类型是否满足要求。

经过上述逻辑，服务端程序已经完成了 RPC 服务的注册流程，接下来就是创建并监听套接字，等待客户端建立 TCP 连接，并处理客户端发起的 RPC 请求了。解析并处理客户端请求的逻辑如下面代码所示：

```
func (server *Server) ServeCodec(codec ServerCodec) {
    for {  // 循环读取并处理客户端请求
        // 读取并解析客户端请求
        service, mtype, req, argv, replyv, keepReading, err := server.readRequest(codec)
        // 以协程方式处理请求
        go service.call(server, sending, wg, mtype, req, argv, replyv, codec)
    }
}
func (s *service) call(...) {
    function := mtype.method.Func
    // 通过反射方式调用对应方法
    returnValues := function.Call([]reflect.Value{s.rcvr, argv, replyv})
    errInter := returnValues[0].Interface()
    if errInter != nil {
        errmsg = errInter.(error).Error()
    }
    // 返回处理结果
    server.sendResponse(sending, req, replyv.Interface(), codec, errmsg)
}
```

在上面的代码中，方法 server.readRequest 用于读取和解析客户端请求，并根据请求方法名称查找对应的 RPC 服务，另外该方法也会通过反射方式预先构造好请求参数与返回值。

可以看到，RPC 服务端的整体实现逻辑还是比较简单的，唯一有点复杂的就是底层大量使用了反射。相比较 RPC 服务端，客户端的实现逻辑就更简单了，基本只涉及序列化与反序列化操作，这里就不进行过多介绍了。

## 9.2 微服务框架 Kitex

Kitex 是字节跳动开源的一款微服务框架，具有高性能、强可扩展性的特点，目前在字节跳动内部广泛使用。Kitex 使用的是自研网络库，性能比 Go 语言原生的网络库更高；Kitex 提供了较多的扩展接口，以便使用者能够对其功能进行扩展；Kitex 还支持完善的服务治理功能，如服务注册 / 发现、负载均衡、熔断限流等。本节主要介绍 Kitex 的基本使用方式以及核心实现。

## 9.2.1　使用入门

首先需要说明的是，Kitex 内置了代码生成工具，可以帮助我们自动生成一些代码，其安装方式如下：

```
go install github.com/cloudwego/kitex/tool/cmd/kitex@latest
go install github.com/cloudwego/thriftgo@latest
```

执行上述命令之后，可以通过 kitex --version 和 thriftgo --version 命令验证是否安装成功。这两个工具分别是做什么的呢？ Kitex 还比较容易理解，Thriftgo 又是什么呢？这就不得不提一下 Thrift 了，这是一种结构化数据的序列化协议。在使用 Thrift 时，首先需要编写 IDL（Interface Description Language，接口描述语言）文件，随后再通过编译器生成各种语言的 RPC 服务端 / 客户端模板代码，Thriftgo 就是 Go 语言版本的 Thrift IDL 文件编译器。

接下来通过一个具体的示例，讲解如何借助 Kitex 实现 RPC 服务端以及客户端。参考官方示例，我们先编写 IDL 文件，如下所示：

```
namespace go api          // 包名
struct Request {          // 请求参数结构体定义
    1: string message
}
struct Response {         // 返回值结构体定义
    1: string message
}
service Hello {           // RPC 服务与方法定义
    Response echo(1: Request req)
}
```

编写好 IDL 文件之后，只需要执行 Kitex 命令就能生成模板代码，如下所示：

```
# 如果当前目录不在 $GOPATH/src 下，需要加上 -module 参数，一般等于 go.mod 定义的名称
kitex -module demo  -service xxx hello.thrift
```

执行完上述命令之后，Kitex 将在目录 ./kitex_gen 生成模板代码，并且在当前目录新创建文件 ./handler.go。这个文件中定义了 RPC 服务的所有方法，我们可以修改这些方法的实现逻辑，如下所示：

```
type HelloImpl struct{}
// RPC 方法实现
func (s *HelloImpl) Echo(ctx context.Context, req *api.Request) (resp *api.
    Response, err error) {
    resp = &api.Response{}
```

```
        resp.Message = fmt.Sprintf("I am Hello server, I receive %v", req.Message)
        return
    }
```

经过上述步骤，RPC 服务端与客户端的模板代码就算是完成了。接下来编写 RPC 服务端主程序，如下所示：

```
import (
    "demo/kitex_gen/api/hello"
    "github.com/cloudwego/kitex/pkg/rpcinfo"
    "github.com/cloudwego/kitex/server"
    etcd "github.com/kitex-contrib/registry-etcd"
    ......
)
func main() {
    // 使用 etcd 作为注册中心
    r, err := etcd.NewEtcdRegistry([]string{"127.0.0.1:2379"})
    addr, _ := net.ResolveTCPAddr("tcp", ":8080")
    // 初始化 RPC 服务端对象
svr := hello.NewServer(new(HelloImpl),server.WithServiceAddr(addr),
    server.WithServerBasicInfo(&rpcinfo.EndpointBasicInfo{ServiceName: "hello"}),
    server.WithRegistry(r))
    // 启动 RPC 服务
    err = svr.Run()
}
```

Kitex 支持多种类型的服务发现，如 Etcd、Nacos、ZooKeeper 等，本示例使用 Etcd 作为注册中心。可以看到，在初始化 RPC 服务时，我们还通过 WithXXX 之类的函数修改了服务配置，包括服务监听的端口号、服务名称、注册中心。

编译并运行上述程序，这时候应该可以在注册中心 Etcd 查询到该服务节点注册的数据，如下所示：

```
$ ./etcdctl get --prefix kitex
kitex/registry-etcd/hello/xxxx:8080
{"network":"tcp","address":"xxxx:8080","weight":10,"tags":null}
```

参考上面的输出结果，Kitex 在向 Etcd 注册服务数据时，键的格式是指定前缀＋服务名称＋节点 IP 地址以及端口号；值包含多个字段，其中 network 表示网络类型，address 表示服务地址，weight 表示权重（用于负载均衡），tags 用于给服务节点打标签。可以看到，RPC 服务端程序已经成功启动，那么如何访问该 RPC 服务呢？我们还需要实现 RPC 客户端主程序，代码如下所示：

```
func main() {
    // 初始化服务发现对象
    r, err := etcd.NewEtcdResolver([]string{"127.0.0.1:2379"})
    // 初始化 RPC 客户端对象
    cli, err := hello.NewClient("hello", client.WithResolver(r))
    // 构造请求参数
```

```
    req := &api.Request{Message: "client request"}
    // 发起 RPC 请求
    resp, err := cli.Echo(context.Background(), req)
    log.Println(resp)
    time.Sleep(time.Second)
}
```

在上面的代码中，RPC 客户端程序非常简单，核心逻辑是初始化服务发现对象，初始化 RPC 客户端对象，构造请求参数，发起 RPC 请求。另外，我们是通过方法 cli.Echo 发起的 HTTP 请求，即客户端对象本身封装了所有的 RPC 方法，这对开发人员非常友好。

最后补充一下，Kitex 还提供了很多选项（Option），在初始化 RPC 客户端对象以及服务端对象时，我们可以通过 WithXXX 之类的函数注入这些选项。下面列出几个常用的选项：

```
// 客户端选项，设置 RPC 请求的超时时间
func WithRPCTimeout(d time.Duration) Option
// 客户端选项，设置连接池的一些配置
func WithLongConnection(cfg connpool.IdleConfig) Option
// 服务端选项，设置 RPC 服务的基本信息
func WithServerBasicInfo(ebi *rpcinfo.EndpointBasicInfo) Option
// 服务端选项，设置空闲长连接超时时间
func WithMaxConnIdleTime(timeout time.Duration) Option
......
```

当然，Kitex 还提供了很多其他选项，这里就不一一介绍了，有兴趣的读者可以查看 Kitex 官方文档。

## 9.2.2　可扩展性

前面提到，Kitex 最核心的特性之一就是强可扩展性，其很多功能比如服务注册与发现、负载均衡、请求追踪、中间件等都是可扩展的，本小节将通过一些具体的示例介绍如何扩展 Kitex 的现有功能。

### 1. 中间件扩展

Kitex 的中间件与 6.2 节介绍的 Gin 框架中间件非常相似，我们可以基于中间件实现一些通用功能，如记录请求日志，校验权限等。不过与 Gin 框架不同的是，Kitex 将中间件分为了 3 种，分别是客户端中间件、上下文中间件、服务端中间件，这 3 种类型中间件的注册方式如下所示：

```
client.WithMiddleware(mw)                          // 客户端中间件
ctx = client.WithContextMiddlewares(ctx, mw)       // 上下文中间件
server.WithMiddleware(mw)                          // 服务端中间件
```

客户端中间件和服务端中间件还比较容易理解，上下文中间件是什么呢？上下文中间件可以根据上下文判断是否注册中间件，即上下文中间件提供了一种动态注册中间件的方

式。另外，虽然 Kitex 提供了 3 种类型的中间件，但是这 3 种中间件的定义都是一样的，如下所示：

```
// 中间件定义，接收一个函数参数，返回一个函数参数
type Middleware func(Endpoint) Endpoint
// Endpoint 本质上是一个函数
type Endpoint func(ctx context.Context, req, resp interface{}) (err error)
```

在上面的代码中，中间件本质上就是一个函数，并且这个函数的输入参数以及返回值的类型都是函数 Endpoint。另外可以看到，函数 Endpoint 的输入参数有上下文、RPC 请求参数以及响应，这样我们就能在中间件中获取到当前 RPC 请求的一些基本信息。需要强调的是，函数 Endpoint 提供的输入参数 req 以及响应 resp 并不是 RPC 请求的原始请求参数以及响应，而是进行了一些封装，当然 Kitex 也提供了获取原始请求参数以及响应的方式（可以参考后面的示例程序）。

接下来编写一个简单的中间件，该中间件用于记录每次 RPC 请求的访问日志，代码如下所示：

```
func logMiddleware(next endpoint.Endpoint) endpoint.Endpoint {
    return func(ctx context.Context, request, response interface{}) error {
        rpc := rpcinfo.GetRPCInfo(ctx)                    // 获取本次 RPC 请求信息
        var req, resp interface{}
        if arg, ok := request.(utils.KitexArgs); ok {    // 获取请求参数
            req = arg.GetFirstArgument()
        }
        start := time.Now()                               // 记录请求开始时间
        err := next(ctx, request, response)               // 执行下一个中间件
        if arg, ok := response.(utils.KitexResult); ok { // 获取响应结果
            resp = arg.GetResult()
        }
    // 记录 RPC 请求对应的服务名称以及方法
        service := fmt.Sprintf("%v.%v", rpc.To().ServiceName(), rpc.To().Method())
        remoter := rpc.To().Address()                     // 记录远端节点
        duration := time.Now().Sub(start)                 // 计算耗时
        logs := fmt.Sprintf("rpc=%v, remoter=%v duration=%v req=%v resp=%v", service,
            remoter, duration.Milliseconds(), req, resp)
        fmt.Println(logs)
        return err
    }
}
// 注册中间件
cli, err := hello.NewClient("hello", client.WithResolver(r),
        client.WithMiddleware(logMiddleware))
```

在上面的代码中，Kitex 将 RPC 请求的原始请求参数以及响应分别封装成了 utils.KitexArgs 以及 utils.KitexResult。因此，我们可以先对输入参数 request 以及响应 response 进行类型断言，再获取原始请求参数以及响应。此外，我们可以通过函数 rpcinfo.GetRPCInfo 获取到本次 RPC 请求的基本信息，例如远端节点信息、本次访问的 RPC 服务

以及方法等。当然，别忘了还要执行下一个中间件，否则客户端是不会发起 RPC 请求的。

最后，上下文中间件与服务端中间件实际上与客户端中间件非常类似，这里就不再赘述了。

### 2. Suite 扩展

Suite（套件）是对选项以及中间件的组合和封装。需要说明的是，Suite 只允许在初始化 RPC 服务端对象和客户端对象时设置。另外，Suite 是按照设置顺序执行的（在客户端先设置先执行，在服务端先设置后执行）。Suite 的定义如下：

```
type Suite interface {
    Options() []Option
}
```

在上面的代码中，接口 Suite 只包含一个方法，并且该方法返回一个 Option 切片（包含多个选项和中间件）。那么，如何定义以及应用 Suite 套件呢？参考 Kitex 官方给出的示例，代码如下所示：

```
type mockSuite struct{
    config *Config
}
func (m *mockSuite) Options() []Option {
    return []Option{
        WithClientBasicInfo(mockEndpointBasicInfo),
        WithDiagnosisService(mockDiagnosisService),
        WithRetryContainer(mockRetryContainer),
        WithMiddleware(mockMW(m.config)),
        WithSuite(mockSuite2),
    }
}
client.WithSuite(&mockSuite{})     // 注册 Suite 套件
```

在上面的代码中，我们定义了一个简单的客户端 Suite 套件，并且通过函数 WithSuite 注册了该 Suite 套件。可以看到，该 Suite 套件中不仅封装了多个选项和中间件，甚至还包含了其他的 Suite 套件。

### 3. 服务注册与服务发现扩展

扩展服务注册与服务发现其实非常简单，只需要实现 Kitex 定义的接口，并通过 WithXXX 之类的函数注入自定义的服务注册与服务发现即可。服务注册与服务发现的接口定义如下所示：

```
// 服务注册接口
type Registry interface {
    Register(info *Info) error
    Deregister(info *Info) error
}
// 服务发现接口定义
```

```
type Resolver interface {
    Target(ctx context.Context, target rpcinfo.EndpointInfo) string
    Resolve(ctx context.Context, key string) (Result, error)
    Diff(key string, prev, next Result) (Change, bool)
    Name() string
}
```

在上面的代码中，接口 Registry 定义了服务注册的行为，只有两个方法，分别用于注册服务以及注销服务。接口 Resolver 定义了服务发现的行为，这个接口的方法比较多，其中方法 Resolve 是该接口的核心方法，用户获取服务发现结果；方法 Diff 用于对比两次服务发现的变更，计算结果一般用于通知其他组件，比如负载均衡、熔断器等。接下来实现一个自定义的服务发现，代码如下所示：

```
type SimpleResolver struct {
}
func (sr *SimpleResolver) Target(ctx context.Context, target rpcinfo.EndpointInfo)
    (description string) {
    return target.ServiceName()
}
func (sr *SimpleResolver) Resolve(ctx context.Context, desc string) (discovery.
    Result, error) {
    ins := discovery.NewInstance("tcp", "127.0.0.1:8080", 1, map[string]string{})
    return discovery.Result{
        Cacheable: true,
        CacheKey:  desc,
        Instances: []discovery.Instance{ins},
    }, nil
}
func (sr *SimpleResolver) Diff(cacheKey string, prev, next discovery.Result)
    (discovery.Change, bool) {
    return discovery.Change{}, false
}
func (sr *SimpleResolver) Name() string {
    return "SimpleResolver"
}
// 注入自定义服务发现
hello.NewClient("hello", client.WithResolver(&SimpleResolver{}))
```

在上面的代码中，结构体 SimpleResolver 就是我们自定义的服务发现，而且我们通过函数 WithResolver 注入了自定义的服务发现。重新运行 RPC 客户端程序，你会发现请求成功了，即自定义的服务发现生效了。

最后，Kitex 的很多功能，比如负载均衡、请求追踪、传输模块等都是可扩展的，并且扩展方式大多都比较类似，这里就不再赘述了，有兴趣的读者可以查看 Kitex 官方文档。

### 9.2.3 服务治理

Kitex 提供了比较完善的服务治理能力，包括熔断、限流、请求重试、访问控制等，而且这些能力大多数都是可扩展的。本小节将对 Kitex 的服务治理能力进行简要介绍。

### 1. 熔断

Kitex 实现的熔断器与 Sentinel 的熔断器其实是比较类似的，同样是基于滑动窗口统计请求指标，并且内部同样维护了一个熔断器状态机（参见 8.2.4 小节）。接下来讲解 Kitex 是如何实现熔断能力的。

Kitex 提供了 Suite 套件，该套件内部封装了服务粒度的熔断器和实例粒度的熔断器。服务粒度的熔断器按照服务粒度进行熔断统计，服务粒度的划分取决于熔断统计键的值，该值的计算方式用户也可以自定义。默认情况下，Kitex 将方法名称作为熔断统计键的值。实例粒度的熔断器按照实例粒度进行熔断统计，主要用于解决单实例异常问题。Kitex 熔断器的注册方式如下所示：

```
func GenServiceCBKeyFunc(ri rpcinfo.RPCInfo) string {
    // 熔断统计键的值默认计算方式 "$fromServiceName/$toServiceName/$method"
    return circuitbreak.RPCInfo2Key(ri)
}
// 初始化熔断器
cbs := circuitbreak.NewCBSuite(GenServiceCBKeyFunc)
// 注册熔断器
cli, err := hello.NewClient("hello", client.WithCircuitBreaker(cbs)...)
```

需要说明的是，Kitex 提供了 3 种类型的熔断触发策略，分别是连续错误数达到阈值时触发、错误数达到阈值时触发以及错误率达到阈值时触发。默认情况下，Kitex 采用的是错误率熔断触发策略，并且默认的熔断阈值是错误率 50%，最小采样数为 200。也就是说，当错误率达到 50% 且统计量大于 200 时，会触发熔断。当然，该默认配置是可以修改的，修改方式如下所示：

```
// 修改服务粒度熔断器配置
cbs.UpdateServiceCBConfig("xxx", circuitbreak.CBConfig{
    Enable: true,
    ErrRate: 0.3,
    MinSample: 200,
})
```

### 2. 限流

限流是一种保护 RPC 服务端的措施，用于防止突发流量导致 RPC 服务端过载。Kitex 目前提供了两种方式的限流：基于 QPS 的限流（基于令牌桶算法实现）以及基于连接数的限流（基于计数器算法实现）。Kitex 引入限流的方式非常简单，代码如下所示：

```
import "github.com/cloudwego/kitex/pkg/limit"
func main() {
    svr := xxxservice.NewServer(handler, server.WithLimit(&limit.Option{MaxConnections:
        10000, MaxQPS: 1000}))
    ......
}
```

在上面的代码中，结构体 limit.Option 定义了限流相关配置参数：MaxConnections 表示最大连接数；MaxQPS 表示最大 QPS。除此之外，还有一个字段 UpdateControl 是函数类型，为我们提供了动态修改限流阈值的能力。

另外，Kitex 限流器本身定义了两个接口，分别用于实现并发限流以及速率限流，我们也可以通过实现这两个接口自定义限流逻辑。这两个接口的定义如下所示：

```
// 并发限流
type ConcurrencyLimiter interface {
    Acquire(ctx context.Context) bool          // 获取资源，用于校验是否允许请求通过
    Release(ctx context.Context)               // 释放资源
    Status(ctx context.Context) (limit, occupied int)// 获取限流器状态
}
// 速率限流
type RateLimiter interface {
    Acquire(ctx context.Context) bool          // 获取资源，用于校验是否允许请求通过
    // 获取限流器状态
    Status(ctx context.Context) (max, current int, interval time.Duration)
}
```

最后，Kitex 还提供其他很多服务治理能力，比如请求重试、访问控制、Fallback、超时控制等，这里不一一介绍，有兴趣的读者可以查看 Kitex 官方文档。

## 9.3 本章小结

微服务是一种非常热门的架构设计理念，本章首先以 Go 语言原生的 RPC 标准库为例，介绍了如何实现客户端程序与服务端程序。值得一提的是，Go 语言原生的 RPC 标准库大量使用了反射，我们也对反射进行了简要介绍。

最后，本章不仅介绍了字节跳动开源的微服务框架 Kitex 的基本使用方式，还重点介绍了其在可扩展性方面以及服务治理方面的实现原理。

第 10 章 *Chapter 10*

# 实现 Go 服务平滑升级

Go 服务作为常驻进程，如何进行服务升级呢？你可能会觉得这还不简单，先将现有服务停止，再启动新的服务不就可以了。可是将现有服务停止时，如果它还在处理请求，那么这些请求该如何处理？另外，在现有服务已经退出但是新服务还没有启动期间，新的请求到达了又该如何处理？ Go 服务升级并没有那么简单，我们需要实现一套平滑升级方案来保证升级过程是无损的，本章将对 Go 服务的平滑升级方案做详细介绍。

## 10.1　服务升级导致 502 状态码

Go 服务升级会导致出现大量的 502 状态码，这一结论可以通过模拟服务升级流程来验证。假设 HTTP 请求的访问链路是客户端→网关→Go 服务，即我们还需要搭建网关（参见 1.1.1 小节）。基于 Go 语言实现的 HTTP 服务示例程序如下所示：

```go
func main() {
    server := &http.Server{
        Addr: "0.0.0.0:8080",
    }
    http.HandleFunc("/ping", func(w http.ResponseWriter, r *http.Request) {
        duration := rand.Intn(1000)
        // 模拟请求耗时
        time.Sleep(time.Millisecond * time.Duration(duration))
        w.Write([]byte(r.URL.Path + " > ping response"))
    })
    _ = server.ListenAndServe()
}
```

参考上面的代码，每一个请求都会随机休眠 0～1000ms。我们通过这种方式模拟了请求的正常响应时间。

接下来使用 ab 压测工具模拟发起请求并升级 Go 服务。如何升级呢？我们可以通过简单的重启（升级和重启类似，只不过升级会替换可执行程序）来模拟。

```
// 模拟并发请求
$ ab -n 10000 -c 100 http://127.0.0.1/ping
// 重启服务
$ supervisorctl restart main
```

在上面的命令中，我们通过 supervisorctl 命令重启了 Go 服务。补充一下，Go 服务是部署在物理机上的，为了避免 Go 服务异常退出，我们通常会使用成熟的进程管理工具，比如 supervisor。其中，supervisorctl 命令是 supervisor 提供的客户端命令。对 supervisor 的使用和原理感兴趣的读者，可以查阅相关资料学习，这里不再赘述。

如何验证是否会出现瞬时的 502 错误呢？可以查看 Nginx 的错误日志。这时候，你应该可以看到不少错误日志，这些错误日志可以分为两种，如下所示：

```
upstream prematurely closed connection while reading response header from upstream
connect() failed (111: Connection refused) while connecting to upstream
```

在上面的日志中，第一种错误日志表明网关 Nginx 在等待上游 Go 服务返回请求结果时，上游 Go 服务关闭了连接。为什么呢？因为当我们重启 Go 服务时，第一步肯定需要杀掉现有的 Go 服务，进程都退出了，那么与其建立的所有 TCP 连接自然也就被关闭了。第二种错误日志表明网关 Nginx 在和上游 Go 服务建立 TCP 连接时被拒绝了。这一点比较容易理解，在现有的 Go 服务已经退出，但是新的 Go 服务还没有启动期间，没有进程在监听 8080 端口，所以建立 TCP 连接的请求肯定会被拒绝。

通过上面的实验，我们可以确认 Go 服务升级确实会引起瞬时大量的 502 错误。那如何解决这一问题呢？毕竟我们总是需要升级 Go 服务的。我们可以将该问题拆解为两个独立的子问题。第一个问题是：如何实现 Go 服务的平滑退出？即如何使 Go 服务在处理完所有正在处理的请求之后再退出？第二个问题是：如何实现 Go 服务的无缝启动？也就是说，在现有的 Go 服务退出之前新的 Go 服务就需要启动，并且这时候新的 HTTP 请求应该由新的 Go 服务处理。这两个子问题我们将分别在 10.3 节与 10.4 节进行详细介绍。

## 10.2　Go 语言信号处理框架

为什么要先介绍信号呢？因为当我们需要将现有 Go 服务停止时，是通过给 Go 服务发送信号实现的，比如 Ctrl+C 组合按键、supervisor 进程管理工具等。我们可以通过 kill 命令查看系统支持的所有信号，如下所示：

```
$ kill -l
 1) SIGHUP      2) SIGINT      3) SIGQUIT     4) SIGILL      5) SIGTRAP
 6) SIGABRT     7) SIGBUS      8) SIGFPE      9) SIGKILL    10) SIGUSR1
```

```
11) SIGSEGV     12) SIGUSR2     13) SIGPIPE     14) SIGALRM     15) SIGTERM
16) SIGSTKFLT   17) SIGCHLD     18) SIGCONT     19) SIGSTOP     20) SIGTSTP
21) SIGTTIN     22) SIGTTOU     23) SIGURG      24) SIGXCPU     25) SIGXFSZ
26) SIGVTALRM   27) SIGPROF     28) SIGWINCH    29) SIGIO       30) SIGPWR
31) SIGSYS         ......
```

需要注意的是，SIGKILL 信号是不能被捕获的，所以称该信号为强制退出信号。那么在 Go 语言中我们如何使用信号呢？可以参考下面的测试程序：

```go
package main
import (
    "fmt"
    "os"
    "os/signal"
    "sync"
    "syscall"
)
func main() {
    c := make(chan os.Signal, 1)
    // 相当于捕获信号
    signal.Notify(c, syscall.SIGINT, syscall.SIGTERM)
    wg := sync.WaitGroup{}
    wg.Add(1)
    go func() {
        <- c                    // 接收到信号
        fmt.Println("quit signal receive, quit")
        wg.Done()
    }()
    wg.Wait()
}
```

在上面的代码中，管道 c 可以用来传递类型为 os.Signal 的数据。函数 signal.Notify 用于监听指定信号，其第一个参数的类型是管道，当进程捕获到指定信号时，会向该管道写入数据；第二个参数的类型是 os.Signal，用于设置需要监听的信号，如 syscall.SIGINT、syscall.SIGTERM 等。另外，我们创建了一个子协程，并且子协程的第一行代码就阻塞地从管道 c 读取数据。也就是说，在收到指定信号之前，该子协程将一直处于阻塞状态。

当我们启动上述程序时，程序将一直处于阻塞状态（子协程、主协程都处于阻塞状态），直到我们给该进程发送指定的信号，如下所示：

```
$ kill -2 pid
// Go 程序退出，并输出下面的语句
quit signal receive, quit
```

看到了吧？在 Go 语言中，监听以及处理信号是如此简单，甚至不需要我们去注册所谓的信号处理函数。这是因为 Go 语言对信号处理流程进行了封装。接下来简单探索一下 Go 语言信号处理框架，如何探索呢？我们可以从函数 signal.Notify 入手，其主要代码如下：

```
func Notify(c chan<- os.Signal, sig ...os.Signal) {
    // 全局 map
    h := handlers.m[c]
    // 匿名函数
    add := func(n int) {
        if !h.want(n) {                      // 如果未监听该信号
            h.set(n)
            if handlers.ref[n] == 0 {        // 如果首次注册该信号
                enableSignal(n)              // 注册信号处理函数
                // 只初始化一次：启动信号处理循环
                watchSignalLoopOnce.Do(func() {
                    if watchSignalLoop != nil {
                        go watchSignalLoop()
                    }
                })
            }
            handlers.ref[n]++
        }
    }
    // 注册信号
    for _, s := range sig {
        add(signum(s))
    }
}
```

参考上面的代码，变量 handlers.m 是一个全局的散列表，用于存储键 – 值对，其中键的类型是管道，当进程监听到指定信号时，会向该管道写入数据。值的类型是一个自定义结构体（该结构体本质上就是一个比特位），用于存储该管道需要监听的信号。变量 handlers.ref 是一个全局的比特位，用于标识全局已经监听了哪些信号。注意，如果是首次监听该信号，需要调用函数 enableSignal 注册信号处理函数。子协程 watchSignalLoop 用于循环接收并处理信号，需要注意的是，子协程 watchSignalLoop 只能创建一次，这里是通过 sync.Once 保证的（参考 4.7 节）。子协程 watchSignalLoop 的主要代码如下所示：

```
// watchSignalLoop = loop
func loop() {
    for {                                   // 循环接收并处理信号
        process(syscall.Signal(signal_recv()))
    }
}
func process(sig os.Signal) {
    n := signum(sig)
    // 遍历全局散列表
    for c, h := range handlers.m {
        if h.want(n) {                      // 如果该管道监听了该信号
            select {
            case c <- sig:                  // 向管道写入数据
            default:
            }
```

```
        }
      }
    }
```

参考上面的代码，函数 signal_recv 用于接收信号，函数 process 用于处理信号。处理信号的核心逻辑就是遍历全局散列表 handlers.m，当检测到某个管道监听了该信号时，向该管道写入数据。这里有一个疑问，signal_recv 是从哪里接收的信号呢？前面我们提到的函数 enableSignal 用于注册信号处理函数，那么 Go 语言注册的信号处理函数到底是什么呢？如果你追踪这两个函数的实现逻辑，你会发现你只找到函数定义，找不到函数实现（遇到这种情况的话，你可以将函数名称作为关键字搜索 Go 源码文件）。这里简单提一句，这两个函数的实现定义在文件 runtime/sigqueue.go 中，Go 语言注册的信号处理函数是 runtime.sighandler。

通过上面的介绍，我们可以绘制出 Go 语言信号处理框架的示意图，如图 10-1 所示。

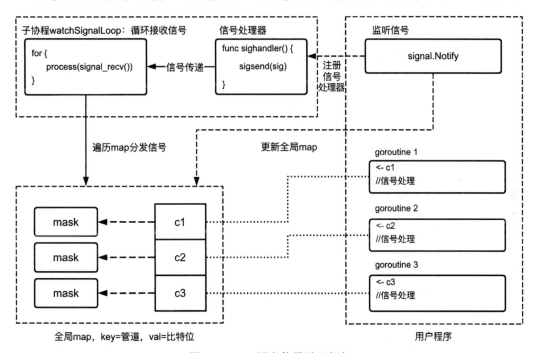

图 10-1　Go 语言信号处理框架

参考图 10-1，从用户程序的角度来看，Go 开发者可以通过函数 signal.Notify 来监听信号，这样当 Go 进程接收到指定信号后，就会通过管道将信号编号传递给用户程序。从 Go 源码的角度来看，函数 signal.Notify 一方面可能会注册信号处理函数（runtime.sighandler），另一方面会更新全局散列表，该散列表记录了哪些管道监听了哪些信号。Go 语言底层还创建了一个子协程 watchSignalLoop，该子协程用于循环接收并处理信号，而处理信号的核心逻辑就是遍历全局散列表，当检测到某个管道监听了该信号时，向该管道写入数据。

## 10.3 Go 服务平滑退出

10.1 节提到，我们将 Go 服务升级引起的 502 问题拆解为两个独立的子问题。其中，第一个问题是：如何实现 Go 服务的平滑退出？平滑退出的含义是在处理完所有正在处理的请求之后再退出。本小节我们将以 HTTP 服务为例，介绍如何实现 Go 服务的平滑退出。

其实，Go 语言本身就提供了平滑结束 HTTP 服务的方法。所以我们只需要监听退出信号，比如 SIGINT、SIGTERM 等信号，并且在接收到这些信号时调用对应的方法就可以了。参考下面的示例程序：

```
func main() {
    server := &http.Server{
        Addr: "0.0.0.0:8080",
    }
    exit := make(chan interface{}, 0)
    sig := make(chan os.Signal, 2)
    // 监听退出信号
    signal.Notify(sig, syscall.SIGINT, syscall.SIGTERM)
    // 子协程，退出时阻塞式等待 HTTP 服务结束
    go func() {
        <-sig
        fmt.Println(time.Now(), "recv quit signal")
        _ = server.Shutdown(context.Background())
        // 通知主协程，HTTP 服务已停止
        close(exit)
    }()
    // 注册请求处理方法（方法阻塞 10 秒才返回响应结果），省略
    // 启动 HTTP 服务
    err := server.ListenAndServe()
    if err != nil {
        fmt.Println(time.Now(), err)
    }
    // 只有 HTTP 服务结束后，主协程才能退出
    <-exit
    fmt.Println(time.Now(), "main coroutine exit")
}
```

在上面的代码中，方法 server.Shutdown 用于停止 HTTP 服务，该方法会一直阻塞直到所有监听的套接字都已经关闭，以及所有的 TCP 连接都已经关闭（当 HTTP 服务正在退出时，Go 服务处理完 HTTP 请求后会立即关闭连接）。也就是说，当方法 server.Shutdown 返回时，说明 Go 服务已经处理完所有正在处理的请求了，这时候 Go 服务也就可以退出了。需要注意的是，当我们调用方法 server.Shutdown 停止 HTTP 服务时，方法 server.ListenAndServe 基本上会立即返回错误（错误信息 http: Server closed，这是因为监听的套接字被关闭了）。所以，为了避免主协程退出导致 Go 进程退出，我们使用了一个管道 exit，子协程可以通过管道 exit 通知主协程 HTTP 服务已经平滑结束。

编译并运行上面的程序，通过 curl 命令手动发起 HTTP 请求，当然别忘了使用 Ctrl+C
组合键停止 Go 服务。控制台以及 curl 命令输出结果如下所示：

```
// 2023-10-24 20:34:30 发起请求
$ time curl http://127.0.0.1:8080/ping
// 2023-10-24 20:34:40 请求返回，耗时 10s,
/ping > ping response 10.022 total
// 控制台输出结果
2023-10-24 20:34:33 recv quit signal
2023-10-24 20:34:33 http: Server closed
2023-10-24 20:34:40 main coroutine exit
```

参考上面的输出结果，我们在 20 点 34 分 30 秒通过 curl 命令发起了 HTTP 请求，20 点
34 分 40 秒输出了 HTTP 响应，也就是说该请求总共耗时 10s。另外，我们在 20 点 34 分 33
秒使用 Ctrl+C 组合按键停止了 Go 服务，可以看到控制台立即输出了两条前语句，表示 Go
服务接收到了退出信号并且 HTTP 服务已经关闭。最后，直到 20 点 34 分 40 秒主协程才退
出，这是因为 Go 服务到这一时刻才处理完了所有的请求，方法 server.Shutdown 才返回了。

看到这里不知道你有没有一个疑问：如果某个请求长时间处于阻塞状态，Go 服务是不
是也就长时间无法退出了？是的，毕竟上述平滑退出方案需要等待 Go 服务处理完所有的请
求才能退出。这是不合理的，我们可以通过上下文 context 给平滑退出设置一个超时时间，
代码如下所示：

```
go func() {
    <-sig
    fmt.Println(time.Now(), "recv quit signal")
    ctx, _ := context.WithTimeout(context.Background(), time.Second * 5)
    _ = server.Shutdown(ctx)
    // 通知主协程，HTTP 服务已停止
    close(exit)
}()
```

参考上面的代码，在调用方法 server.Shutdown 的时候，我们传入了一个上下文
context，并且该上下文的超时时间是 5s，这样一来方法 server.Shutdown 最多等待 5s 就会
返回。编译并运行上面的程序，这一次的实验结果如下所示：

```
// 2023-10-24 20:56:34 发起请求
$ time curl http://127.0.0.1:8080/ping
// 2023-10-24 20:34:40 请求返回，耗时 10s,
curl: (52) Empty reply from server  6.934 total
// 控制台输出结果
2023-10-24 20:56:36 recv quit signal
2023-10-24 20:56:36 http: Server closed
2023-10-24 20:56:41 main coroutine exit
```

参考上面的输出结果，我们在 20 点 56 分 34 秒通过 curl 命令发起了 HTTP 请求，在 20
点 56 分 36 秒使用 Ctrl+C 组合键停止了 Go 服务。可以看到，20 点 56 分 41 秒主协程就退

出了，这是因为上下文的超时时间是 5s（Go 服务并没有处理完 HTTP 请求）。另外，curl 命令也在 20 点 56 分 41 秒才输出了结果，该结果表示客户端并没有收到 Go 服务的响应结果。

最后，简单看一下方法 server.Shutdown 的实现原理，代码如下所示：

```
func (srv *Server) Shutdown(ctx context.Context) error {
    // 关闭监听的套接字，防止新的客户端建立连接并发起请求
    lnerr := srv.closeListenersLocked()
    ......
    // 我们可以注册一些回调函数，HTTP 服务结束时会自动执行这些函数
    for _, f := range srv.onShutdown {
        go f()
    }
    // 定时周期性循环
    for {
        // 关闭空闲 TCP 连接
        // 如果所有的 TCP 连接已经关闭并且监听的套接字已经关闭，返回
        if srv.closeIdleConns() && srv.numListeners() == 0 {
            return lnerr
        }
        select {
        case <-ctx.Done():              // 上下文超时
            return ctx.Err()
        ......
        }
    }
}
```

参考上面的代码，方法 server.Shutdown 首先会关闭监听的套接字，这样就能够防止新的客户端建立 TCP 连接并发起请求。另外，我们可以通过方法 RegisterOnShutdown 注册一些回调函数，HTTP 服务结束时将会自动执行这些函数。最后，因为 Go 服务可能还在处理请求，所以需要循环检测是否已经处理完所有的请求（是否已经关闭所有的 TCP 连接），当处理完所有的请求之后方法 server.Shutdown 才会返回。当然，当上下文超时之后，方法 server.Shutdown 也会直接返回。

## 10.4　基于 gracehttp 的 Go 服务平滑升级

10.3 节已经实现了 Go 服务的平滑退出，想要实现 Go 服务平滑升级，还有一个问题需要解决：如何实现 Go 服务的无缝启动？也就是说，在现有的 Go 服务退出之前，新的 Go 服务就需要启动，并且这时候新的 HTTP 请求应该由新的 Go 服务处理。本节将基于开源框架 gracehttp 讲解如何实现 Go 服务平滑升级。

首先，这里其实有一个非常典型的问题需要解决：现有的 Go 进程已经绑定了 8080 端口，并且监听了套接字，这样一来当新的 Go 进程再次绑定 8080 端口并监听套接字时，就会产生错误 bind: address already in use。

如何解决这一问题呢？我们可以让现有 Go 进程作为父进程来启动新的 Go 进程。难道父子进程就能同时绑定同一个端口号吗？当然不是，那为什么要这样做呢？这就需要了解一下系统调用 exec 了，该系统调用用于创建新的进程，其会用新的程序替换现有进程的代码段、数据段等，但是套接字比较特殊，父进程创建的套接字，子进程依然可以使用（除非手动设置了 FD_CLOEXEC 标识符）。所以，子进程并不需要再执行绑定端口号并监听套接字的操作了，其只要获取到父进程套接字的文件描述符就可以了。如何获取呢？这方法就比较多了，比如父进程可以通过环境变量将套接字的文件描述符传递给子进程。

这里推荐一个开源框架 gracehttp，其封装了平滑升级的相关逻辑，使用起来非常简单，可以参考官方示例程序，代码如下所示：

```
package main
import (
    ......
    "github.com/facebookgo/grace/gracehttp"
)
var now = time.Now()
func main() {
    gracehttp.Serve(        // 包装 Go 原生的 HTTP 服务
        &http.Server{Addr: ":8080", Handler: newHandler("Zero   ")},
    )
}
func newHandler(name string) http.Handler {
    mux := http.NewServeMux()
    // HTTP 请求处理方法，可以根据请求参数休眠指定时间
    mux.HandleFunc("/sleep/", func(w http.ResponseWriter, r *http.Request) {
        duration, _ := time.ParseDuration(r.FormValue("duration"))
        time.Sleep(duration)
        fmt.Fprintf(w, "%s started at %s slept for %d nanoseconds from pid %d.\n",
            name, now, duration.Nanoseconds(), os.Getpid(),
        )
    })
    return mux
}
```

在上面的代码中，我们只需要使用 gracehttp.Serve 将 Go 语言原生的 HTTP 服务包装一下，就能实现 Go 服务的平滑升级。需要说明的是，gracehttp 监听的是 SIGUSR2 信号，当接收到该信号之后，gracehttp 就会创建新的进程，等到新的进程启动后再平滑停止现有进程。编译并运行上面的程序，通过 curl 命令手动发起 HTTP 请求并重启 Go 服务，结果如下所示：

```
$ ps aux | grep grace_demo
31057
// 发起请求
$ curl http://127.0.0.1/sleep/?duration=10s
Zero started at 2023-10-27 20:26:34 slept for 10000000000 nanoseconds from pid 31057
// 重启 Go 服务
$ kill -SIGUSR2 31057
```

```
// 查看进程 ID
$ ps aux | grep grace_demo
31095
```

由上面的输出结果可知，我们首先查询了 Go 服务的进程 ID 是 31057，随后通过 curl 命令发起了 HTTP 请求，之后再向 Go 服务发送了 SIGUSR2 信号。结果表明，该请求由进程 31057 处理了，最后再次查询了 Go 服务的进程 ID 是 31095，说明 Go 服务确实重启了。

看到这里有些读者可能会有疑问，仅仅发起一个 HTTP 请求，就认为重启过程是平滑的吗？当然不是，严格的验证方案可以参考 10.1 节。我们在升级的过程中同时使用 ab 压测工具模拟并发请求，验证结果如下所示：

```
$ ps aux | grep grace_demo
31185
// 模拟并发请求
$ ab -n 10000 -c 100 http://127.0.0.1/sleep/?duration=10s
// 重启 Go 服务
$ kill -SIGUSR2 31185
// 查看进程 ID
$ ps aux | grep grace_demo
31228               ./grace_demo
31185               ./grace_demo
// 再次查看进程 ID
$ ps aux | grep grace_demo
31228               ./grace_demo
```

由上面的输出结果可知，我们首先查询了 Go 服务的进程 ID 是 31185，随后通过 ab 压测工具发起了大量请求并向 Go 服务发送了 SIGUSR2 信号。再次查询 Go 服务的进程 ID，你会发现存在两个 Go 进程，这是因为新的 Go 进程已经启动了，但是老的 Go 进程还在处理请求没有退出。最后，稍等片刻再次查询 Go 服务的进程 ID，你会发现这时候只有一个 Go 进程了。

那么在 Go 服务重启过程中，有没有引起一些 502 请求呢？可以查看网关 Nginx 的访问日志或错误日志，你会发现所有请求都正常返回了状态码 200，也就是说 gracehttp 确实可以帮助我们实现 Go 服务的平滑升级。

最后，简单看一下 gracehttp 框架的实现原理。首先，gracehttp 在启动 Go 服务的时候，需要判断是否应该绑定端口并监听套接字，其次，当 Go 服务作为子进程启动之后，还需要给父进程发送一个退出信号，而父进程退出也必须是平滑的。我们先简单看一下 gracehttp 启动 Go 服务的核心逻辑，代码如下所示：

```go
func (a *app) run() error {
    // 创建监听套接字
    if err := a.listen(); err != nil {
        return err
    }
    // 启动 Go 服务
```

```
        a.serve()
        // 给父进程发送退出信号
        if didInherit && ppid != 1 {
            if err := syscall.Kill(ppid, syscall.SIGTERM); err != nil {
            }
        }
        ......
    }
```

在上面的代码中，方法 a.listen 用于创建并监听套接字，当然如果 Go 服务作为子进程启动，那么该 Go 服务不会再创建套接字，而是直接继承父进程的套接字。另外可以看到，Go 服务作为子进程启动后，通过系统调用 kill 给父进程发送一个退出信号。

当然，实现平滑升级的前提是能够接收并处理指定信号，gracehttp 自定义的信号处理函数如下所示：

```
func (a *app) signalHandler(wg *sync.WaitGroup) {
    ch := make(chan os.Signal, 10)
    signal.Notify(ch, syscall.SIGINT, syscall.SIGTERM, syscall.SIGUSR2)
    for {
        sig := <-ch
        switch sig {
        case syscall.SIGINT, syscall.SIGTERM:
            // 平滑退出 Go 服务
            return
        case syscall.SIGUSR2:
            // 创建新的进程，底层通过环境变量传递了其监听的套接字文件描述符
            if _, err := a.net.StartProcess(); err != nil {
                a.errors <- err
            }
        }
    }
}
```

参考上面的代码，gracehttp 总共监听了 3 个信号。其中，信号 syscall.SIGINT 和 syscall.SIGTERM 用于平滑退出 Go 服务，信号 syscall.SIGUSR2 用于启动新的 Go 服务，这 3 个信号的组合实现了 Go 服务的平滑升级。方法 a.net.StartProcess 用于创建新的进程，并通过环境变量将 Go 父进程监听的套接字文件描述符传递给子进程。

## 10.5　本章小结

Go 服务作为常驻进程，平滑升级是非常有必要的，否则在升级过程中就会导致出现大量的 502 状态码。本章首先通过一个具体的实验，演示了 Go 服务升级是如何引起的请求 502，从而引出了平滑升级的必要性。其次，本章介绍了 Go 语言原生的信号处理框架，为后续讲解平滑升级打下基础。最后，我们将平滑升级拆分成了两个小节来介绍，10.3 节主要介绍如何实现 Go 服务的平滑退出，10.4 节介绍开源框架 gracehttp 的平滑升级方案。

*Chapter 11* 第 11 章

# Go 服务调试

生产环境总是会遇到一些奇怪的问题，比如 Go 服务时不时地响应非常慢甚至完全没有响应，Go 服务的内存占用总是居高不下等。遇到这些问题该如何排查与分析呢？ Go 语言其实为我们提供了一些非常有用的工具，如 pprof、Trace，这两种工具可以帮助我们分析和解决 Go 服务的性能问题。另外，学习 C 语言的读者可能知道 GDB 可以用来调试 C 程序，那么 Go 语言有没有对应的调试工具呢？ Go 语言专用的调试工具叫作 dlv，本章也将为大家演示如何使用 dlv 调试 Go 程序。

## 11.1　Go 程序分析利器 pprof

pprof 是 Go 语言提供的一款非常强大的性能分析工具，它可以收集 Go 程序的各项运行时指标数据，包括内存、CPU、锁等。有了这些指标数据，大部分的 Go 服务性能问题也就可以迎刃而解了。本节将详细介绍 pprof 的基本使用方式。

### 11.1.1　pprof 概述

为什么 pprof 可以帮助我们分析 Go 程序的性能呢？因为它可以采集 Go 服务的运行时数据，比如协程调用栈、内存分配情况等。这样一来，我们就能清楚地知道 Go 服务在哪里阻塞，在哪里消耗内存。当然，要想通过 pprof 分析程序性能，需要引入一点代码，如下所示：

```
package main
import (
    "net/http"
```

```
    _ "net/http/pprof"
)
func main() {
    go func() {
        http.ListenAndServe("0.0.0.0:6060", nil)
    }()
}
```

参考上面的代码，引入 pprof 就这么简单。那么如何查看 pprof 采集的运行时数据呢？同样非常简单，只需通过浏览器访问指定地址即可，地址如下所示：

```
http://127.0.0.1:6060/debug/pprof/
```

当你在浏览器输入上述地址后，应该能看到一个页面，页面列举了 9 项数据指标，单击任意指标即可查看该项指标的详情。这 9 项指标的官方说明如下所示：

```
// 内存分配情况的采样数据
allocs: A sampling of all past memory allocations
// 采集因为同步原语而阻塞的协程调用栈，默认不开启，可通过 runtime.SetBlockProfileRate 开启
block: Stack traces that led to blocking on synchronization primitives
// 程序启动命令
cmdline: The command line invocation of the current program
// 采集所有协程的调用栈
goroutine: Stack traces of all current goroutines
// 同 allocs 指标，可用来采样存活对象的内存分配情况 (可通过参数 gc=1 在采样前运行 GC)
heap: A sampling of memory allocations of live objects. You can specify the gc
    GET parameter to run GC before taking the heap sample.
// 采集持有互斥锁的协程调用栈，默认不开启，可通过 runtime.SetMutexProfileFraction 开启
mutex: Stack traces of holders of contended mutexes
// CPU 采样，可以通过参数 seconds 设置采样时间，该指标需要使用 pprof 工具分析
profile: CPU profile. You can specify the duration in the seconds GET parameter. After
    you get the profile file, use the go tool pprof command to investigate the profile.
// 采样创建线程的调用栈
threadcreate: Stack traces that led to the creation of new OS threads
// 采样当前程序的执行轨迹，可以通过参数 seconds 设置采样时间，该指标需要使用 Trace 工具分析
trace: A trace of execution of the current program. You can specify the duration
    in the seconds GET parameter. After you get the trace file, use the go tool
    trace command to investigate the trace.
```

参考上面的官方说明，可以看到，pprof 工具可以用来分析内存溢出问题、协程溢出问题、锁 / 阻塞问题等。那么如何应用这些数据指标呢？举一个例子，指标 goroutine 可以采集所有协程的调用栈，通常可以用来分析 Go 服务的阻塞情况，比如当大量协程阻塞在获取锁的代码时，那是不是有可能是因为锁没有被释放？再比如当大量协程阻塞在写管道的代码时，那是不是有可能是因为读管道的协程太慢或者异常退出了？ goroutine 指标的输出内容如下所示：

```
// goroutine 指标地址
http://127.0.0.1:6060/debug/pprof/goroutine?debug=1
```

```
// 第一个数字表示协程数
1 @ ……
# 0x1063928 internal/poll.runtime_pollWait+0x88 /go1.18/src/runtime/netpoll.go:302
# 0x10d0371 internal/poll.(*pollDesc).wait+0x31 /go1.18/src/internal/poll/fd_poll_
    runtime.go:83
# 0x10d16d9 internal/poll.(*pollDesc).waitRead+0x259 /go1.18/src/internal/poll/fd_
    poll_runtime.go:88
# 0x10d16c7 internal/poll.(*FD).Read+0x247 /go1.18/src/internal/poll/fd_unix.go:167
# 0x1126c28 net.(*netFD).Read+0x28        /go1.18/src/net/fd_posix.go:55
# 0x1135d84 net.(*conn).Read+0x44         /go1.18/src/net/net.go:183
# 0x131dc9e net/http.(*connReader).backgroundRead+0x3e /go1.18/src/net/http/server.
    go:672
……
```

参考上面的输出结果，每一个协程调用栈的第一行中的第一个数字都表示协程数，即当前有多少个协程处于这样的协程调用栈。如果你发现这个数字非常大，说明当前有较多协程因为同一个原因而阻塞，并且很有可能这就是 Go 服务响应慢或者没有响应的原因。另外可以看到，协程调用栈包括整个调用链的函数或者方法名称以及文件行号，这些信息足以帮助我们分析问题产生的原因。

最后思考一个问题：为什么只需要引入 net/http/pprof 就能采集这些运行时数据指标呢？回顾一下上面的程序示例，我们还启动了一个 HTTP 服务，但是我们没有设置 HTTP 请求的处理器，那么当我们在浏览器中输入地址"/debug/pprof"时，该请求由谁处理了呢？其实在引入 net/http/pprof 包的时候，其声明的 init 函数就默认注册好了 HTTP 请求处理器，所以我们才能通过这些接口获取到运行时数据指标，如下所示：

```
func init() {
    // 前缀匹配，处理 allocs、heap、goroutine 等指标的请求
    http.HandleFunc("/debug/pprof/", Index)
    http.HandleFunc("/debug/pprof/cmdline", Cmdline)
    http.HandleFunc("/debug/pprof/profile", Profile)
    http.HandleFunc("/debug/pprof/symbol", Symbol)
    http.HandleFunc("/debug/pprof/trace", Trace)
}
```

## 11.1.2 内存指标分析

内存指标可以通过地址"/debug/pprof/heap"或者"/debug/pprof/allocs"查看，这两种指标采样的数据基本上是一样的，只是指标 heap 可以用来采样存活对象的内存分配情况（可通过参数 gc=1 在采样前运行 GC，这样剩下的都是存活对象了）。以指标 heap 为例，其输出结果如下所示：

```
// 访问地址
http://127.0.0.1:6060/debug/pprof/heap?debug=1&gc=1

// heap profile 汇总数据
```

```
// 3: 10444816 [5: 12190128] 的含义如下:
// inuse 对象数目 :inuse 字节 [已分配对象数目: 已分配字节]
// heap/1048576 含义为平均采样频率为 1048576 字节
heap profile: 3: 10444816 [5: 12190128] @ heap/1048576

// 当前协程调用栈的内存数据
1: 6963200  [1: 6963200] @ 0x1010779 0x1012249 0x101582a 0x128ea6a 0x128eb06
0x122c8e4 0x122e76d 0x122f6e3 0x122b62d 0x10715a1
#    0x128ea69    main.bigMap+0x1c9          /Users/lile/Documents/gocode/go-
class/day5/3pprof/2mem/main.go:37
......
// 其他协程调用栈, 省略
// 总的内存统计指标
# runtime.MemStats
# Alloc = 1311912           // 已分配堆内存字节数, 不包含已释放内存 (分配时累加, 释放减)
# TotalAlloc = 5007040      // 总的分配堆内存字节数, 包含已释放内存
# Sys = 16598024            // 从操作系统申请的内存总字节数 (包括栈、堆, 还有 Go 的一些原生对象等)
# Mallocs = 34063           // 分配的对象数
# Frees = 25879             // 释放的对象数, 存活对象数等于 Mallocs - Frees
// 省略了部分
# LastGC = 1663660279482080000              // 上次 GC 结束时间
# PauseNs = [42600 .......]                 // 表示程序因 GC 暂停的时间, 单位为 ns
# GCCPUFraction = 2.6664927576867443e-06 // GC 耗费 CPU 时间占整体的比例
// 省略了部分
```

参考上面的输出结果, 内存指标还是比较详细的, 包括当前内存分配与释放的一些指标、历史 GC 指标, 以及每个协程调用栈的内存分配与释放情况等。每项具体的指标可以参考上面的解释说明, 或者 Go 源码中的注释 (参考 runtime/mstats.go 文件), 这里就不赘述了。

思考一下: Go 语言是如何采集内存分配的协程调用栈的呢? 首先, 要采集内存分配的协程调用栈: 肯定需要在内存分配入口也就是函数 runtime.mallocgc 采集。不过, 协程调用栈的内存分配指标包括 inuse 状态的内存 / 对象, 该指标需要在申请内存时做加法, 释放内存时做减法, 也就是说还需要在垃圾回收过程中采集内存回收数据。另外, 并不是每次申请内存都会执行采集逻辑, 这样非常耗费资源, Go 语言是通过采样的方式采集内存指标的。参考下面的代码:

```
var MemProfileRate int = defaultMemProfileRate(512 * 1024)
// 内存分配入口函数
func mallocgc(size uintptr, typ *_type, needzero bool) unsafe.Pointer {
    if rate := MemProfileRate; rate > 0 {
        profilealloc(mp, x, size)
    }
}
```

再思考一个问题: Go 语言在什么情况下才会采集内存指标呢 (采集内存指标需要耗费资源, 所以默认不开启)? 当然是引入 net/http/pprof 包了。不过, 这里面的逻辑还是比

较复杂的，是否开启内存指标的采集是由全局变量 runtime.disableMemoryProfiling 控制的，该变量默认为 false，但是在 Go 语言编译阶段，当链接器检测到代码中没有引入函数 runtime.MemProfile 时，将该变量设置为 true，也就是禁止内存指标采集。需要说明的是，当我们引入 net/http/pprof 包时，代码中也就引入了函数 runtime.MemProfile，也就是说在引入该包之后 Go 语言会自动开启内存指标的采集。

最后，虽说通过指标 heap 或者 allocs 可以查看内存分配情况，甚至还能包含协程调用栈，但是这么多数据，如何能快速地定位到哪些代码在大量分配内存呢？Go 语言还提供了 pprof 工具，可以帮助我们分析各种类型的指标数据，使用方式如下所示：

```
go tool pprof http://127.0.0.1:6060/debug/pprof/heap?debug=1
// help: 查看支持命令。top: 显示申请内存最多的函数调用，默认列出 top10
// flat: 申请内存大小。flat%: 申请内存占用的比例。sum%: 当前行前面所有行总的申请内存占用的比例
// cum: 累计值，该函数以及调用栈总的申请内存。cum%: 申请内存占用的比例
(pprof) top
      flat  flat%   sum%     cum   cum%
 271.30MB 89.31% 89.31% 271.30MB 89.31%  github.com/allegro/bigcache/v3/queue.
                                                   NewBytesQueue
  24.88MB  8.19% 97.50% 296.19MB 97.50%  github.com/allegro/bigcache/v3.initNewShard
   2.50MB  0.82% 98.32%   2.50MB  0.82%  runtime.allocm
```

参考上面的输出结果，命令 top 用于查看申请内存最多的函数调用，只是该结果缺少函数调用栈。需要说明的是，pprof 工具支持的命令还是比较多的，有兴趣的读者可以使用 help 命令查看。另外，我们还可以使用命令 svg 等将内存申请指标绘制成图片（由于图片过于复杂，这里暂时省略了），该图片包含完整的函数调用链路中每个节点（函数）申请的内存数据，并且图中的颜色越深、连线越粗，说明该调用栈申请的内存越多。

## 11.1.3 CPU 指标分析

假设有这样一个业务场景，某一时刻线上机器的 CPU 利用率突然飙升并且居高不下。通过简单的定位发现是 Go 服务耗费了太多 CPU 资源，但是接下来该如何排查呢？为什么 Go 服务会耗费这么多 CPU 资源呢？这里我们可以使用 pprof 工具中的 CPU profile，它可以用来分析程序的热点，比如发现程序中的死循环等。

需要说明的是，CPU profile 指标输出的并不是文本格式的文件，该指标的结果需要借助 pprof 工具进行分析，使用方式如下：

```
go tool pprof http://127.0.0.1:8888/debug/pprof/profile?debug=1
(pprof)
```

还记得 6.6 节介绍的单元测试吗？这里我们基于单元测试中的性能测试，讲解如何分析 CPU 指标。单元测试的代码如下所示：

```
func BenchmarkStringPlus(b *testing.B) {
    s := ""
```

```
    for i := 0; i < b.N; i++ {
        s += "abc"
    }
}
func BenchmarkStringBuilder(b *testing.B) {
    build := strings.Builder{}
    for i := 0; i < b.N; i++ {
        build.WriteString("abc")
    }
}

// -cpuprofile 采集 CPU profile 指标并输出的文件
//go test -benchtime 100000x -cpuprofile cpu.out  -bench .
```

接下来使用 pprof 工具分析该文件，如下所示：

```
$ go tool pprof cpu.out
// 查询耗费 CPU top10 的函数调用
// flat: 耗费 CPU 时间。flat%: 耗费 CPU 时间的比例。sum%: 当前行前面所有行耗费 CPU 时间的比例
// cum: 累计值，该函数以及调用栈耗费的 CPU 时间。cum%: 耗费 CPU 时间的比例
(pprof) top
     flat    flat%   sum%        cum    cum%
   1450ms  18.76%  18.76%     1450ms  18.76%   runtime.memmove
    570ms   7.37%  26.13%     1110ms  14.36%   runtime.scanobject
    340ms   4.40%  30.53%      340ms   4.40%   runtime.futex
    ......
```

参考上面的输出结果，字符串的相加操作需要申请大量的内存，所以垃圾回收过程耗费了较多的 CPU 时间。另外，我们还可以基于其他命令，分析出函数内部到底是哪一行代码耗费的 CPU 时间较多，如下所示：

```
(pprof) list scanobject
Total: 3.09s
ROUTINE ======================== runtime.scanobject in /src/runtime/mgcmark.go
    100ms      150ms (flat, cum)  4.85% of Total
        .       10ms   1246:      hbits := heapBitsForAddr(b)
     70ms       80ms   1290:      for i = 0; i < n; i, hbits = i+goarch.PtrSize, hbits.next() {
    ......
    }
```

同样，我们也可以使用命令 svg 等将 CPU profile 指标绘制成图片（由于图片过于复杂，这里暂时省略了），该图片包含完整的函数调用链路中每个节点（函数）耗费的 CPU 时间，并且图中的颜色越深、连线越粗，说明该调用栈耗费的 CPU 时间越多。

最后，pprof 工具还提供了可视化 Web 页面访问，大部分命令都可以直接在浏览器中通过 Web 页面方式操作，比如我们可以通过 Web 页面查看经典的火焰图，使用方式如下：

```
// -http 启动 web 服务
go tool pprof -http=0.0.0.0:9999 cpu.out
Serving web UI on http://0.0.0.0:9999
```

## 11.1.4　锁与阻塞指标分析

我们已经知道，指标 block 用于采集因为同步原语而阻塞的协程调用栈，默认不开启，需要通过函数 runtime.SetBlockProfileRate 开启；指标 mutex 采集持有锁的协程调用栈，同样默认不开启，需要通过函数 runtime.SetMutexProfileFraction 开启。以指标 block 为例，其输出的结果如下所示：

```
cycles/second=1996821317
// 含义是平均每秒 cputick 递增多少
161357271645546 364
// 上一行指标中，第一个值是协程阻塞的 cputick 数，第二个值是阻塞次数
// 通过上一行指标中的两个数值以及 cycles/second 可以计算出平均阻塞时间

#    0x1048767    runtime.selectgo+0x407
/go1.18/src/
                 runtime/select.go:509
#    0x13a4013    github.com/go-redis/redis/v8/internal/pool.(*ConnPool).reaper+0xd3
                 /xxx/vendor/github.com/go-redis/redis/v8/internal/pool/pool.go:485
......
```

由上面的输出结果可知，第一行数据中，cycles 表示 CPU 时钟节拍（cputick），cycles 除以秒数的含义是平均每秒 CPU 时钟节拍的计数值。第二行数据中的第一个值表示当前协程调用栈的阻塞的 CPU 时钟节拍数，第二个值表示阻塞次数，这样就能计算出协程调用栈的平均阻塞时间。

需要说明的是，block 的含义是阻塞，协程抢占锁或者读写管道等都会导致协程的阻塞。Go 语言在协程阻塞时会记录当前 CPU 时钟节拍，协程解除阻塞时同样会记录当前 CPU 时钟节拍以及协程调用栈，这样就能得到协程调用栈阻塞的 CPU 时钟节拍数了。

我们再看一下指标 mutex 的输出结果，和指标 block 非常类似，如下所示：

```
cycles/second=1996818062
4211010 34
#    0x1083b5a    sync.(*Mutex).Unlock+0x9a       /go1.18/src/sync/mutex.go:214
#    0x1083b13    sync.(*RWMutex).Unlock+0x53     /go1.18/src/sync/rwmutex.go:208
......
```

参考上面的输出结果，第一行和第二行的数据含义与 block 完全一致，这里就不再赘述了。mutex 的含义是锁，Go 语言在抢占到锁时会记录当前 CPU 时钟节拍，协程释放锁时同样会记录当前 CPU 时钟节拍以及协程调用栈，这样就能得到协程调用栈持有锁的 CPU 时钟节拍数了。

可以看到，结合指标 block 以及指标 mutex，我们可以分析出哪些代码因为获取锁而长时间阻塞，哪些代码又在长时间持有锁，这对于分析 Go 服务性能、死锁等问题非常有用。

最后，当指标 block 或者指标 mutex 的输出结果非常多的时候，同样可以使用 pprof 工具帮助我们分析，如下所示：

```
$ go tool pprof http://127.0.0.1:6060/debug/pprof/block?debug=1
// 查询阻塞时间 top10 的函数调用
// flat: 阻塞时间。flat%: 阻塞时间的比例。sum%: 当前行前面所有行阻塞时间的比例
// cum: 累计值，该函数以及调用栈的阻塞时间。cum%: 阻塞时间的比例
(pprof) top
      flat   flat%    sum%        cum   cum%
   5469.07s  100%    100%    5469.07s  100%  runtime.selectgo
         0    0%     100%     411.97s  7.53%  github.com/allegro/bigcache/v3.newBigCache.
                                                     func1
         0    0%     100%    3823.42s 69.90%  github.com/gin-gonic/gin.(*Context).Next
      ......
```

## 11.2　性能分析工具 Trace

除了 pprof 之外，Go 语言还提供了另外一款性能分析工具 Trace，它可以跟踪 Go 程序的运行时数据，包括协程调度、系统调用、锁、垃圾回收等。我们可以通过函数 trace.Start 开启 Trace 追踪，实际上接口" /debug/pprof/trace"也是基于该函数实现的。Trace 的使用方式如下：

```
// 将 Trace 采集到的运行时数据保存在 trace.out 文件中
$ curl http://127.0.0.1:6060/debug/pprof/trace --output trace.out
// 使用 Trace 工具分析 trace.out 文件
$ go tool trace trace.out
2023/11/02 11:26:01 Parsing trace...
2023/11/02 11:26:01 Splitting trace...
2023/11/02 11:26:01 Opening browser. Trace viewer is listening on
http://127.0.0.1:55764
```

可以看到，Trace 工具为我们提供了可视化 Web 界面，通过可视化界面我们可以很方便地分析以下几种情况：

```
View trace                          // 查看追踪
Goroutine analysis                  // 协程分析
Network blocking profile            // 网络阻塞
Synchronization blocking profile    // 同步阻塞
Syscall blocking profile            // 系统调用阻塞
Scheduler latency profile           // 调度延迟
```

以协程分析为例，它可以帮助我们查看目前有多少个协程，以及每个协程的耗时情况，包括协程的执行耗时、等待调度耗时、同步阻塞耗时、系统调用阻塞耗时等。协程分析展示的结果如下所示：

```
Goroutines:
net/http.(*conn).serve N=69
runtime.main N=1
......
```

参考上面的输出结果，由于我们的 Go 程序是一个 HTTP 服务，而 Go 语言在处理每一个 HTTP 请求时都会新建一个协程，所以第一个协程的数量较多。注意，每一个协程名称都是可以点击的，点击之后就能查看其耗时情况了，如图 11-1 所示。

| Goroutine | Total | | Execution | Network wait | Sync block | Blocking syscall | Scheduler wait | GC sweeping | GC pause |
|---|---|---|---|---|---|---|---|---|---|
| 244563 | 1000ms | | 67µs | 0ns | 1000ms | 0ns | 10µs | 0ns (0.0%) | 0ns (0.0%) |
| 244556 | 215ms | | 2416µs | 6923µs | 206ms | 0ns | 166µs | 0ns (0.0%) | 0ns (0.0%) |
| 244592 | 214ms | | 1631µs | 6001µs | 207ms | 0ns | 131µs | 0ns (0.0%) | 0ns (0.0%) |
| 244590 | 201ms | | 2912µs | 10ms | 188ms | 0ns | 65µs | 0ns (0.0%) | 0ns (0.0%) |
| 244576 | 200ms | | 1651µs | 8028µs | 190ms | 0ns | 90µs | 0ns (0.0%) | 0ns (0.0%) |
| 243607 | 199ms | | 2885µs | 15ms | 180ms | 0ns | 175µs | 0ns (0.0%) | 0ns (0.0%) |

图 11-1　协程耗时情况

图 11-1 列举了每一个协程的详细耗时情况，包括执行时间、等待调度耗时、阻塞时间等。需要说明的是，每一列的表头都是可以点击的，点击后可以根据该列的耗时从大到小排序。

我们再简单介绍一下查看追踪这一项。查看追踪的展示方式比较奇怪，它是从时间维度展示的。我们可以点击任意时间刻度，查看该时间点的协程统计（当前有多少个协程，以及每个状态有多少个协程）、堆内存分配统计、逻辑处理器 P 统计（当前时刻每一个逻辑处理器 P 在做什么）等。查看追踪的展示结果如图 11-2 所示。

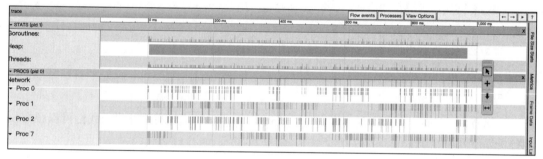

图 11-2　查看追踪

图 11-2 的顶部展示了时间刻度，接下来分别展示了协程统计、堆内存分配统计、逻辑处理器 P 统计等。需要说明的是，该界面其实提供了很多便捷操作，我们可以点击界面右上角的 "?"（问号）查看操作说明。

最后，网络阻塞、同步阻塞等指标的展示与 pprof 非常类似，都是以图片形式展示的。该图片包含了完整的函数调用链路中每个节点（函数）的耗时情况，并且图中的颜色越深、连线越粗，说明该指标的耗时越多（由于图片过于复杂，这里暂时省略了）。

## 11.3　使用 dlv 调试 Go 程序

dlv 是一款专用于 Go 语言的调试工具，并且支持断点调试功能。通过断点调试，我们可以逐行分析代码的执行结果，这对我们学习新项目代码或者排查程序 bug 非常有用。本节将为大家演示如何使用 dlv 调试 Go 程序。

## 11.3.1　Go 语言调试工具 dlv

dlv 全称 delve，其目标是为 Go 语言提供一款简单的、全功能的调试工具。通过 dlv，我们可以控制 Go 进程的执行，查看任意变量，查看协程或线程状态等。不过需要说明的是，dlv 并非官方提供的调试工具，所以需要额外安装，安装方式如下所示：

```
// 下载并安装
$ git clone https://github.com/go-delve/delve
$ cd delve
$ go install github.com/go-delve/delve/cmd/dlv
```

dlv 支持以多种方式跟踪 Go 进程，我们可以通过子命令 help 查看，结果如下所示：

```
$ dlv help
// 传递参数
Pass flags to the program you are debugging using `--`, for example:
`dlv exec ./hello -- server --config conf/config.toml`
// 使用方式
Usage:
    dlv [command]
// 可用命令
Available Commands:
    attach      Attach to running process and begin debugging.
    exec        Execute a precompiled binary, and begin a debug session.
    debug       Compile and begin debugging main package in current directory, or
                the package specified.
    ......
```

参考上面的输出结果，子命令 attach 用于调试正在运行的 Go 进程，子命令 exec 用于调试已经编译好的可执行文件，子命令 debug 用于编译并调试 Go 程序。另外，当我们执行 Go 程序时通常需要传递一些参数，在使用 dlv 时，我们可以通过 "--" 实现参数的传递。

dlv 与 C 语言调试工具 GDB 还是比较类似的，都可以设置断点，可以输出任意变量的值，可以单步执行，可以输出调用栈等，这些常用功能（命令）如下所示：

```
Running the program:
    // 持续运行直到遇到断点，或者直到程序终止
    continue (alias: c) --------- Run until breakpoint or program termination.
    // 单步执行（每次执行一行代码）
    next (alias: n) ------------- Step over to next source line.
    // 进入函数，普通的 n 函数调用是一行代码，会直接跳过
    step (alias: s) ------------- Single step through program.
    ......
Manipulating breakpoints:
    // 设置断点
    break (alias: b) ------- Sets a breakpoint.
```

```
                // 查看所有断点
                breakpoints (alias: bp)  Print out info for active breakpoints.
                // 删除断点
                clear ----------------- Deletes breakpoint.
                ......
        Viewing program variables and memory:
                // 输出函数参数
                args ---------------- Print function arguments.
                // 输出局部变量
                locals -------------- Print local variables.
                // 查看某一个变量
                print (alias: p) ----- Evaluate an expression.
                // 输出寄存器内存
                regs ---------------- Print contents of CPU registers.
                ......
        Listing and switching between threads and goroutines:
                // 输出协程调用栈或者切换到指定协程
                goroutine (alias: gr) -- Shows or changes current goroutine
                // 输出所有协程
                goroutines (alias: grs)  List program goroutines.
                // 切换到指定线程
                thread (alias: tr) ----- Switch to the specified thread.
                // 输出所有线程
                threads ---------------- Print out info for every traced thread.
        Viewing the call stack and selecting frames:
                // 输出调用栈
                stack (alias: bt)  Print stack trace.
        Other commands:
                // 输出 Go 程序对应的汇编指令
                disassemble (alias: disass)  Disassembler.
                // 显示源代码
                list (alias: ls | l) ------- Show source code.
```

参考上面的输出结果，每一个调试功能都对应一个命令，看起来 dlv 的调试命令还是挺多的，但是常用的也就几个，一般只需要设置断点（b）、单步执行（n）、输出变量（p）、输出调用栈（bt）等有限命令就能满足基本的调试需求。

## 11.3.2　dlv 调试实战

本小节将编写一个简单的 Go 程序，通过 dlv 调试，复习一下前面讲解的管道读写与调度器，以熟悉 dlv 的常用调试命令。需要说明的是，Go 语言天然具备并发特性，Go 程序的实际执行过程通常比较复杂，而且这里也省略了部分调试过程，所以即使你完全跟着步骤调试，结果也可能不一样。Go 程序如下所示：

```
package main
import (
    "fmt"
    "time"
```

```
)
func main() {
    queue := make(chan int, 1)
    go func() {
        for {
            data := <- queue
            fmt.Print(data, " ")
        }
    }()
    for i := 0; i < 10; i ++ {
        queue <- i
    }
    time.Sleep(time.Second * 1000)
}
```

上面的程序非常简单，主协程循环向管道写入数据，子协程循环从管道读取数据。编译上述程序并通过 dlv exec 命令启动调试，如下所示：

```
// -N -l 是编译标识，用于禁止编译优化
$ go build -gcflags '-N -l' test.go
$ dlv exec test
Type 'help' for list of commands.
(dlv)
```

接下来我们可以通过 11.3.1 小节介绍的诸多调试命令，开始 dlv 调试之旅了。如果你忘记了部分命令，也可以通过子命令 help 查看。

需要说明的是，Go 语言的入口函数是 main 包中的 main 函数，编译后对应的函数是 main.main。我们先添加几个断点，如下所示：

```
// 有些时候只根据函数名无法区分，所以设置断点可能需要携带包名，如 runtime.chansend
(dlv) b chansend    // 写管道的实现函数
Breakpoint 1 set at 0x1003f0a for runtime.chansend() /qo1.18/src/runtime/chan.go:159
(dlv) b chanrecv    // 读管道的实现函数
Breakpoint 2 set at 0x1004c2f for runtime.chanrecv() /qo1.18/src/runtime/chan.go:455
(dlv) b schedule    // 调度器的入口函数
Breakpoint 3 set at 0x1037aea for runtime.schedule() /qo1.18/src/runtime/proc.go:3111
(dlv) b main.main
Breakpoint 4 set at 0x1089a0a for main.main() ./test.go:8
```

接下来使用调试命令 c（continue）执行到断点处，如下所示：

```
(dlv) c
> runtime.schedule() /qo1.18/src/runtime/proc.go:3111 (hits total:1) (PC: 0x1037aea)
=>3111:    func schedule() {
   3112:        _g_ := getg()
   3113:
   3114:        if _g_.m.locks != 0 {
   3115:            throw("schedule: holding locks")
   3116:        }
```

参考上面的代码，符号"=>"指向了当前执行的代码行。第一个遇到的断点竟然是调

度器主函数 runtime.schedule，不应该是入口函数 main.main 吗？要知道 main.main 函数最终也是作为主协程被调度执行的，所以 main.main 函数肯定不是第一个执行的。Go 语言在调度主协程之前肯定需要创建线程，创建主协程，执行调度逻辑等。那 Go 程序的第一行代码应该是什么？我们使用 bt 命令查看一下调用栈，如下所示：

```
(dlv) bt
0    0x0000000001037aea in runtime.schedule
     at /go1.18/src/runtime/proc.go:3111
1    0x000000000103444d in runtime.mstart1
     at /go1.18/src/runtime/proc.go:1425
2    0x000000000103434c in runtime.mstart0
     at /go1.18/src/runtime/proc.go:1376
3    0x00000000010585e5 in runtime.mstart
     at /go1.18/src/runtime/asm_amd64.s:368
4    0x0000000001058571 in runtime.rt0_go
     at /go1.18/src/runtime/asm_amd64.s:331
```

在上面的输出结果中，Go 程序的第一行代码位于文件 runtime/asm_amd64.s，从文件后缀就可以看出该文件中都是汇编程序，有兴趣的读者可以简单了解下。

接下来，再次通过命令 c 执行到断点，你会发现程序还是会暂停到函数 runtime.schedule，甚至是函数 runtime.chanrecv，这是因为在调度主协程之前，还需要执行很多初始化流程，这些流程有可能用到这些函数。所以，我们通常是先在入口函数 main.main 处设置断点，并通过命令 c 执行到入口函数 main.main，再设置其他断点。

那接下来怎么办呢？我们可以通过命令 restart 重新执行程序，删除其他所有断点，重新在入口函数 main.main 处设置断点，并通过命令 c 执行到断点处，如下所示：

```
(dlv) r
Process restarted with PID 57676
(dlv) clearall
(dlv) b main.main
Breakpoint 5 set at 0x1089a0a for main.main() ./test.go:8
(dlv) c
> main.main() ./test.go:8 (hits goroutine(1):1 total:1) (PC: 0x1089a0a)
=>   8:    func main() {
     9:        queue := make(chan int, 1)
    10:        go func() {
```

由上面的输出结果可知，程序终于执行到入口函数 main.main 了。接下来我们可以在管道的读写函数处设置断点，并通过命令 c 执行到断点处，如下所示：

```
(dlv) b chansend
Breakpoint 1 set at 0x1003f0a for runtime.chansend() /go1.18/src/runtime/chan.go:159
(dlv) b chanrecv
Breakpoint 2 set at 0x1004c2f for runtime.chanrecv() /go1.18/src/runtime/chan.go:455
(dlv) c
> runtime.chansend() /go1.18/src/runtime/chan.go:159 (hits goroutine(1):1 total:1)
    (PC: 0x1003f0a)
```

```
=> 159:    func chansend(c *hchan, ep unsafe.Pointer, block bool, callerpc uintptr)
    bool {
   160:        if c == nil {
   161:            if !block {
   162:                return false
   163:            }
```

参考上面的输出结果，程序执行到了函数 runtime.chansend，对应的应该是"queue <- i"一行代码，我们可以通过命令 bt 查看函数调用栈来确认，如下所示：

```
(dlv) bt
0   0x0000000001003f0a in runtime.chansend
    at /go1.18/src/runtime/chan.go:159
1   0x0000000001003edd in runtime.chansend1
    at /go1.18/src/runtime/chan.go:144
2   0x0000000001089aa9 in main.main
    at ./test.go:18
```

上面的输出结果与我们的预期一致。另外，我们也可以通过命令 args 查看输入参数，通过命令 x 查看向管道写入的数据，如下所示：

```
// 查看参数
(dlv) args
c = (*runtime.hchan)(0xc00005a070)
ep = unsafe.Pointer(0xc000070f58)
block = true      // 会阻塞协程
callerpc = 17341097
~r0 = (unreadable empty OP stack)
// 循环第一次写入管道的数值应该是 0, x 命令可查看内存
(dlv) x 0xc000070f58
0xc000070f58:    0x00
```

参考上面的输出结果，参数 block 为 true，说明本次操作有可能会阻塞当前协程（当管道容量满时），参数 ep 的类型是指针，指向即将写入的数据，我们可以通过命令 x 查看内存数据，可以看到该内存地址处存储的数据是 0。

接下来可以单步执行，验证管道写操作的执行步骤，这一过程比较简单，重复较多，这里就不再赘述了，下面只是列出了单步执行的一个中间过程：

```
(dlv) n
1 > runtime.chansend() /go1.18/src/runtime/chan.go:208 (PC: 0x10040e0)
Warning: debugging optimized function
   203:        if c.closed != 0 {
   204:            unlock(&c.lock)
   205:            panic(plainError("send on closed channel"))
   206:        }
=> 208:        if sg := c.recvq.dequeue(); sg != nil {
   211:            send(c, sg, ep, func() { unlock(&c.lock) }, 3)
   212:            return true
   213:        }
```

在单步执行过程中，你可能会发现阻塞协程是通过函数 runtime.gopark 实现的，该函数用于暂停当前协程，并切换到调度器主函数 runtime.schedule。我们在函数 runtime.schedule 以及函数 runtime.gopark 处再设置断点，观察协程切换情况，如下所示：

```
(dlv) b schedule
Breakpoint 8 set at 0x1037aea for runtime.schedule() /go1.18/src/runtime/proc.go:3111
(dlv) b gopark
Breakpoint 9 set at 0x1031aca for runtime.gopark() /go1.18/src/runtime/proc.go:344
(dlv) c
> runtime.gopark() /go1.18/src/runtime/proc.go:344 (hits goroutine(1):2 total:2)
(PC: 0x1031aca)
=> 344:    func gopark(unlockf func(*g, unsafe.Pointer) bool, lock unsafe.Pointer,
                 reason waitReason, traceEv byte, traceskip int) {
   345:        if reason != waitReasonSleep {
   346:            checkTimeouts() // timeouts may expire while two goroutines keep
                       the scheduler busy
   347:        }
   348:        mp := acquirem()
   349:        gp := mp.curg
```

函数 runtime.gopark 主要用于暂停当前协程，并切换到调度器主函数 runtime.schedule。所以，再次执行命令 c 程序会暂停到函数 runtime.schedule 处，如下所示：

```
(dlv) c
> [b] runtime.schedule() /go1.18/src/runtime/proc.go:3111 (hits total:19) (PC: 0x1037aea)
=>3111:    func schedule() {
  3112:        _g_ := getg()
(dlv) bt
0  0x0000000001037aea in runtime.schedule
     at /go1.18/src/runtime/proc.go:3111
1  0x000000000103826d in runtime.park_m
     at /go1.18/src/runtime/proc.go:3336
2  0x0000000001058663 in runtime.mcall
     at /go1.18/src/runtime/asm_amd64.s:425
```

从上面的输出结果可知，通过 bt 查看函数调用栈时，会发现栈底函数是 runtime.mcall，并且函数调用栈非常短。为什么在函数调用栈中看不到函数 runtime.gopark 呢？因为已经从用户协程栈切换到了调度栈，所以就看不到用户协程的函数调用栈了。函数 runtime.mcall 就是用来切换栈帧的，所以函数调用栈的第一个函数也就是 runtime.mcall 了。

当然，管道的读写逻辑以及调度器的逻辑都是非常复杂的，这里就不一一调试了，本小节也只是为了演示 dlv 的常用调试命令，更多调试技巧还需要读者自己去研究总结。

## 11.4  本章小结

生产环境总是会遇到一些千奇百怪的问题，比如 Go 服务总是时不时地响应非常慢甚至完全没有响应，Go 服务的内存占用量总是居高不下等。所以，需要掌握 Go 程序性能分析的基本手段，否则在遇到性能问题时你将束手无策。

本章首先讲解了 Go 语言为我们提供的性能分析利器 pprof，并分别介绍了在分析内存指标、CPU 指标、锁与阻塞指标等方面的应用。然后讲解了另外一款性能分析工具 Trace，它可以跟踪并采集 Go 进程的诸多事件，通过这些事件可以很清楚地知道 Go 进程每时每刻都在做什么，这对分析并解决 Go 服务性能问题是非常有用的。

最后，我们还介绍了 Go 语言专用的调试工具 dlv，并通过具体的例子讲解了如何使用 dlv 调试 Go 程序。

第 12 章

# 线上服务实战

本章主题是线上服务实战。为什么写这一章呢？因为笔者见过很多 Go 初学者开发的项目，也见过很多 Go 初学者是如何面对线上问题的。大多数 Go 开发者都停留在简单的增删改查层面，对 Go 语言本身掌握程度不够，对常用依赖库或者开源组件掌握不够，在开发项目过程中总会不经意间引入一些千奇百怪的问题，并且在遇到线上问题时往往束手无策。本章列举了非常多的线上问题以及解决思路，希望读者能从这些问题中吸取经验，总结出一套属于自己的解决问题的方法论。

## 12.1 两种导致 502 状态码的情况

服务端开发最常见的问题可能就是 HTTP 状态码异常了，其中 502 状态码最常见并且最复杂。第 1 章讲解了 Go 服务超时引起的 502 状态码问题，第 10 章讲解了服务升级引起的 502 状态码问题，除此之外，还有哪些情况会导致 502 状态码呢？本小节将介绍其他两种引起 502 状态码的情况。另外需要说明的是，本节所有的示例访问链路都是客户端→网关 Nginx → Go 服务，关于网关 Nginx 的部署可以参考第 1 章。

### 12.1.1 panic 异常

我们可以将 Go 服务中的 panic 异常分为两种：一种是请求级别的 panic 异常，即 Go 服务在处理 HTTP 请求时发生了 panic 异常；与之相对的，我们称之为服务级别的 panic 异常。需要说明的是，两种类型的 panic 异常都会导致 502 状态码，本小节不仅讲解了 panic 异常导致 502 状态码的具体原因，还总结了一些常见的 panic 异常。

### 1. panic 异常导致 502 状态码

下面先来介绍服务级别的 panic 异常是如何导致 502 状态码的。服务级别的 panic 异常会导致 Go 服务异常退出，这时候网关侧必然会返回大量的 502 状态码，同时网关侧会出现大量的错误日志，如下所示：

```
connect() failed (111: Connection refused) while connecting to upstream
```

从上面的日志可知，网关发起 HTTP 请求需要先建立 TCP 连接，但是 Go 服务已经退出了，即没有进程在监听目标端口号了，TCP 连接自然也就无法建立了，于是网关便向客户端返回了 502 状态码。这种情况还是比较容易处理的，只需要使用函数 recover 捕获异常就能避免 Go 服务的退出，参考下面的代码：

```
defer func() {
    if err := recover(); err != nil {
        buf = buf[:runtime.Stack(buf, false)]
        log.Fatalf("go panic err:%v \n stack:%s", err,buf)
    }
}()
```

接下来讲解请求级别的 panic 异常是如何导致 502 状态码的。我们先写一个简单的程序验证一下，代码如下所示：

```
func main() {
    server := &http.Server{
        Addr: "0.0.0.0:8080",
    }
    http.HandleFunc("/ping", func(w http.ResponseWriter, r *http.Request) {
        panic("panic test")
        w.Write([]byte(r.URL.Path + " > ping response"))
    })
    _ = server.ListenAndServe()
}
```

在上面的代码中，我们在 HTTP 请求处理函数中抛出了 panic 异常。另外需要再次强调，本例中的访问链路是客户端→网关 Nginx → Go 服务。编译上面的程序，并通过 curl 命令发起 HTTP 请求，结果如下所示：

```
$ curl  --request POST 'http://127.0.0.1/ping' -v
< HTTP/1.1 502 Bad Gateway
```

由上面的结果可知，客户端确实收到了 502 状态码，并且多次执行 curl 命令的结果都是一样的。另外，如果你这时候查看控制台，你会发现 Go 服务并没有退出，但是控制台输出了以下日志：

```
2023/11/08 20:37:17 http: panic serving xxxx:56850: panic test
goroutine 6 [running]:
net/http.(*conn).serve.func1()
```

```
    /go1.18/src/net/http/server.go:1825
panic({0x1217b00, 0x12c8430})
    /go1.18/src/runtime/panic.go:844
main.main.func1({0xc00011ba3b?, 0xffffffffffffffff?}, 0x0?)
    /main.go:15
```

参考上面的输出结果，Go 服务没有退出，说明一定有函数 recover 捕获了异常，并输出了协程调用栈，可是既然都捕获 panic 异常了，为什么网关返回的还是 502 状态码呢？我们可以查看网关的错误日志，如下所示：

```
[error] upstream prematurely closed connection while reading response header
from upstream
```

参考上面的错误日志，网关 Nginx 在等待上游 Go 服务返回 HTTP 响应时，上游 Go 服务过早地关闭了 TCP 连接。为什么呢？估计是 Go 服务在处理 HTTP 请求时，使用函数 recover 捕获了异常，并关闭了 TCP 连接。是这样吗？我们简单看一下 Go 语言底层处理 HTTP 请求的逻辑，如下所示：

```
func (c *conn) serve(ctx context.Context) {
    defer func() {
        if err := recover(); err != nil && err != ErrAbortHandler {
            ......
            c.server.logf("http: panic serving %v: %v\n%s", c.remoteAddr, err, buf)
            c.close()
        }
    }()
}
```

在上面的代码中，针对 TCP 连接，Go 语言都会创建新的协程来处理从该连接接收到的 HTTP 请求，并且使用了函数 recover 来捕获 panic 异常。可以看到，当发生了 panic 异常之后，Go 语言一方面输出了协程调用栈来帮助开发者排查问题，另一方面直接关闭了 TCP 连接，这也是网关 Nginx 返回 502 状态码的根本原因。

最后总结一下，请求级别的 panic 异常同样会导致 502 状态码。幸运的是，这种情况的 502 非常容易排查：一来我们可以在上游 Go 服务标准输出查看到错误日志；二来请求耗时通常比较短；三来网关 Nginx 的错误日志也比较明确。

### 2. 常见 panic 情况总结

我们详细介绍了 panic 异常导致 502 状态码的两种情况。可以看到，panic 异常对 Go 服务的可用性影响非常大，极端情况下甚至会导致 Go 服务退出。所以，在项目开发过程中，我们应该尽可能避免发生 panic 异常，这就需要我们对常见的 panic 异常有一些了解，比如空指针异常、数组 / 切片索引越界、操作未初始化的散列表、并发操作散列表、类型断言等。下面将通过具体的事例详细介绍这几种 panic 异常。

（1）空指针异常

指针可以算是一种数据类型，指针并不存储具体的数据，存储的是一个内存地址，真正的数据实际上存储在该内存地址中。空指针异常的意思是，当指针存储的地址为空时（地址为 0），这时候显然无法通过该指针访问真正的数据。当然，如果你非要使用空指针访问数据，Go 语言底层就会抛出 panic 异常。我们可以写一个简单的程序验证一下，代码如下所示：

```
type student struct {
    Name   string
    Score int
}
func main() {
    var stu *student
    fmt.Println(stu.Name)
}
```

在上面的代码中，变量 stu 的类型就是一个指针，但是我们没有给该指针变量赋值，也就是说指针存储的地址为空。那么当我们通过 stu.Name 访问数据时，会发生什么呢？编译并执行上面的程序，结果如下所示：

```
panic: runtime error: invalid memory address or nil pointer dereference
goroutine 1 [running]:
main.main()
    //main.go:12
Process finished with the exit code 2
```

参考上面的输出结果，Go 程序确实异常退出了，并且输出了错误信息以及协程调用栈。错误信息表明我们解析了一个非法的内存地址或者空指针。

排查空指针异常虽然比较简单，但是仍然不可以掉以轻心，因为日常项目通常比较复杂，稍有不慎就有可能引起空指针异常。

（2）数组 / 切片索引越界

切片底层也是基于数组实现的，所以切片的索引越界与数组的索引越界非常类似。索引越界的意思是，数组或者切片的长度只有 $N$，但是我们访问的索引大于或等于 $N$，即访问的元素实际上是不存在的的。我们可以写一个简单的程序验证一下，代码如下所示：

```
func main() {
    slice := make([]int, 0, 10)
    slice[0] = 100
}
```

在上面的代码中，切片 slice 的长度等于 0，容量等于 10，紧接着我们操作索引为 0 的元素，这时候就会发生索引越界的异常。编译并执行上面的程序，结果如下所示：

```
panic: runtime error: index out of range [0] with length 0
goroutine 1 [running]:
main.main()
    /main.go:5
Process finished with the exit code 2
```

从上面的输出结果可知，Go 程序确实异常退出了，并且输出了错误信息以及协程调用栈。错误信息表明我们操作的索引 0 超过了长度 0。

（3）操作未初始化的散列表

操作未初始化的散列表也会发生 panic 异常？是的。如果你不相信，同样可以写一个简单的程序验证一下，代码如下所示：

```
func main() {
    var hash map[string]int
    hash["zhangsan"] = 100
}
```

在上面的代码中，变量 hash 的类型是散列表并且没有被初始化，紧接着我们向该散列表写入键 – 值对。编译并执行上面的程序，结果如下所示：

```
panic: assignment to entry in nil map
goroutine 1 [running]:
main.main()
    /main.go:5
Process finished with the exit code 2
```

参考上面的输出结果，Go 程序确实异常退出了，并且输出了错误信息以及协程调用栈，错误信息表明我们向未初始化的散列表写入了键 – 值对。为什么向未初始化的散列表写入键 – 值对会发生 panic 异常呢？这就需要看一下散列表的实现原理了，向散列表写入键 – 值对的实现函数如下所示：

```
func mapassign(t *maptype, h *hmap, key unsafe.Pointer) unsafe.Pointer {
    if h == nil {
        panic(plainError("assignment to entry in nil map"))
    }
}
```

在上面的代码中，函数 mapassign 用于向散列表写入键 – 值对，该函数的第二个参数 h 是一个指针类型，指向了散列表结构体。可以看到，当变量 h 等于 nil 时，Go 语言直接抛出了 panic 异常。再次强调一下，在使用散列表之前，一定要记得初始化散列表。

（4）并发操作散列表

我们都知道 Go 语言天然具备并发优势，那么如果有一个全局的散列表，并且我们在多个协程中并发操作该散列表，会有什么问题吗？我们写一个简单的程序验证一下，代码如下所示：

```
func main() {
    var m = make(map[string]int, 0)
    for i := 0; i <= 10; i ++ {
        go func() {
            // 协程内，循环操作散列表
            for j := 0; j <= 100; j ++ {
                m[fmt.Sprintf("test_%v", j)] = j
```

```
        }
    }()
}
time.Sleep(time.Second * 3)
fmt.Println(m)
}
```

在上面的代码中，我们创建了 10 个协程，并发地循环操作全局散列表。编译并执行上面的程序，结果如下所示：

```
fatal error: concurrent map writes
fatal error: concurrent map writes
......
goroutine 23 [running]:
runtime.throw({0x10a59c3?, 0x1084725?})
    /go1.18/src/runtime/panic.go:992
runtime.mapassign_faststr(0x10a351a?, 0x7?, {0xc00008e008, 0x6})
    /go1.18/src/runtime/map_faststr.go:212
......
Process finished with the exit code 2
```

参考上面的输出结果，Go 程序确实异常退出了，并且输出了错误信息以及协程调用栈（注意是多个协程调用栈），错误信息表明我们并发地写入了散列表。为什么并发写散列表会发生 panic 异常呢？该逻辑我们同样可以在函数 mapassign 中看到，有兴趣的读者可以自己查看源码学习。

最后思考一下，Go 语言为什么要这么设计呢？因为散列表结构比较复杂，并发写散列表难以保证数据一致性，所以 Go 语言就禁止了并发写散列表。那如果我们确实需要在多个协程并发操作散列表怎么办？这就需要采取其他方案了，比如加锁或使用并发散列表（sync.Map），这一点我们在第 4 章已经详细介绍过了。

（5）类型断言

类型断言是什么？在某些情况下，我们可能会将函数参数类型或变量类型定义为空接口 interface{}，但在使用时又想将其转化为具体的类型，这就需要使用类型断言了。需要特别注意的是，如果类型断言使用不当，可能会导致 panic 异常。参考下面的代码：

```
func main() {
    test(1)
}
func test(v interface{}) {
    s := v.(string)
    fmt.Printf(s)
}
```

在上面的代码中，函数 test 只有一个输入参数，类型是空接口 interface{}，我们在使用该参数时先将其通过类型断言转化为字符串类型。然而，在调用函数 test 时，我们传递的却是一个整数类型。上面的程序有问题吗？编译并执行上面的程序，结果如下所示：

```
panic: interface conversion: interface {} is int, not string
goroutine 1 [running]:
main.test({0x1091e80?, 0x10c1518?})
    /main.go:9
```

参考上面的输出结果，Go 程序确实异常退出了，并且输出了错误信息以及协程调用栈。错误信息表明在类型断言时，变量的类型是整型而不是字符串。看到了吧，类型断言确实有可能导致 panic 异常。那么我们是不是应该尽量避免使用类型断言呢？并不是，实际上类型断言还有一种语法，而且这种语法绝对不会导致 panic 异常。参考下面的代码：

```
func test(v interface{}) {
    s, ok := v.(string)
    fmt.Printf(s, ok)
}
```

在上面的代码中，这一次类型断言返回了两个值：第一个值的类型是字符串，第二个值的类型是 bool，并且仅当类型断言成功时，第二个值才会被赋值为 true。再次编译并执行上面的程序，你会发现没有发生 panic 异常。为什么呢？这两种语法有什么区别呢？这两种语法对应的伪代码如下所示：

```
// 第一种语法：s := v.(string)
if eface.type != type.int {
    runtime.panicdottypeE()
}
s = *eface.data
// 第二种语法：s, ok := v.(string)
if eface.type == type.int {
    ok = true
    s = *eface.data
}
```

参考上面的伪代码，第一种语法对应的伪代码在判断类型不匹配时，直接抛出了 panic 异常，而第二种语法对应的伪代码只有在判断类型匹配时才会执行类型转换，并将变量 ok 赋值为 true。现在明白了吧，在项目开发过程中，尽量使用第二种语法的类型断言，这样就能避免类型断言导致的 panic 异常。

当然，Go 语言中的 panic 异常并不止这几种，本小节也只是列举了几种常见的 panic 异常。更多的 panic 异常需要读者自行学习和总结。

## 12.1.2 长连接为什么会导致 502 状态码

长连接也会导致 502 状态码吗？不一定，准确地说，应该是当长连接使用不当时有可能会导致 502 状态码。我们可以通过具体的示例来验证。

首先需要说明的是，网关 Nginx 在代理 HTTP 请求时默认使用的是短连接，想要使用长连接需要修改网关 Nginx 的配置，如下所示：

```
upstream  localhost {
    server x.x.x.x:8080 max_fails=1 fail_timeout=10;
    keepalive 16;
}
server {
        location / {
            proxy_http_version 1.1;
            proxy_set_header Connection "";
            proxy_pass http://localhost;
        }
}
```

参考上面的配置，proxy_http_version 用于设置网关 Nginx 在代理 HTTP 请求时采用的 HTTP 版本，proxy_set_header 用于设置网关 Nginx 在代理 HTTP 请求的请求头，keepalive 用于设置空闲长连接的数目。可以看到，我们这里采用了 1.1 版本的 HTTP 协议，请求头 Connection 为空，并且最大空闲长连接数目为 16，这时候网关 Nginx 在代理 HTTP 请求时使用的就是长连接了。在使用长连接之后，抓包结果如下所示：

```
// 建立 TCP 连接
17:30:22 IP x.x.x.x.64137 > x.x.x.x.8080: Flags [S], length 0
17:30:22 IP x.x.x.x.8080 > x.x.x.x.64137: Flags [S.], length 0
17:30:22 IP x.x.x.x.64137 > x.x.x.x.8080: Flags [.], length 0
// 第一个 HTTP 请求
17:30:22 IP x.x.x.x.64137 > x.x.x.x.8080: Flags [P.], length 77: HTTP: GET /ping HTTP/1.1
17:30:22 IP x.x.x.x.8080 > x.x.x.x.64137: Flags [.], length 0
17:30:22 IP x.x.x.x.8080 > x.x.x.x.64137: Flags [P.], length 138: HTTP: HTTP/1.1 200 OK
// 第二个 HTTP 请求
17:30:25 IP x.x.x.x.64137 > x.x.x.x.8080: Flags [P.], length 77: HTTP: GET /ping HTTP/1.1
17:30:25 IP x.x.x.x.8080 > x.x.x.x.64137: Flags [.], length 0
17:30:25 IP x.x.x.x.8080 > x.x.x.x.64137: Flags [P.], length 138: HTTP: HTTP/1.1 200 OK
```

参考上面的抓包结果，当客户端第一次发起 HTTP 请求时，同样需要建立 TCP 连接。不同的是，当客户端收到第一个 HTTP 请求的响应时，没有关闭 TCP 连接。这样一来，当客户端第二次发起 HTTP 请求时，就能够复用该 TCP 连接，从而提高传输效率。

接下来回到我们最初的问题，为什么长连接会导致 502 状态码。我们先思考一个问题，假设客户端基于长连接来传输 HTTP 请求，并且客户端在发起第一个 HTTP 请求之后，一直没有发起第二个 HTTP 请求。这时候服务端需要一直维护这个长连接吗？当然不是，毕竟维护长连接是需要消耗系统资源的。所以我们通常会关闭长时间不使用的长连接（称之为空闲长连接）。

也就是说，空闲长连接通常都会有一个超时时间，比如 60s，其含义是当一个长连接处于空闲状态的时间超过 60s 之后，我们应该关闭该长连接。网关 Nginx、Go 语言都是这么实现的，并且他们都提供了专门的配置，供我们设置空闲长连接的超时时间，如下所示：

```
// 网关 Nginx
Syntax: keepalive_timeout timeout;
```

```
Default:     keepalive_timeout 60s;
Context:     upstream
Sets a timeout during which an idle keepalive connection to an upstream server will
    stay open.
// Go 语言
type Server struct {
    IdleTimeout time.Duration
}
```

参考上面的配置，在 Nginx 中，我们可以使用 keepalive_timeout 来设置空闲长连接的超时时间，注意其默认值是 60s。在 Go 语言中，我们可以使用 IdleTimeout 来设置空闲长连接的超时时间，注意如果 IdleTimeout 等于 0，则使用 ReadTimeout，当这两个值都等于 0 时，空闲长连接将永远不会超时（也就是说，此时 Go 服务将永远不会主动关闭空闲长连接）。

为什么要介绍空闲长连接的超时时间呢？思考一下，如果 Go 服务设置的 IdleTimeout 小于网关 Nginx 设置的 keepalive_timeout，会出现什么情况呢？ Go 服务有可能先于网关 Nginx 关闭这个长连接！要知道，网关 Nginx 是作为客户端向 Go 服务发起 HTTP 请求的，如果在 Go 服务关闭长连接的同时，网关 Nginx 恰好又发起了一个 HTTP 请求呢？由于 Go 服务已经关闭了长连接，所以 Go 服务所在节点会直接返回一个 RST 包（参考 TCP，RST 用于重置连接）。对于网关 Nginx 来说，这就意味着转发 HTTP 请求出错了。于是，网关 Nginx 就会向客户端返回一个 502 状态码。这一过程如图 12-1 所示。

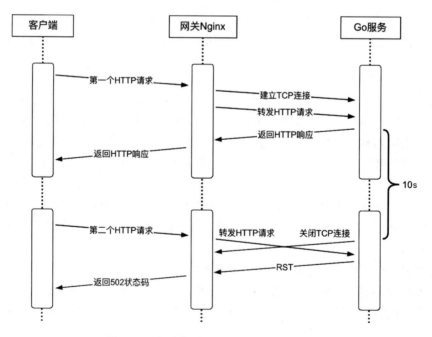

图 12-1　长连接导致 502 状态码的时序图

参考图 12-1，图中假设 Go 服务设置的 IdleTimeout 等于 10s，并且网关 Nginx 设置的 keepalive_timeout 等于 60s（默认值）。整个流程比较简单，这里就不再赘述了。

这下我们终于明白了长连接为什么会导致 502 状态码。其根本原因就是上游 Go 服务优先关闭了 TCP 长连接。只是需要明确的是，这种情况导致 502 状态码的概率其实是非常小的。概率小也就意味着难以复现，难以排查。不过，这种情况的 502 特征通常比较明显。其响应时间无限接近于 0，并且网关 Nginx 也会有对应的错误日志，如 Connection reset by peer。另外，该问题的解决方案也很简单，只需要将 Go 服务配置的 IdleTimeout 设置为大于网关 Nginx 设置的 keepalive_timeout 即可。

最后，当客户端使用长连接时，平滑升级也有可能会引起 502 状态码。参考第 10 章平滑升级的流程：老的 Go 服务在平滑退出时，首先会关闭监听的套接字以及空闲长连接，然后在处理完当前所有的 HTTP 请求（同时关闭对应的 TCP 连接）之后才会退出。与上面的事例类似，当老的 Go 服务在关闭空闲长连接时，网关 Nginx 可能恰好又发起了一个 HTTP 请求，这时就有可能出现 502 状态码。

## 12.2　意想不到的并发问题

在第 4 章，我们重点讲解了 Go 语言常见的几种多协程同步方案。然而，在日常工作中，不可避免地还是会遇到一些并发问题。并发问题的特点是偶发性和随机性，偶发性意味着发生的概率较低，而随机性意味着现象或结果往往比较随机，这就导致并发问题难以排查。本节将介绍两个生产环境中的并发问题，希望能够加深读者对并发问题的理解。

### 12.2.1　并发问题引起的 JSON 序列化异常

如果给你一条错误日志，你能猜出是什么原因导致的 panic 异常吗？日志如下所示：

```
panic: runtime error: index out of range [3] with length 3
```

聪明的你可能一眼就看出这是数组 / 切片索引越界导致的 panic 异常。那如果再给你看一下对应的协程调用栈，你是否能定位到具体原因呢？协程调用栈如下所示：

```
panic()
    /go1.18/src/runtime/panic.go:838
encoding/json.mapEncoder.encode()
    /go1.18/src/encoding/json/encode.go:800
encoding/json.structEncoder.encode()
    /go1.18/src/encoding/json/encode.go:761
encoding/json.ptrEncoder.encode()
    /go1.18/src/encoding/json/encode.go:945
encoding/json.(*encodeState).reflectValue()
    /go1.18/src/encoding/json/encode.go:360
encoding/json.(*encodeState).marshal()
```

```
    /go1.18/src/encoding/json/encode.go:332
encoding/json.Marshal()
    /go1.18/src/encoding/json/encode.go:161
......
```

如果你仔细观察上面的协程调用栈，你可能会比较疑惑，竟然是 JSON 序列化触发的 panic 异常。这该如何排查呢？难道需要我们研究一下 Go 语言 JSON 标准库？这就有些麻烦了。在继续往下分析之前，我们还是先看一下待序列化数据的结构体定义吧，如下所示：

```
type Upstream struct {
    Name  string
    Nodes map[string]int
}
```

看到这你是不是更疑惑了，结构体中明明没有任何数组 / 切片类型的字段，怎么会出现数组 / 切片索引越界错误呢？再次分析协程调用栈，可以看到是在序列化散列表（参考方法 json.mapEncoder.encode）时触发的 panic 异常，我们看一下对应的代码，如下所示：

```
sv := make([]reflectWithString, v.Len())
mi := v.MapRange()
for i := 0; mi.Next(); i++ {
    sv[i].k = mi.Key()              // 就是这一行代码抛出的 panic 异常
    sv[i].v = mi.Value()
    if err := sv[i].resolve(); err != nil {
    }
}
```

在上面的代码中，变量 sv 的类型是切片，其长度与散列表中的键 – 值对数目一致，for 循环的目的是遍历散列表中的键 – 值对，并将其添加到切片 sv 中。这段代码的逻辑是没有问题的，按理来说，不可能出现切片索引越界的错误，但实际上确实出错了。这是为什么呢？思考一下，出现这种错误的唯一可能就是，在初始化切片之后，散列表中的键 – 值对数目增加了，这只能是并发问题导致的，也就是说协程 A 在执行序列化操作的同时，协程 B 却向散列表中插入了新的数据。

接下来需要看一下业务代码了。先简单介绍一下我们的服务，其目标是实现服务发现的功能，主要逻辑是监听上游服务节点（部署在容器中）的变更事件，并通知网关更新上游服务地址。完整的业务比较复杂，这里只是简单模拟了业务逻辑，代码如下所示：

```
func watchUpstream() {
    for {
        // 随机模拟某个上游服务的变更事件
        upstreamIdx := rand.Intn(10)
        var up *Upstream
        var ok bool
        lock.Lock()
        if up, ok = upstreamCache["upstream_"+strconv.Itoa(upstreamIdx)]; !ok {
            up = &Upstream{
```

```
                Name: "upstream_" + strconv.Itoa(upstreamIdx),
            }
        }
        up.Nodes = make(map[string]int, 0)
        count := rand.Intn(10)
        // 随机更新上游服务节点地址
        for i := 1; i <= count; i++ {
            up.Nodes["10.0.0."+strconv.Itoa(i)] = 1
        }
        upstreamCache[up.Name] = up
        lock.Unlock()
        queue <- up.Name
    }
}
```

在上面的代码中，函数 watchUpstream 用于监听上游服务节点的变更事件并更新本地缓存。本地缓存是一个散列表，键存储上游服务名称，值存储上游服务地址。另外，变更事件、上游服务地址等都是随机模拟的。当然，函数 watchUpstream 需要以协程方式运行，并且除了这个协程，还需要一个协程能够获取上游服务变更信息，并通知网关更新上游服务地址。代码如下所示：

```
func fetchUpstream() {
    for {
        name := <-queue
        lock.Lock()
        up := upstreamCache[name]
        lock.Unlock()
        _, _ = json.Marshal(up)
    }
}
```

在上面的代码中，函数 fetchUpstream 循环从管道中获取上游服务变更信息，随后从本地缓存获取上游服务数据并执行序列化操作。当然，函数 fetchUpstream 同样需要以协程方式运行。

如果你运行上面的程序，你会发现程序运行一会（执行多次循环才有可能偶现）就会异常并退出。另外，如果你多次运行上面的程序，你会发现异常信息并不止一种，这其实比较符合并发问题的随机特性。其他几种异常信息以及协程调用栈如下所示：

```
// 第二种异常
panic: reflect: call of reflect.Value.Int on zero Value
panic({0x10ad1a0, 0xc00008c168})
    /go1.18/src/runtime/panic.go:838
reflect.Value.Int(...)
    /go1.18/src/reflect/value.go:1413
encoding/json.intEncoder()
    /go1.18/src/encoding/json/encode.go:552
encoding/json.mapEncoder.encode()
```

```
    /go1.18/src/encoding/json/encode.go:814
encoding/json.structEncoder.encode()
    /go1.18/src/encoding/json/encode.go:761
......
// 第三种异常
fatal error: concurrent map iteration and map write
runtime.throw({0x10c4ae6?, 0x80?})
    /go1.18/src/runtime/panic.go:992
runtime.mapiternext(?)
    /go1.18/src/runtime/map.go:871
runtime.mapiterinit()
    /go1.18/src/runtime/map.go:861
reflect.mapiterinit(0x195?, 0x80?, 0x10ada40?)
    /go1.18/src/runtime/map.go:1373
reflect.(*MapIter).Next(0x10ada40?)
    /go1.18/src/reflect/value.go:1782
encoding/json.mapEncoder.encode()
    /go1.18/src/encoding/json/encode.go:799
......
```

参考上面的错误信息以及协程调用栈，这几种 panic 异常的根本原因其实是一样的，都是并发问题造成的，这里就不再赘述了。

## 12.2.2　并发问题引起的服务发现故障

笔者曾经遇到过一起线上事故，项目是基于微服务架构理念设计的，并且刚从虚拟机迁移到容器平台，迁移后的某一天突然接收到大量报警，错误信息如下所示：

```
failed to dial server: dial tcp xxxx:yy: i/o timeout
```

原来是客户端请求服务端时，建立 TCP 连接超时了。需要说明的是，我们使用的微服务框架是 smallnest/rpcx，注册中心是基于 ZooKeeper 实现的。接下来分析一下问题现状。

1）确认服务端是否存在异常：根据错误日志中的服务端 IP 地址查询对应的容器服务，发现没有一个容器服务是这个 IP 地址。

2）使用命令行工具连接注册中心 ZooKeeper，查看该服务端注册的 IP 地址列表，发现也不存在上述 IP 地址。

3）经过确认，这个异常的 IP 地址，容器平台曾经分配过。

4）再次统计分析错误日志，发现客户端的多个实例中，只有一个客户端实例存在超时现象，其余客户端的请求都是正常的。

根据上述 4 条信息，基本可以确认，在服务端实例重启之后，注册中心中的服务端 IP 地址列表已被同步更新，但是该客户端实例却没有及时更新 IP 地址列表，导致其连接了错误的服务端 IP 地址。为什么会出现这种情况呢？初步猜测可能有两种原因：①该客户端实例与注册中心 ZooKeeper 之间的 TCP 连接存在异常，因此客户端无法监听到注册中心 ZooKeeper 中的数据变更事件；②微服务框架中的服务发现逻辑存在异常，且只在某些场景触发，而该客户端实例恰好触发了该异常。

针对第一种猜测，我们很容易就能够验证，只需要登录到该异常客户端实例，查看其与注册中心 ZooKeeper 之间的 TCP 连接即可，如下所示：

```
# netstat -anp | grep 2181
tcp        0      0 xxxx:51970      yyyy:2181      ESTABLISHED 9/xxxx
tcp        0      0 xxxx:40510      yyyy:2181      ESTABLISHED 9/xxxx
```

参考上面的输出结果，可以看到存在两条处于建立状态的 TCP 连接。为什么是两条呢？因为该 Go 服务不仅作为客户端请求其他服务端，还作为服务端供其他客户端请求，也就是说其中一条 TCP 连接是用来注册服务，另外一条 TCP 连接是用来发现服务的。我们再通过命令 tcpdump 看一下这两条 TCP 连接的数据交互，如下所示：

```
23:01:58 IP xxxx.51970 > yyyy.2181: Flag [P.], length 12
23:01:58 IP yyyy.2181 > xxxx.51970: Flags [P.], length 20
23:01:58 IP xxxx.51970 > yyyy.2181: Flags [.], length 0
......
```

参考上面的输出结果，我们省略了部分数据包。需要说明的是，ZooKeeper 采用的是二进制协议，所以数据包不太方便识别，但是基本可以确定，这是客户端与注册中心 ZooKeeper 之间的心跳数据包（定时交互，且每次数据一致）。经过分析，两条 TCP 连接都存在正常的心跳包，也就是说客户端与注册中心 ZooKeeper 之间的连接是正常的。为了完全排除这一猜测，笔者在通过命令 tcpdump 抓包的同时，还重启了一个服务端实例，结果表明该客户端实例确实接收到了注册中心 ZooKeeper 的数据变更事件并拉取了最新的服务端 IP 地址列表。

经过上面的排查验证，基本上可以确定微服务框架中的服务发现逻辑存在异常，不过这就需要查看微服务框架 smallnest/rpcx 的代码了，其服务发现流程如图 12-2 所示。

参考图 12-2，当 ZookeeperDiscovery 监听到服务端 IP 地址变更时，会将最新的服务端 IP 地址列表写入管道 chan，这样 rpcxClient 就能从管道获取到最新的 IP 地址列表了。这个逻辑可以说是非常简单，没有理由会出现异常，但是事实证明，很可能就是这块逻辑存在异常。难道是 rpcxClient 读取管道数据的协程异常退出了？我们可以通过 pprof 工具查看一下协程调用栈，如下所示：

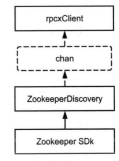

图 12-2　微服务框架 smallnest/rpcx 的服务发现流程 1

```
$ go tool pprof http://localhost:xxxx/debug/pprof/goroutine
(pprof) traces
 5   runtime.gopark
     runtime.goparkunlock
     runtime.chanrecv
     runtime.chanrecv2
```

```
        github.com/smallnest/rpcx/client.(*xClient).watch
------------+-------------------------------------------------------
5   runtime.gopark
    runtime.selectgo
    github.com/smallnest/rpcx/client.(*ZookeeperDiscovery).watch
```

参考上面的输出结果，可以明确看到 rpcxClient 读取管道数据的协程调用栈没有异常，它与 ZookeeperDiscovery 监听服务端 IP 地址列表的协程数目是一致的（客户端可能会依赖多个微服务，所以才会有多个协程）。

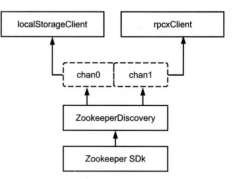

图 12-3　微服务框架 smallnest/rpcx 的服务发现流程 2

那还能是什么问题呢？突然想到，我们之前其实还添加过服务发现灾备逻辑：当客户端监听到注册中心 ZooKeeper 的数据变更之后，还会将该数据写入本地文件，这样当客户端启动时，如果注册中心 ZooKeeper 出现异常或者客户端和注册中心 ZooKeeper 之间的链路出现异常，还可以从本地文件读取到服务端的 IP 地址列表。经过改造之后的服务发现流程如图 12-3 所示。

在图 12-3 中，管道 0 用于向 localStorageClient 传输数据，管道 1 用于向 rpcxClient 传输数据。也就是说，当 ZookeeperDiscovery 监听到服务端 IP 地址变更的时候，会将最新的服务端 IP 地址列表写入管道 0 和管道 1。

查看本地文件中的服务端 IP 地址列表，发现数据都是正确的。这就不可思议了，同样的服务发现逻辑，为什么本地文件中的服务端 IP 地址列表是正确的，rpcxClient 中的服务端 IP 地址列表却是错误的？难道是基于管道传输数据时出现了错误？再次查看代码，localStorageClient 与 rpcxClient 都是通过方法 WatchService 获取的管道，其代码如下所示：

```
func (d *ZookeeperDiscovery) WatchService() chan []*KVPair {
    ch := make(chan []*KVPair, 10)
    d.chans = append(d.chans, ch)
    return ch
}
```

在上面的代码中，如果两个协程并发地调用方法 WatchService，管道的追加操作就有可能出现并发问题（参考 4.1 节的示例），最终切片中可能只有一个管道，即 localStorageClient 或者 rpcxClient 只会有一个能够获取到服务端 IP 地址列表。这也就解释了为什么本地文件中的服务端 IP 地址列表是正确的，rpcxClient 中的服务端 IP 地址列表却是错误的。

## 12.3　HTTP 服务假死问题

什么是服务假死呢？举一个例子，Go 服务看起来处于运行状态，但是当你发起 HTTP

请求时，却一直没有响应。遇到这类问题该如何排查呢？当然是使用第 11 章介绍的 Go 语言性能分析利器 pprof 了。本小节将通过两个具体的示例来讲解如何排查分析服务假死问题。

## 12.3.1　写日志阻塞请求

如何排查 HTTP 状态码 504 问题（请求超时）呢？通常我们首先会查看业务日志，通过业务日志分析服务到底慢在哪里。那如果查询不到任何业务日志呢？是不是能说明服务压根就没有接收到客户端请求呢？其实也不一定，笔者就曾经遇到过这么一个事例：Go 服务部署在容器平台，某一时刻突然出现大量 HTTP 状态码 504，初步排查发现查询不到请求对应的业务日志。难道是客户端与容器之间的链路存在异常？

登录该容器实例，手动通过 curl 命令发起的 HTTP 请求（请求健康检查接口），发现竟然也没有任何响应。这就奇怪了，健康检查接口的逻辑非常简单，按理说不应该超时。与此同时，使用工具 tcpdump 抓取请求数据包，如下所示：

```
$ curl http://xxxx/v1/healthCheck
// 三次握手
10:20:21 IP xxxx.40970 > server.8080: Flags [S], length 0
10:20:21 IP server.8080> xxxx.40970: Flags [S.], length 0
10:20:21.941175 IP xxxx.40970 > server.8080: Flags [.], length 0
// 发送 HTTP 请求数据
10:20:21 IP xxxx.40970 > server.8080: Flags [P.], ength 311
10:20:21 IP server.19001 > xxxx.8080: Flags [.], length 0
// 阻塞，无响应
```

参考上面的输出结果，可以明显看到当客户端与 Go 服务建立 TCP 连接并发起 HTTP 请求之后，Go 服务一直没有返回 HTTP 响应。为什么 Go 服务明明已经接收到 HTTP 请求了，却没有任何响应呢？联想到我们的 Go 服务都开启了 pprof，可以先简单看一下服务统计指标，如下所示：

```
curl http://127.0.0.1:xxxxx/debug/pprof/
<td>16391</td><td><a href=goroutine?debug&#61;1>goroutine</a></td>
……
```

参考上面的输出结果，协程数量非常多，甚至有 1.6 万多，要知道这只是一个灰度服务，访问量其实是比较小的，不应该有这么多协程。继续使用工具 pprof 查看协程统计信息，如下所示：

```
$ go tool pprof http://127.0.0.1:xxxxx/debug/pprof/goroutine
(pprof) traces
----------+--------------------------------------------------------
7978 runtime.gopark
     runtime.goparkunlock
     runtime.chansend
     runtime.chansend1
```

```
xxxxx/log4go.(*FileLogTraceWriter).LogWrite
xxxxx/log4go.Logger.LogTraceMap
xxxxx/log4go.LogTraceMap
xxxxx/builders.(*TraceBuilder).LoggerX
xxxxx/Logger.Ix
xxxxx/middleware.Logger.func1
github.com/gin-gonic/gin.(*Context).Next
github.com/gin-gonic/gin.(*Engine).handleHTTPRequest
github.com/gin-gonic/gin.(*Engine).ServeHTTP
net/http.serverHandler.ServeHTTP
net/http.(*conn).serve
```

参考上面的输出结果，总共有 7978 个协程都因为同一个原因被阻塞了。继续分析协程调用栈，发现是 HTTP 请求处理协程在记录日志时，写管道被阻塞了。接下来就需要看一下日志库的代码逻辑了，如下所示：

```go
// 写日志：只是写管道
func (w *FileLogTraceWriter) LogWrite(rec *LogRecord) {
    w.rec <- rec
}
// 初始化 FileLogTraceWriter 对象
func NewFileLogTraceWriter(fname string, rotate bool) *FileLogTraceWriter {
    // 子协程 func1，从管道读取日志写入内存缓存
    go func() {
        for {
            select {
            case rec, ok := <-w.rec:
            }
        }
    }
    // 子协程 func2，从内存缓存中读取数据写入文件
    go func() {
        for {
            select {
            case lb, ok := <-w.out:
            }
        }
    }
}
```

在上面的代码中，当我们使用日志库记录日志时，其实只是将日志写入了管道。从前面的协程调用栈可以知道，所有的 HTTP 请求都阻塞到了这一步。另外可以看到，日志库底层维护了两个子协程。子协程 func1 用于从管道中读取日志，将日志序列化后再写入内存缓存。子协程 func2 用于从内存缓存中读取数据并写入文件。

思考一下，所有的 HTTP 请求都阻塞在写管道这一步，说明什么？说明管道已经满了。为什么满了？因为没有协程读取管道的数据或者读取管道数据太慢了，也就是说子协程 func1 可能出现了某些异常。我们使用工具 pprof 查看这两个协程的调用栈，如下所示：

```
1    runtime.gopark
     runtime.selectgo
     xxxxx/log4go.NewFileLogTraceWriter.func2
```

从上面的输出结果可知，子协程 func2 阻塞在 select 语句，而子协程 func1 不存在。

至此问题基本确定了，子协程 func1 因为某些原因退出了，导致 HTTP 处理协程写日志（写管道）阻塞了，最终的现象就是所有的 HTTP 请求都没有任何响应。接下来就是查找子协程 func1 的退出原因了，这需要详细分析子协程 func1 的代码，这里就不再赘述了。

最后，如何解决这一问题呢？一方面当然是需要保证子协程 func1 与子协程 func2 的可用性，另一方面日志其实是属于非核心数据，必要的时候可以丢弃，我们还可以将写管道这一步改为非阻塞操作（参考 4.2.2 小节）。

## 12.3.2　防缓存穿透组件导致的服务死锁

什么是缓存穿透呢？假设我们使用的是 Redis 缓存，那么数据查询的流程通常是第一步先查询 Redis 缓存，如果 Redis 缓存中存在该数据则流程结束，否则还需要查询数据库并将查询到的数据写入 Redis 缓存。那如果有大量并发请求同时查询同一个数据并且 Redis 缓存中没有该数据呢？这时候大量并发请求就会穿透 Redis 缓存，直达数据库，可想而知这会对数据库造成非常大的压力。如何防止缓存穿透呢？最容易想到的方案就是，当大量并发请求同时查询同一个数据时，选择一个请求作为代表从数据库中查询数据，其余请求只需要坐享其成就可以了。

接下来以开源组件 singleflight 为例，讲解其是如何实现防缓存穿透能力的。首先我们看一下 singleflight 的核心数据结构定义，如下所示：

```
type call struct {
    wg  sync.WaitGroup
    val interface{}
    err error
}
type Group struct {
    mu sync.Mutex
    m  map[string]*call
}
```

在上面的代码中，结构体 call 表示一次数据查询过程，其中变量 wg 用于实现并发控制，val 用于存储数据查询结果；结构体 Group 表示一组数据查询，其中互斥锁 mu 用于解决并发问题，散列表 m 用于存储查询键与查询过程的映射关系。基于上述两个结构体实现的防缓存穿透逻辑如下所示：

```
func (g *Group) Do(key string, fn func() (...) (interface{}, error) {
    g.mu.Lock()              // 抢占互斥锁
    if g.m == nil {          // 初始化散列表
        g.m = make(map[string]*call)
```

```
    }
    if c, ok := g.m[key]; ok {      // 如果散列表中存在本地查询键，则只需要阻塞等待数据结果
        g.mu.Unlock()               // 释放互斥锁
        c.wg.Wait()                 // 并发控制，阻塞等待任务结束
        return c.val, c.err         // 返回数据
    }
    c := new(call)                  // 初始化 call 对象
    c.wg.Add(1)                     // 并发控制，标记任务开始
    g.m[key] = c                    // 存储查询键与查询过程
    g.mu.Unlock()                   // 释放互斥锁

    c.val, c.err = fn()             // 发起数据查询
    c.wg.Done()                     // 并发控制，标记任务结束

    g.mu.Lock()                     // 获取互斥锁
    delete(g.m, key)                // 删除查询键与查询过程
    g.mu.Unlock()                   // 释放互斥锁
    return c.val, c.err             // 返回数据
}
```

在上面的代码中，singleflight 实现的防缓存穿透逻辑还是比较简单的，而且我们也在每一行代码都添加了注释，这里就不进行过多介绍了。

关于防缓存穿透组件 singleflight 就介绍到这里了，接下来回到本小节的主题，防缓存穿透组件为什么会导致服务死锁呢？我们先看一个简单的例子，如下所示：

```
http.HandleFunc("/ping", func(w http.ResponseWriter, r *http.Request) {
    resp, _ := singleflight.DefaultGroup.Do("ping", func() (interface{}, error) {
        if rand.Intn(100) < 50 {
            panic("ping panic")
        }
        return "> ping response", nil
    })
    w.Write([]byte(r.URL.Path + resp.(string)))
})
```

在上面的代码中，我们在接口“/ping”的请求处理函数中使用了开源组件 singleflight，这会导致服务死锁吗？我们手动通过 curl 命令发起 HTTP 请求，多次请求之后，你会发现请求没有任何响应。为什么呢？我们使用工具 pprof 查看协程统计信息，如下所示：

```
$ go tool pprof http://127.0.0.1:xxxx/debug/pprof/goroutine
(pprof) traces
    14   runtime.gopark
         runtime.goparkunlock (inline)
         runtime.semacquire1
         sync.runtime_Semacquire
         sync.(*WaitGroup).Wait
         main.(*Group).Do
         main.main.func1
         net/http.HandlerFunc.ServeHTTP
```

```
net/http.(*ServeMux).ServeHTTP
net/http.serverHandler.ServeHTTP
net/http.(*conn).serve
```

从上面的输出结果可以看到，有多个协程都阻塞在并发控制语句。另外，如果你足够细心，你会发现程序抛出 panic 异常之后的所有请求都会永久地被阻塞。为什么呢？再次回顾 singleflight 的源码，如下所示：

```
func (g *Group) Do(key string, fn func() (...)) (interface{}, error) {
    g.mu.Lock()                      // 抢占互斥锁
    if c, ok := g.m[key]; ok {       // 如果散列表中存在本地查询键，则只需要阻塞等待数据结果
        g.mu.Unlock()                // 释放互斥锁
        c.wg.Wait()                  // 并发控制，阻塞等待任务结束
        return c.val, c.err          // 返回数据
    }
    ......
    c.val, c.err = fn()              // 这一行语句可能会抛出 panic 异常
    c.wg.Done()                      // 如果上一行抛出 panic 异常，这一行将无法执行
    ......
}
```

在上面的代码中，在函数 fn 抛出 panic 异常之后，下一行语句将无法执行，这样一来，其他请求将永远阻塞在并发控制语句，这也是导致服务死锁的真正原因。

最后思考一个问题，我们应该如何优化 singleflight 以避免这一问题呢？当然是使用 defer 延迟调用了，它可以保证无论发生什么情况，你的代码都能够被执行。

## 12.4 HTTP 客户端引发的问题

通常情况下，Web 服务可能会依赖一些第三方服务，并且这些第三方服务通过 HTTP 方式访问，这时候你可以使用 Go 语言原生的 HTTP 客户端。当然，在使用 Go 语言原生的 HTTP 客户端时，也有一些细节需要特别注意，否则可能会引发一些奇怪的问题。本小节将通过几个具体的例子讲解 Go 语言原生的 HTTP 客户端可能引发的问题。

### 12.4.1 长连接还是短连接

6.5.3 小节已经介绍了长连接的概念。那么当我们使用 Go 语言原生的 HTTP 客户端发起 HTTP 请求时，它使用的是长连接还是短连接呢？我们可以编写一个程序来验证，代码如下所示：

```
func request(uri string) (resp *http.Response, err error) {
    client := &http.Client{}
    req, err := http.NewRequest("GET", uri, nil)
    if err != nil {
    }
```

```
    resp, err = client.Do(req)
    if err != nil {
    }
    return
}
_, _ = request("http://127.0.0.1:8080/ping")
_, _ = request("http://127.0.0.1:8080/ping")
```

在上面的代码中，我们基于 Go 语言原生的 HTTP 客户端封装了一个名为 request 的函数，该函数用于发起一个请求方法为 GET 的 HTTP 请求。编译并运行上面的程序，并同时使用命令 tcpdump 抓包，结果如下所示：

```
// 建立 TCP 连接
17:31:11.489987 IP 127.0.0.1.63968 > 127.0.0.1.8080: Flags [S], length 0
17:31:11.490169 IP 127.0.0.1.8080 > 127.0.0.1.63968: Flags [S.], length 0
17:31:11.490178 IP 127.0.0.1.63968 > 127.0.0.1.8080: Flags [.], length 0
// 第一次请求
17:31:11.490347 IP 127.0.0.1.63968 > 127.0.0.1.8080: Flags [P.], length 99: HTTP:
    GET /ping HTTP/1.1
17:31:12.220570 IP 127.0.0.1.8080 > 127.0.0.1.63968: Flags [P.], length 138:
    HTTP: HTTP/1.1 200 OK
17:31:12.221155 IP 127.0.0.1.63968 > 127.0.0.1.8080: Flags [F.], length 0
17:31:12.221196 IP 127.0.0.1.8080 > 127.0.0.1.63968: Flags [.], length 0
17:31:12.221262 IP 127.0.0.1.8080 > 127.0.0.1.63968: Flags [F.], length 0
17:31:12.221326 IP 127.0.0.1.63968 > 127.0.0.1.8080: Flags [.], length 0
// 第二次请求
......
```

参考上面的抓包结果，可以明显看到第一次 HTTP 请求结束后，Go 程序关闭了该 TCP 连接。难道 Go 语言原生的 HTTP 客户端默认使用的是短连接吗？实际上并不是，上述程序没有复用 TCP 连接的根本原因是我们忘记读取 HTTP 响应体了。修改函数 request，在请求结束后读取 HTTP 响应体，再次抓包，结果如下所示：

```
// 建立 TCP 连接
18:13:55.037013 IP 127.0.0.1.51866 > 127.0.0.1.8080: Flags [S], length 0
18:13:55.037092 IP 127.0.0.1.8080 > 127.0.0.1.51866: Flags [S.], length 0
18:13:55.037100 IP 127.0.0.1.51866 > 127.0.0.1.8080: Flags [.], length 0
// 第一次请求
18:13:55.037352 IP 127.0.0.1.51866 > 127.0.0.1.8080: Flags [P.], length 99: HTTP:
    GET /ping HTTP/1.1
18:13:55.258624 IP 127.0.0.1.8080 > 127.0.0.1.51866: Flags [P.], length 138:
    HTTP: HTTP/1.1 200 OK
// 第二次请求
18:13:55.259057 IP 127.0.0.1.51866 > 127.0.0.1.8080: Flags [P.], length 99: HTTP:
GET /ping HTTP/1.1
18:13:55.709572 IP 127.0.0.1.8080 > 127.0.0.1.51866: Flags [P.], seq 139:277, ack
199, win 6376, options [nop,nop,TS val 3460174204 ecr 3460173758], length 138:
HTTP: HTTP/1.1 200 OK
```

参考上面的抓包结果，第一次 HTTP 请求结束后，Go 程序并没有关闭该 TCP 连接，并且在第二次发起 HTTP 请求时，复用了该 TCP 连接。也就是说，在我们读取了 HTTP 响应体之后，Go 语言原生的 HTTP 客户端确实使用了长连接。

另外，我们还可以使用 HTTP 请求 http.Request 中的一个字段控制是否复用 TCP 连接，该字段的定义如下：

```
type Request struct {
    // Close indicates whether to close the connection after
    // sending this request and reading its response.
    // Setting this field prevents re-use of TCP connections between requests
    // to the same hosts, as if Transport.DisableKeepAlives were set.
    // 请求结束后是否关闭 TCP 连接
    Close bool
}
req, err := http.NewRequest("GET", uri, nil)
req.Close = true
```

在上面的代码中，当我们设置 req.Close 等于 true 时，表示禁止复用 TCP 连接，这样当 HTTP 客户端接收到 HTTP 响应之后，就会直接关闭 TCP 连接。

## 12.4.2　偶现 Connection reset by peer 问题

12.1 节中提到，当访问链路是客户端→网关 Nginx → Go 服务，并且网关 Nginx 使用长连接转发 HTTP 请求时，如果 Go 服务主动关闭长连接，就有可能导致 502 状态码。那么，当 Go 程序作为客户端并且使用长连接发起 HTTP 请求时（访问链路为 Go 程序→网关 Nginx →第三方依赖服务），如果网关 Nginx 主动关闭长连接，Go 程序是不是也有可能出现同样的错误呢？是的，此时 Go 程序返回的错误信息如下所示：

```
read tcp xxxx:36563->xxxx:8080: read: connection reset by peer
```

参考上面的描述，是不是只需要保证 Go 程序先于网关 Nginx 关闭长连接，就能避免该问题呢？理论上是的。Go 语言以及网关 Nginx 都提供了专门的配置，供我们设置空闲长连接的超时时间，如下所示：

```
// 网关 Nginx
Syntax: keepalive_timeout timeout [header_timeout];
Default:
keepalive_timeout 75s;
Context:   http, server, location
The first parameter sets a timeout during which a keep-alive client connection
will stay open on the server side. The zero value disables keep-alive client
connections.
// Go 语言
type Transport struct {
    // IdleConnTimeout is the maximum amount of time an idle  (keep-alive)
    // connection will remain idle before closing itself.
    // Zero means no limit.
```

```
    // 空闲长连接的超时时间
    IdleConnTimeout time.Duration
}
```

参考上面的配置，在网关 Nginx 中，我们可以使用 keepalive_timeout 来设置空闲长连接的超时时间，其默认值是 75s。需要特别注意的是，该配置与 12.1.2 小节介绍的 keepalive_timeout 虽然名称相同，实际上却是两种不同的配置，12.1.2 小节介绍的 keepalive_timeout 是网关 Nginx 作为客户端维护长连接的超时时间，本小节介绍的 keepalive_timeout 是网关 Nginx 作为服务端维护长连接的超时时间。在 Go 语言中，我们可以使用 IdleConnTimeout 来设置空闲长连接的超时时间，其默认值是 90s。可以看到，默认情况下，由于 keepalive_timeout 小于 IdleConnTimeout，所以网关 Nginx 总是会先于 Go 程序关闭空闲长连接。

那么，当 IdleConnTimeout 小于 keepalive_timeout 时，是不是就能保证 Go 程序先于网关 Nginx 关闭长连接？其实也不是，因为网关 Nginx 还有一个配置 keepalive_requests，该配置也会导致网关 Nginx 主动关闭长连接，定义如下所示：

```
Syntax:    keepalive_requests number;
Default:   keepalive_requests 1000;
Context:   http, server, location
Sets the maximum number of requests that can be served through one keep-alive
    connection. After the maximum number of requests are made, the connection is
    closed.
```

参考上面的配置，keepalive_requests 用于设置单个长连接最大能传输的 HTTP 请求数，其默认值是 1000。换句话说，当网关 Nginx 从长连接接收到的 HTTP 请求数达到 1000 时，网关 Nginx 就会主动关闭该长连接。

不幸的是，Go 语言中并没有与 keepalive_requests 相对应的配置。这意味着，即使 IdleConnTimeout 小于 keepalive_timeout，网关 Nginx 也有可能先于 Go 程序关闭长连接，从而导致 Go 程序出现 "Connection reset by peer" 错误。

那么如何彻底解决这个问题呢？最简单的方案当然是使用短连接了，但这并不是长久之计，因为长连接的效率高于短连接。那还有其他办法吗？实际上，Go 语言也给出了一种解决方案，建议通过重试来解决类似的网络错误。不过，重试是有条件的。首先，HTTP 请求必须是幂等的；其次，该 HTTP 请求不能包含请求体，或者必须定义了获取请求体的方法。那么什么样的请求是幂等的呢？Go 语言认为当请求方法为 GET、HEAD、OPTIONS 以及 TRACE 时，HTTP 请求默认是幂等的。另外，我们也可以通过特殊的请求头来标识该 HTTP 请求是幂等的。Go 语言判断是否应该重试的代码如下所示：

```
func (r *Request) isReplayable() bool {
    if r.Body == nil || r.Body == NoBody || r.GetBody != nil {
        switch valueOrDefault(r.Method, "GET") {
        case "GET", "HEAD", "OPTIONS", "TRACE":
            return true
        }
```

```
        // 通过请求头表示该请求是幂等的，可以重试
        if r.Header.has("Idempotency-Key") || r.Header.has("X-Idempotency-Key") {
            return true
        }
    }
    return false
}
```

最后，如果你想了解更多关于"Connection reset by peer"问题的信息，可以参考下面两个地址。第一个地址是 GitHub 上关于该问题的讨论，第二个地址是 Go 语言官方说明文档，如下所示：

```
// github 关于"Connection reset by peer"问题的讨论
https://github.com/golang/go/issues/22158
// Go 语言官方说明文档
https://pkg.go.dev/net/http@master#Transport
```

## 12.5　类型不匹配导致的线上问题

Go 语言是一门强类型语言，当变量的类型不匹配时甚至无法编译成功，所以通常都不会出现类型相关问题。但是在某些场景下，类型不匹配也可能引起重大问题，比如类型断言，Go 程序处理客户端的请求参数或其他服务的响应结果等。本节将通过一个具体的例子介绍类型不匹配是如何引起线上问题的。

### 12.5.1　一个双引号引起的线上事故

首先描述一下业务场景：我们商城服务是由 Go 语言实现的，其需要从用户中心获取用户信息，并且用户中心是由 PHP 语言实现的。商城服务中获取用户信息的逻辑如下所示：

```
resp, err := http.Get("http://127.0.0.1:8080/user?user_id=1")
var body []byte
body, err = ioutil.ReadAll(resp.Body)
var user UserInfo
err = json.Unmarshal(body, &user)
if err != nil {
    fmt.Println(err)
}

//用户信息
type UserInfo struct {
    Id   int    `json:"id"`
    Name string `json:"name"`
    ......
}
```

在上面的代码中，获取用户信息的逻辑实际上非常简单，就是调用用户中心的某个接

口，并将返回结果进行序列化，然后返回用户信息给上层业务逻辑。一直以来这一功能都运行良好，但是某一天突然大量用户反馈说无法购物，排查时发现了这一条错误日志：

```
json: cannot unmarshal string into Go struct field UserInfo.id of type int
```

参考上面的日志，反序列化用户信息时出错了，错误信息说明用户 ID 字段的类型应为整型，但是获取到的是字符串。这就很奇怪了，用户 ID 一直都是整数类型，怎么会变成字符串呢？沟通之后才发现，用户中心有上线变更，导致获取到的用户 ID 字段包含双引号（也就是字符串类型），但是由于用户中心是 PHP 实现的，对数据类型不敏感，所以用户中心的研发在自测时也没法发现这个问题。

一个小小的双引号就能够导致如此严重的线上问题，原因在于 Go 语言是强类型语言，对类型非常敏感。当然，这一问题其实并不容易避免，毕竟从 Go 服务视角来看，已经约定好的数据格式怎么能轻易改变呢？但是从 PHP 服务视角来看，自身服务明明没有异常，怎么知道会影响其他服务呢？不过通过这个例子我们应该吸取教训：变更需谨慎，任何变更都有风险。

最后，在很多业务场景下，类型不匹配都有可能导致服务异常。举一个例子，当 Go 服务需要向客户端返回结果时，稍有不慎也有可能导致类型不匹配，参考下面的代码：

```
type Response struct {
    Code int        `json:"code"`
    Data []string `json:"data"`
}
// 模拟向客户端返回结果时的序列化操作
var resp Response
data, _ := json.Marshal(resp)
fmt.Println(string(data)) // {"code":0,"data":null}

resp.Data = append(resp.Data, "abc")
data, _ = json.Marshal(resp)
fmt.Println(string(data)) // {"code":0,"data":["abc"]}
```

在上面的代码中，假设这是一个数据查询接口，并且接口返回的是一个切片（可能查询到多个数据，也可能查询不到任何数据）。可以看到，当我们没有初始化切片时（没有查询到数据），其序列化后的数据为 null；当我们初始化切片之后（查询到数据），其序列化后的数据为 "[]"。因为我们的接口文档声明返回的数据格式是列表，所以客户端会按照列表形式处理数据。这时候如果服务端返回了 null，客户端就有可能出现异常。

## 12.5.2　自定义 JSON 序列化与反序列化

在 Go 项目开发过程中，我们肯定需要处理客户端的请求参数或其他服务的响应结果，如何避免类似的问题呢？只能说很难。因为 Go 语言是一门强类型语言，按照数据格式定义变量类型本身就是合理的，我们唯一能做的就是要求客户端以及依赖服务保持数据格式一致。

　　但是，不可避免地可能会遇到这种情况：依赖服务返回的数据格式竟然不一致，大多数情况下，该字段是结构体类型，但在某些情况下却是字符串类型。如下所示：

```
// 第三方服务返回了错误
{
    "code": 0,
    "data": "xxx 错误 "
}
// 第三方服务正常返回了数据
{
    "code": -1,
    "data": {
        "userId": 1,
        "name": "zhangsan"
    }
}
```

　　参考上面的定义，正常情况下，字段 data 的类型是结构体类型，表示用户信息。但是当第三方服务出现异常时，字段 data 的类型又变成了字符串类型，表示错误信息。看到这里，你可能也会说为什么会定义这样的数据格式呢？没办法，这可能是一个非常古老的服务，已经没办法修改数据格式了。

　　面对这种情况，我们应该如何定义该响应结果呢？毕竟字段 data 的类型是可变的，无论你将字段 data 定义成什么类型，反序列化响应结果时都有可能出错。因此，我们可以自定义一种数据类型，并且该类型自定义了序列化以及反序列化操作，其结构体定义如下所示：

```
// 该结构可以存储错误信息或者用户信息
type MsgOrUserInfo struct {
    Msg  string
    Uscr UserInfo
}
type Response struct {
    Code int          `json:"code"`
    Data MsgOrUserInfo `json:"data"`
}
type UserInfo struct {
    ......
}
```

　　在上面的代码中，结构体 MsgOrUserInfo 就是我们自定义的类型，其包含两个字段，分别用于存储错误信息以及用户信息。接下来就是实现其序列化与反序列化操作了。如何实现呢？ Go 语言底层定义了序列化与反序列化两个接口，任何类型都可以通过实现这两个接口来自定义序列化以及反序列化操作。序列化与反序列化接口定义如下所示：

```
// 序列化
type Marshaler interface {
    MarshalJSON() ([]byte, error)
```

```
}
// 反序列化
type Unmarshaler interface {
    UnmarshalJSON([]byte) error
}
```

　　Go 语言在执行序列化操作时，如果发现某个类型实现了接口 Marshaler，则会执行其自定义的序列化方法；Go 语言在执行反序列化操作时，如果发现某个类型实现了接口 Unmarshaler，则会执行其自定义的反序列化方法。也就是说结构体 MsgOrUserInfo 只需要同时实现这两个接口就能够实现自定义序列化与反序列化操作。代码如下所示：

```
func (mu MsgOrUserInfo) MarshalJSON() ([]byte, error) {
    if mu.Msg != "" {                        // 如果错误信息不为空，序列化错误信息
        return json.Marshal(mu.Msg)
    }
    return json.Marshal(mu.User)
}
// 注意方法接收者是一个指针对象，因为该方法需要修改接收者的数据
func (mu *MsgOrUserInfo) UnmarshalJSON(value []byte) error {
    // 反序列化时，如果第一个字符是左大括号，说明接下来的数据是用户信息
    if value[0] == '{' {
        return json.Unmarshal(value, &mu.User)
    }
    return json.Unmarshal(value, &mu.Msg)
}
```

　　在执行序列化操作时，如果字段 mu.Msg 不等于空字符串（说明错误信息不为空，用户信息为空），则序列化错误信息，否则序列化用户信息。在执行反序列化操作时，如果第一个字符是左大括号，说明接下来读取到的数据是用户信息，则将其反序列化到字段 mu.User 中，否则将其反序列化到字段 mu.Msg 中。

　　最后，我们写一个简单的程序测试一下我们自定义的序列化与反序列化操作，代码如下所示：

```
data := "{\"code\":0,\"data\":{\"userId\":100,\"name\":\"zhangsan\"}}"
var resp Response
_ = json.Unmarshal([]byte(data), &resp)
fmt.Println(resp)
b, _ := json.Marshal(resp)
fmt.Println(string(b))

data1 := "{\"code\":-1,\"data\":\" 获取用户信息出错 \"}"
var resp1 Response
_ = json.Unmarshal([]byte(data1), &resp1)
fmt.Println(resp1)
b1, _ := json.Marshal(resp1)
fmt.Println(string(b1))
```

　　在上面的代码中，变量 data 用于模拟第三方服务正常返回用户信息的情况，变量 data1

用于模拟第三方服务返回错误信息的情况。可以看到，我们分别对变量 data 和变量 data1
执行了序列化和反序列化操作，其输出结果如下所示：

```
{0 { {100 zhangsan}}}
{"code":0,"data":{"userId":100,"name":"zhangsan"}}
{-1 { 获取用户信息出错 {0 }}}
{"code":-1,"data":" 获取用户信息出错 "}
```

可以看到，序列化和反序列结果完全符合我们的预期，程序也没有出现类型不匹配的
错误，也就是说，我们可以通过这种方式自定义序列化和反序列操作。

## 12.6 其他问题

本节将补充介绍了我遇到过的两个线上问题：空指针异常和诡异的超时问题。

### 12.6.1 怎么总是空指针异常

首先描述一下业务场景：我们的项目是基于微服务架构理念设计的，微服务之间的调
用逻辑都封装在一个客户端对象中（包括服务发现、负载均衡、服务调用等）。为了避免频
繁地初始化客户端对象，我们最初基于 sync.Once 实现了单例模式（参考 4.7 小节），代码如
下所示：

```
var once sync.Once
var client *RpcClient
// 获取微服务客户端对象
func NewRpcClient() *RpcClient {
    if client != nil {
        return client
    }
    // 这一行代码只会执行一次
    once.Do(func() {
        client = initClient()
    })
    return client
}
```

在上面的代码中，函数 NewRpcClient 提供了获取微服务客户端对象的功能，其内部是
基于 Go 语言并发库中的 sync.Once 实现的单例模式，sync.Once 可以保证函数 initClient 只
会执行一次。我再强调一下，**请使用函数 NewRpcClient 获取微服务客户端对象**。笔者曾
经就遇到过一起线上问题，研发没有使用函数 NewRpcClient 获取微服务客户端对象，而是
每一次都初始化新的微服务客户端对象，从而导致注册中心的连接数暴增（客户端对象底层
不仅维护了与其他微服务的连接池，还维护了与注册中心的连接池）。

回到正题，函数 NewRpcClient 看起来没什么问题，但是某一天突然发现大量的微服务
调用报出了空指针异常，也就是说该函数返回了一个 nil。怎么会这样呢？当变量 client 等

于 nil 时，肯定会执行初始化微服务客户端对象（函数 initClient）的逻辑，按理说不应该返回 nil 啊。只能继续排查函数 initClient 的实现逻辑了，最终发现该函数有可能抛出 panic 异常，这时候变量 client 的值就是 nil，从而导致空指针异常，并且由于 sync.Once 的存在，之后也不可能再次初始化微服务客户端对象，也就是说只要出现一次 panic 异常，之后所有的请求都会报空指针异常。

如何解决这一问题呢？思考一下，我们使用 sync.Once 的根本原因就在于，函数 NewRpcClient 有可能并行执行，也就是说 sync.Once 是为了解决并发问题的。那如果使用其他方案，比如锁是不是就能避免上述问题了？代码如下所示：

```
var lock sync.Mutex              // 互斥锁
var client *RpcClient
func NewRpcClientV1() *RpcClient {
    if client != nil {
        return client
    }
    lock.Lock()                  // 通过互斥锁解决并发问题
    defer lock.Unlock()
    if client != nil {           // 再次判断 client 是否等于 nil
        return client
    }
    client = initClient()
    return client
}
```

在上面的代码中，我们分别在抢占互斥锁的前后执行了两次条件判断，为什么需要两次呢？思考一下，在第一次判断变量 client 不等于 nil 之后，抢占互斥锁之前，有没有可能其他协程已经初始化了微服务客户端对象呢？当然是有可能的。所以，在抢占互斥锁之后，还需要判断变量 client 是否等于 nil，如果等于 nil，才会初始化微服务客户端对象。

最后，我们写一个简单的程序测试一下，验证函数 NewRpcClientV1 实现的单例模式是否符合预期，以及函数 initClient 抛出 panic 异常之后，后续还能不能成功初始化微服务客户端对象，测试程序与输出结果如下所示：

```
// 模拟并发请求
for i := 0; i < 10; i++ {
    go func() {
        c := NewRpcClient()
        fmt.Println(fmt.Sprintf("client addr:%p", c))
    }()
}
// 输出结果
client addr:0x0              // 函数 initClient 抛出 panic 异常
client addr:0x1165fe8        // 获取到了微服务客户端对象
client addr:0x1165fe8        // 获取到了微服务客户端对象，且和第一个是同一个对象
......
```

在上面的代码中，第一个获取到的微服务客户端对象地址为空，这是因为函数 initClient 抛出了 panic 异常，但是后续成功获取到了微服务客户端对象，并且多次获取到的微服务客户端对象地址完全一致，也就是说单例模式是符合预期的。

## 12.6.2　诡异的超时问题

第 8 章中提到，大部分 Go 服务通常依赖第三方服务，例如第三方 HTTP 服务、数据库、Redis 等，并且在访问这些第三方服务时，我们通常都会设置超时时间。需要说明的是，只要我们设置了超时时间，就有可能出现超时问题。思考一下，如何排查这类超时问题呢？首先，我们需要清楚哪些原因可能导致超时，一方面可能是链路层的问题，另一方面可能是第三方服务的问题。参考图 12-4 中的时序图。

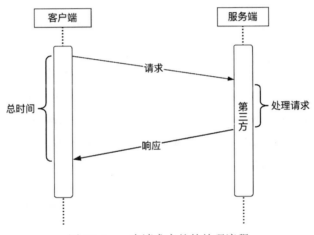

图 12-4　一次请求完整的处理流程

参考图 12-4，当我们需要访问第三方服务时，首先需要发起请求，然后等待第三方服务处理请求，最后再接收服务端响应。从客户端视角来看，总的请求处理耗时等于两倍的链路层传输耗时加上服务端请求处理耗时。

看到这你可能会说，超时问题其实还是比较容易排查的，为什么要单独一个小节介绍超时问题呢？这是因为笔者曾经遇到过一个超时问题，初看起来非常诡异。首先描述一下问题背景：客户端在访问第三方服务时会记录请求追踪日志，包括请求处理耗时、请求开始时间、请求结束时间等，客户端设置的超时时间是 2s。服务端也会记录请求访问日志，包括请求处理时间、请求开始时间、请求结束时间等。某一天突然出现了大量超时日志，分析客户端与服务端的日志后发现，客户端日志与服务端日志的时间点根本匹配不上。根据客户端日志与服务端日志画出的时序图如图 12-5 所示。

参考图 12-5，服务端日志表明，服务端处理请求的耗时都非常短，基本上都在数十毫秒。服务端记录的请求结束时间与客户端记录的请求结束时间（请求超时也算请求结束）基本是一致的，但是服务端记录的请求开始时间比客户端记录的请求开始时间延后接近 2s。也就是说，看起来像是请求在链路层耗费了近 2s 才从客户端传输到服务端。难道是客户端和服务端之间的网络存在异常？不可能啊，监控显示当时的网络状况是正常的。

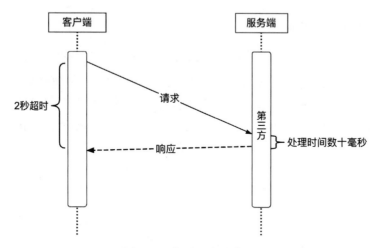

图 12-5    超时现象时序图

如果没有什么思路的话，就看代码吧。看了一下客户端的代码，发现客户端在访问第三方服务时，默认都会重试两次。重试逻辑也非常简单，如下所示：

```
var err error
var retry = 2
ctx, _ := context.WithTimeout(context.Background(), time.Second*2)
for i := 0; i < retry; i++ {
    err = call(ctx)
    if err == nil {
        break
    }
}
fmt.Println("call ret", time.Now(), err)
```

在上面的代码中，重试逻辑非常简单，本质上就是一个循环，如果本次请求成功则直接退出循环，否则还会尝试请求其他服务端节点。按理说这一重试逻辑也不应该有什么问题。不过考虑到客户端底层默认有重试策略，这样一来我们之前获取到的客户端请求追踪日志信息是不完整的，并不包含每次请求的相关信息。所以还是建议在重试时额外记录一些日志，包括每次请求的服务端节点、请求时间等信息。有了这些信息之后，果然发现了端倪，我们之前看到的超时现象，其实是客户端请求了两次（重试）：第一次请求服务端节点 A，但是在建立 TCP 连接阶段就超时了（所以服务端节点 A 并没有记录本次请求的访问日志）；第二次请求到了服务端节点 B，我们看到的服务端日志是服务端节点 B 记录的日志。再次梳理整个请求过程的时序图，如图 12-6 所示。

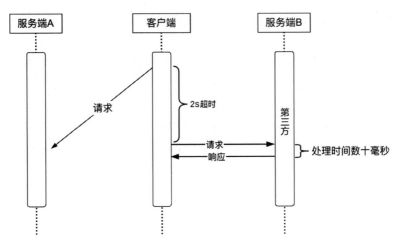

图 12-6　超时现象完整的时序图

参考图 12-6，造成本次超时现象的根本原因就在于，客户端在请求服务端节点 A 时已经发生了超时，但是还向服务端节点 B 发送了一次请求，并且在请求发出去之后就立即返回了超时错误（没有等待服务端节点 B 的响应）。那么客户端在已经发生了超时之后，为什么还要再次重试呢？这是因为客户端的重试逻辑写得不够严谨，在请求发生错误时没有判断错误类型就直接进行了重试。优化之后的重试逻辑如下面代码所示：

```
for i := 0; i < retry; i++ {
    err = call(ctx)
    if err == nil {
        break
    }
    if err == context.DeadlineExceeded || err == context.Canceled {
        break        // 如果发生了超时，结束本次循环，不再重试
    }
}
```

当然，这次超时问题的根本原因还是在于服务端节点 A 存在异常，导致客户端无法与之建立连接。至于服务端节点 A 的问题，就不在本小节的讨论范围内了。

## 12.7　本章小结

本章主要介绍了一些线上问题以及解决思路，希望大家在以后的开发工作中，能够避免类似的问题再次发生，或者在遇到类似的线上问题时，能够从容应对。

首先，本章列举了两种导致 502 状态码的情况，包括 panic 异常和长连接。需要说明的是，这两种情况本质上都是一样的，都是由于上游服务关闭连接导致的 502 状态码。

另外，在日常工作中，不可避免地会遇到一些并发问题。本章通过两个具体的例子，

希望能够加深大家对并发问题的理解。当然，我们也可以通过并发检测工具 race 帮助我们发现潜在的并发问题。

其次，服务假死也是我们经常会遇到的一类问题。排查服务假死问题需要使用到第 11 章介绍的 Go 语言性能分析利器 pprof，本章也通过两个具体的例子为大家演示了。

当然，本章还介绍了其他一些线上问题，比如 HTTP 客户端引发的问题，Go 语言类型不匹配导致的问题等。有些问题可能看起来比较简单，但是你要清楚，线上环境以及项目往往比这复杂得多，本章中的代码事例是经过简化的，所以你才能一眼就看出问题所在。

最后再次说一句，希望大家能够从本章这些问题中有所收获。